CRIAÇÃO IMPERFEITA

MARCELO GLEISER
CRIAÇÃO IMPERFEITA

COSMO, VIDA E O CÓDIGO OCULTO DA NATUREZA

15ª edição

EDITORA RECORD
RIO DE JANEIRO • SÃO PAULO
2024

CIP-BRASIL. CATALOGAÇÃO NA PUBLICAÇÃO
SINDICATO NACIONAL DOS EDITORES DE LIVROS, RJ

G468c Gleiser, Marcelo, 1959-
15. ed. Criação imperfeita: cosmo, vida e o código oculto da natureza / Marcelo Gleiser. – 15. ed. – Rio de Janeiro: Record, 2024.

ISBN 978-85-01-11774-8

1. Cosmologia. 2. Criação. 3. Matéria - Constituição. 4. Teorias de grande unificação (Física nuclear). I. Título.

19-57904

CDD: 113
CDU: 113

Meri Gleice Rodrigues de Souza - Bibliotecária CRB-7/6439

Texto revisado segundo o novo Acordo Ortográfico da Língua Portuguesa.

Direitos exclusivos desta edição reservados pela
EDITORA RECORD LTDA.
Rua Argentina, 171 – Rio de Janeiro, RJ – 20921-380 – Tel.: (21) 2585-2000.

Impresso no Brasil

ISBN 978-85-01-11774-8

O Universo é assimétrico e estou persuadido de que a vida, como nós a conhecemos, é resultado direto da assimetria do Universo ou de suas consequências indiretas.

Louis Pasteur

É extremamente ingênuo imaginar que todas as leis importantes da física foram descobertas no momento em que nossa geração começou a contemplá-las. Haverá uma física do século XXI, uma do século XXII e mesmo uma física do quarto milênio.

Carl Sagan, *Contato*

Não quero desencorajar os físicos que trabalham na teoria das supercordas; mas talvez o mundo seja mesmo o que sempre achamos: descrito pela teoria da relatividade geral e pelo Modelo Padrão das partículas elementares.

Steven Weinberg, Prêmio Nobel de Física 1979

In memoriam
Carl Sagan (1934-1996)
Sua ausência é mais do que evidente

Sumário

Parte V • A assimetria da existência

Nota ao leitor

Este livro foi escrito para todos que se interessam pelas incríveis descobertas da ciência moderna e como elas transformam nossa visão de mundo, contribuindo para definir a cultura de nosso tempo. Sempre que possível, usei analogias e metáforas para ilustrar conceitos científicos. Com exceção da icônica $E = mc^2$ (que explico em detalhe), não incluí qualquer outra fórmula. Termos técnicos foram cuidadosamente evitados e, quando mencionados, definidos em seguida. Porém, como o texto lida com ideias de ponta em cosmologia, física de partículas, biologia e astrobiologia, é inevitável que, volta e meia, a leitura fique um pouco pesada. Se isso ocorrer com você, não fique desencorajado. Sugiro que pule o parágrafo, e mesmo o capítulo, e siga em frente. Para simplificar, dividi o livro em cinco partes. Todo mundo deve começar com a Parte I, "A unidade de todas as coisas". Se, em seguida, você não se sentir pronto para explorar os detalhes científicos do meu argumento, vá direto para a Parte V, "A assimetria da existência". Espero que, após a leitura dessa parte — a última do livro — você retorne para as Partes II, III e IV. Nelas, apresento algumas das ideias mais instigantes da ciência moderna, nossas tentativas de compreender os maiores mistérios da Natureza: a origem do Universo, a origem da matéria e a origem da vida. Como veremos, assimetrias e imperfeições têm um papel crucial em cada uma delas: do multiverso ao Big Bang; do Big Bang aos átomos; dos átomos às células; das células aos humanos; e dos humanos à vida extraterrestre. Incluo também uma bibliografia para aqueles que queiram complementar a sua leitura.

Prefácio

Se não temos uma posição, velocidade ou aceleração especial, ou uma origem distinta da das plantas e dos animais, então talvez sejamos as criaturas mais inteligentes em todo o Universo. Por isso somos únicos.
Carl Sagan (1985)

Toda a filosofia baseia-se em apenas duas coisas: curiosidade e visão limitada... O problema é que queremos saber mais do que podemos ver.
Bernard le Bovier de Fontenelle (1686)

Às vezes, para enxergarmos mais longe, temos que olhar por cima dos muros que nos cercam. Durante milênios, magos e filósofos, crentes e céticos, artistas e cientistas vêm tentando decifrar o enigma da existência, convencidos de que a incrível diversidade do mundo natural tem uma origem única, que a tudo engloba. A essência dessa busca é a convicção de que, de alguma forma, tudo está interligado, de que existe uma unidade conectando todas as coisas. Para representar esta unidade, a maioria das religiões invoca uma entidade divina que transcende os limites do espaço e do tempo, um ser com poderes absolutos que criou o mundo e que controla, com maior ou menor arbítrio, o destino da humanidade. Todos os dias, bilhões de pessoas vão a templos, igrejas, mesquitas e sinagogas dedicar preces ao seu Deus, a fonte de todas as coisas. Não muito longe dos templos, em universidades e laboratórios, cientistas tentam explicar as várias facetas do mundo natural a partir de uma noção surpreendentemente semelhante: que a aparente complexidade da Natureza é, na verdade, manifestação de uma unidade profunda em tudo o que existe.

Neste livro, veremos que a crença numa teoria física que propõe uma unificação do mundo material — um *código oculto da Natureza* — é a versão científica da crença religiosa na unidade de todas as coisas. Podemos chamá-la de "ciência monoteísta". Alguns dos maiores cientistas de todos os tempos, Kepler, Newton, Faraday, Einstein, Heisenberg e Schrödinger, dentre outros, dedicaram décadas de suas vidas buscando esse código misterioso, que, se encontrado, revelaria os grandes mistérios da existência. Nenhum deles teve sucesso. Nos dias de hoje, físicos teóricos, especialmente aqueles que estudam questões relacionadas com a composição da matéria e a origem do Universo, chamam esse código de "Teoria de Tudo" ou "Teoria Final". Será que essa busca faz sentido? Ou será que não passa de uma ilusão, produto das raízes míticas da ciência?

Se, quinze anos atrás, uma vidente me dissesse que um dia escreveria este livro, não acreditaria. Passei meu doutorado e a primeira década da minha carreira buscando por essa elusiva Teoria Final, que unifica tudo o que existe. Não tinha dúvida de que esse era o meu caminho. A candidata mais popular era, e ainda é, conhecida como *teoria das supercordas*, segundo a qual as partes mais básicas da matéria, os tijolos a partir dos quais tudo é construído, não são pequenas partículas como o elétron, mas tubos submicroscópicos de energia que vibram freneticamente num espaço de nove dimensões. A teoria, de uma elegância matemática extremamente sedutora, deu passos importantes em direção a uma teoria unificada, se bem que, como veremos, continua longe do seu objetivo. Milhares de mentes brilhantes continuam tentando aprimorá-la, enquanto outras trabalham em teorias rivais.

Todas as teorias de unificação baseiam-se na noção de que quanto mais profunda e abrangente a descrição da Natureza, maior o seu nível de simetria matemática. Ecoando os ensinamentos de Pitágoras e Platão, essa noção expressa um julgamento estético de que teorias com um alto grau de simetria matemática são mais belas e que, como escreveu o poeta John Keats em 1819, "beleza é verdade". Porém, quando investigamos a evidência experimental a favor da unificação, ou mesmo quando tentamos encontrar meios de testar essas ideias no laboratório, vemos que pouco existe para apoiá-las. Claro, a ideia de simetria sempre foi e continua sendo uma ferramenta essencial nas ciências físicas. O problema começa quando a ferramenta é transformada em dogma. Nos últimos cinquenta anos, descobertas experimentais têm demonstrado consistentemente que nossas expectativas de simetrias perfeitas são mais expectativas do que realidades.

Mesmo que, inicialmente, minha mudança de perspectiva tenha sido bastante difícil e mesmo dolorosa, aos poucos fui reorientando minha pesquisa para uma nova direção. Comecei a reconhecer que não é tanto a simetria, mas a presença de *assimetria* a responsável por algumas das propriedades mais básicas da Natureza. Não há dúvida de que a simetria tem o seu valor e continuará sendo extremamente útil na construção de modelos que descrevem a realidade física em que vivemos. Porém, por si só, a simetria é limitada: toda transformação que ocorre no mundo natural é resultado de alguma forma de desequilíbrio. Como explicarei neste livro, da origem da matéria à origem da vida, do átomo à célula, o surgimento de estruturas materiais complexas depende fundamentalmente da existência de assimetrias.

Aos poucos, fui convergindo numa nova estética, baseada na imperfeição. Que me perdoe o grande Vinicius de Moraes, mas beleza não é fundamental. É o imperfeito, e não o perfeito, que deve ser celebrado. Como no famoso sinal de Marilyn Monroe, a assimetria é bela precisamente por ser imperfeita. A revolução na arte e na música do início do século XX é, em grande parte, uma expressão dessa nova estética. É hora de a ciência mudar, deixando para trás a velha estética do perfeito que acredita que a perfeição é bela e que a "beleza é verdade".

Essa nova perspectiva científica tem repercussões que vão muito além das universidades e dos laboratórios. Se estamos aqui porque a Natureza é imperfeita, o que podemos afirmar sobre a existência de vida no Universo? Será que podemos garantir que, dadas condições semelhantes, a vida surgirá em outras partes do cosmo? E a vida inteligente? Será que existem outros seres pensantes espalhados pela vastidão do espaço? De forma completamente inesperada, minha busca científica levou-me a um novo modo de pensar sobre o que significa ser humano: a ciência tornou-se existencial.

Oculta na busca pela unidade de todas as coisas, encontramos a crença de que a vida não pode ser um mero acidente: se forças superiores não tiverem planejado nossa existência, nada faz sentido. Não importa se fomos criados por deuses, como afirmam muitas religiões, ou por um universo cujo objetivo é gerar a vida. De um modo ou de outro, nossa presença aqui *tem* que ter uma razão de ser. A alternativa seria deprimente: qual o sentido da vida se ela tiver surgido acidentalmente num universo sem propósito? Como consequência, muitos se ofendem quando é sugerido que estamos aqui devido a uma série de acasos: Por que somos capazes de pensar, de amar e de sofrer com tanta intensidade, de criar obras de enorme beleza, se mais cedo ou mais tarde iremos todos perecer e, com raríssimas exceções, seremos esquecidos após algumas gerações? Por que somos capazes de refletir sobre a passagem do tempo se não temos o poder de controlá-la? Não, devemos ser criaturas divinas, ou ao menos parte de um grande plano cósmico. Sermos meramente humanos não pode ser toda a história.

Mas e se *formos* um acidente, um raro e precioso acidente, agregados de átomos capazes de se questionar sobre a existência? Será que devemos menosprezar a humanidade se não for parte de um "grande plano da Criação"? Será que devemos menosprezar o Universo se não existir um código oculto da Natureza, um conjunto de leis que explica todas as facetas da realidade? Eu diria que não. Pelo contrário, a ciência moderna, ao mesmo tempo que mostra que não existe um grande plano da Criação, põe a humanidade no centro do cosmo. Podemos mesmo chamar essa corrente de pensamento, que proponho aqui, de "humanocentrismo". Talvez não sejamos a medida de todas coisas, como propôs o grego Protágoras em torno de 450 a.C., mas somos as coisas que podem medir. Enquanto continuarmos a nos questionar sobre quem somos e sobre o mundo em que vivemos, nossa existência terá significado.

Vamos considerar esse ponto mais detalhadamente. Após apenas 400 anos de ciência moderna, criamos um corpo de conhecimento que se estende do interior do núcleo atômico até galáxias a bilhões de anos-luz de distância. Ao mergulharmos com nossos maravilhosos instrumentos nos confins do muito pequeno e do muito grande, encontramos uma infinidade de mundos de uma riqueza insuspeitada. A cada passo que demos, a Natureza nos encantou e nos surpreendeu. Com certeza, continuará a fazê-lo. Ao construirmos uma narrativa explicando como, a partir de uma sopa de partículas elementares no Universo primordial, surgiram estruturas materiais cada vez mais complexas, nos deparamos com uma incrível diversidade de formas que jamais poderíamos ter imaginado. A Natureza é muito mais criativa do que nós. Dos muitos mistérios que nos inspiram, talvez o mais instigante seja entender como a matéria inanimada tornou-se viva, e como nossos primeiros ancestrais, minúsculas bolsas de moléculas animadas, transformaram um planeta rochoso num oásis de atividade biológica em meio a um cosmo frio e indiferente.

Vendo a riqueza da vida aqui, e sabendo que as leis da física e da química permanecem válidas por todo o cosmo, voltamos nossos instrumentos para nossos vizinhos planetários, buscando avidamente por companhia. Infelizmente, apesar da convicção de que encontraríamos algo, nos deparamos apenas com mundos mortos. Belos, sem dúvida, mas destituídos de qualquer sinal óbvio de vida. Mesmo que algum ser vivo se oculte no subsolo marciano ou nos oceanos gelados e escuros de Europa, a enigmática lua de Júpiter, certamente terá pouco a ver com seres autoconscientes, capazes de refletir sobre o sentido da vida. Se civilizações alienígenas existirem — a busca por vida extraterrestre inteligente continua — estão tão afastadas de nós que, na prática (e descontando especulações um tanto fantasiosas), é como se não existissem. Enquanto estivermos sozinhos, produtos de acidentes ou não, nós somos a consciência cósmica, nós somos como o Universo reflete sobre si mesmo. Como veremos, essa revelação tem consequências profundas. Mesmo que não tenhamos sido criados por deuses ou por um cosmo com o propósito de gerar criaturas inteligentes, a verdade é que estamos aqui, refletindo sobre a razão de estarmos aqui. E isso nos torna muito especiais.

Nosso planeta, pulsando com incontáveis formas de vida, flutua precariamente num cosmo hostil. Somos preciosos por sermos raros. Nossa solidão cósmica não deveria incitar o desespero. Pelo contrário, deveria incitar o desejo de agirmos, e o quanto antes, para proteger o que temos. A vida na Terra continuará sem nós. Mas nós não podemos continuar sem a Terra. Ao menos não até encontrarmos uma outra casa celeste, o que tomará muito tempo. Basta olhar em torno, para a situação delicada em que se encontra o nosso planeta, para constatar que tempo é um luxo que não temos.

PARTE I

A unidade de todas as coisas

1
Criação

Ninguém testemunhou o que estava para acontecer.
O "tempo" não existia;
A realidade existia fora do tempo, pura permanência.
O espaço não existia.
A distância entre dois pontos era imensurável.
Os pontos podiam estar aqui ou ali, suspensos, saltitantes.
Entrelaçado em si próprio,
o espaço aprisionava o infinito.
De repente, um tremor;
uma vibração,
uma ordem que nascia.
O espaço pulsava, ondulando sobre o nada.
O que era perto se afastou. O agora virou passado.
O espaço nasceu com o tempo.
Ao falarmos em espaço, pensamos em conteúdo.
Ao falarmos em tempo, pensamos em transformação.
E assim foi.
O espaço borbulhou; o tempo, incerto, iniciou sua marcha.
Da agitação conjunta do espaço e do tempo surgiu a matéria,
expelida de seus poros.
Mas atenção!
Essa não era uma matéria ordinária feito a nossa.
Ela fez o espaço crescer,
inflar, como um balão.
Esse balão é o nosso Universo.

Esse é o mito de criação da nossa geração. A Santíssima Trindade aqui é o Espaço, o Tempo e a Matéria. Não existe um Criador; nenhuma mão divina guia a transição do Ser ao Devir, a emergência do cosmo a partir de uma existência atemporal. O Universo surgiu por si mesmo, uma bolha de espaço vinda do vazio: *creatio ex nihilo*, a criação a partir do nada. Essa possibilidade nos parece implausível, já que tudo o que ocorre à nossa volta resulta de alguma causa. Será que o Universo é diferente? Será que tudo pode mesmo surgir do nada? Sem uma causa?

A causa que deu início a tudo, o primeiro elo da longa corrente causal que leva da criação do cosmo ao presente, é tradicionalmente conhecida como a Primeira Causa. Para iniciar o processo de criação, nada pode precedê-la: a Primeira Causa não pode ter uma causa; ela tem que ocorrer por si só. O desafio é como implementar essa misteriosa Primeira Causa, como dar sentido a algo que parece violar o bom-senso. Será que a ciência tem uma resposta? As religiões usam os deuses para resolver o dilema. A estratégia funciona bem, já que as leis físicas e o bom-senso não são aplicáveis aos deuses. Sendo imortais, são indiferentes aos processos de causa e efeito: os deuses existem, sobrenaturalmente, além do tempo e de suas inconvenientes limitações. No primeiro livro do Antigo Testamento, Gênese, Deus, eterno e onipotente, manipula o "nada" com o verbo e dá origem à luz. Para os judeus, cristãos e muçulmanos, Ele é a Primeira Causa. Tudo vem de Deus, enquanto Deus, onipresente, não vem de lugar algum. Como Deus é perfeito, Sua criação também deve ser perfeita. E assim foi, até que Adão e Eva comeram a famosa maçã da Árvore da Sabedoria. A lição é simples: o desejo e a curiosidade nos expulsaram do Paraíso, e deixamos de ser como deuses. Desde então, como meros mortais, tentamos de todos os modos nos reconectar com o que perdemos, ascender à perfeição divina. Essa busca, mesmo que nobre, já nos iludiu por tempo demais. Precisamos de um novo começo, de uma nova busca.

Segundo algumas teorias modernas que lidam com a origem do espaço, do tempo e da matéria, existe um "nada quântico", uma entidade de onde universos-bebês podem surgir ocasionalmente chamada de "multiverso" ou "megaverso". Em algumas versões, esse multiverso é eterno e, portanto, não criado: o multiverso dispensa a Primeira Causa. Dessa existência cósmica atemporal, flutuações de energia a partir do "nada" ocorrem aleatoriamente, dando origem a pequenas bolhas de espaço, os universos-bebês. A maioria dessas flutuações desaparece, retornando à sopa quântica de onde vieram. Raramente algumas crescem. Um equilíbrio entre a força da gravidade e a energia armazenada no espaço permite que os universos-bebês surjam sem qualquer custo de energia. Ou seja, é possível, ao menos em tese, criar um universo a partir do nada: *creatio ex nihilo.* O tempo inicia a sua marcha quando a bolha cósmica sobrevive e começa a evoluir, isto é, quando existem mudanças que podem ser quantificadas. Se nada muda, o tempo é desnecessário.

As teorias que invocam o multiverso propõem que existimos numa dessas bolhas que conseguiu desprender-se da sopa primordial e crescer, produto de uma flutuação energética tão aleatória quanto a responsável por partículas ejetadas de núcleos radioativos. Nossa bolha, nosso Universo com "U" maiúsculo (para diferenciar de universos hipotéticos ou de partes do universo além dos nossos telescópios e instrumentos de observação), aparentemente tem a rara distinção de haver existido por tempo suficiente para que a matéria em seu interior tenha se organizado em galáxias, estrelas e pessoas: segundo essas teorias da cosmologia moderna, somos resultado do nascimento deveras improvável de um cosmo que, por ter as propriedades certas, foi capaz de evoluir a ponto de gerar criaturas capazes de se perguntar sobre suas próprias origens. Certamente, essa visão científica é um tanto distante da criação premeditada e sobrenatural retratada no Gênese. Mas será que ela é, de fato, capaz de abordar a questão da origem de todas as coisas?

Qualquer versão científica da criação (a ser explorada em detalhe mais adiante), inclusive essa valiosa tentativa de abordar racionalmente o problema da Primeira Causa, precisa ser formulada de acordo com princípios e leis físicas: a energia deve ser conservada; a velocidade da luz e outras constantes fundamentais da Natureza devem ter os valores corretos para garantir a viabilidade do nosso Universo. Ademais, um "nada quântico", com sua sopa borbulhante de universos-bebês, não é exatamente o que podemos chamar de um nada absoluto. O problema é que nós, humanos, não sabemos como criar algo a partir do nada. Precisamos dos materiais; precisamos das instruções. Essa limitação torna-se evidente quando tentamos lidar com a primeira das criações, a do Universo. Não se deixe levar por afirmações ao contrário, mesmo que usem termos inspiradores como "decaimento do vácuo quântico", "supercordas", "espaço-tempo com dimensões extra" ou "colisões de multibranas": estamos longe de obter uma narrativa científica da criação capaz de ser empiricamente validada (ou seja, testada por experimentos). Mesmo se, um dia, formos capazes de construir tal teoria, ela deverá ser qualificada como uma teoria *científica* da criação, baseada numa série de suposições.

A ciência precisa de uma estrutura, de um arcabouço de leis e princípios, para funcionar. Não pode explicar tudo simplesmente porque precisa começar com algo. Como exemplo desses pontos de partida, cito os axiomas dos teoremas matemáticos — afirmações não demonstradas, aceitas como evidentes e, portanto, como verdadeiras — e, nas teorias físicas, uma série de leis e princípios da Natureza, como as leis de conservação de energia e de carga elétrica, cuja validade é extrapolada muito além dos limites em que podemos testá-las. Como essas leis descrevem eficientemente os fenômenos naturais que podemos observar, supomos que continuarão a ser válidas nas condições extremas prevalentes na vizinhança do Big Bang, o evento que marca a origem do tempo. Porém, não podemos ter certeza se nossas extrapolações estão corretas — e cientistas não deveriam afirmar o contrário — até termos confirmação experimental. Como disse o paleontólogo J. William Schopf, da Universidade da Califórnia, "Asserções extraordinárias necessitam de provas extraordinárias".

Por outro lado, teorias cosmológicas modernas explicam com enorme sucesso detalhes de eventos que ocorreram muito próximos da origem do tempo, um feito que é — e deveria ser celebrado como sendo — absolutamente fabuloso. Podemos hoje afirmar com segurança que o Universo emergiu de uma sopa quente e densa de partículas elementares de matéria há pouco menos de 14 bilhões de anos, mesmo que os detalhes desse parto cósmico permaneçam desconhecidos. Sabemos que o cosmo-criança, com apenas alguns minutos de existência, produziu os elementos químicos mais leves, e que explosões estelares forjaram — e continuam forjando — aqueles necessários para a vida. Entendemos o funcionamento do código genético e o mecanismo responsável pela incrível diversidade de animais e plantas na Terra. Descontando a possível existência de outros seres capazes de teorizar sobre a vida e a morte, nós

— acidentes imperfeitos da criação — somos como o Universo reflete sobre si mesmo. Em outras palavras, somos a consciência do cosmo. Como exploraremos neste livro, essa revelação é profundamente transformadora. Mesmo que vivamos num local mundano do cosmo, e que talvez não sejamos as estrelas principais do grande épico da Criação, o fato é que somos, sim, especiais. Por essa razão, devemos ser extremamente cuidadosos. Nossos triunfos e conquistas são imperfeitos e limitados como nós. É importante lembrar que o que importa não é chegar a verdades absolutas, mas ao conhecimento. Como Tom Stoppard escreveu em sua peça *Arcádia*, o que importa não é saber tudo, mas o querer saber.

A ciência é uma construção humana, uma narrativa que criamos para explicar o mundo a nossa volta. As "verdades" que obtemos, como a lei da gravitação universal de Newton ou a teoria da relatividade especial de Einstein, apesar de brilhantes, funcionam apenas dentro de certos limites. Sempre existirão fenômenos que não poderão ser explicados por nossas teorias. Novas revoluções científicas irão acontecer. Visões de mundo irão se transformar. Infelizmente, vaidosos que somos, atribuímos peso demais às nossas conquistas. Iludidos pelo nosso sucesso, imaginamos que essas verdades parciais são parte de um grande quebra-cabeça, componentes de uma Verdade Final, esperando para ser desvendada. Foram muitas as grandes mentes que buscaram, durante décadas de suas vidas, por esse Graal, que chamarei aqui de Código Oculto da Natureza: Pitágoras, Aristóteles, Kepler, Einstein, Planck, Pauli, Schrödinger, Heisenberg. A lista é longa. Milhares de outros continuam a fazê-lo nos dias de hoje, herdeiros de uma tradição filosófica nascida na Grécia Antiga, que equaciona a perfeição e a beleza com a verdade.

Com o passar dos séculos, essa tradição filosófica fundiu-se ao monoteísmo judaico-cristão: a Criação, sendo obra de Deus, era perfeita e bela. Dedicar-se ao seu estudo, à busca por verdades eternas, era a aspiração mais nobre do intelecto humano. Desde o nascimento da ciência moderna no início do século XVII, homens como Kepler e Newton estavam convictos de que o quebra-cabeça poderia ser resolvido, de que era apenas uma questão de tempo até que o Código Oculto da Natureza fosse revelado em toda a sua glória. Essa crença continua mais viva do que nunca. O físico inglês Stephen Hawking, ecoando os patriarcas da ciência, equiparou (metaforicamente) tal feito a "conhecer a mente de Deus". Será que estamos mesmo nos aproximando da solução, da Teoria Final? Ou será que estamos perdidos, buscando um objetivo inatingível? Não seria adequado nos perguntar por que precisamos *tanto* acreditar nessa Teoria Final? Não deveríamos nos perguntar por que temos *tanta* convicção de que ela de fato existe? O que nos diz a evidência experimental e observacional? Será que a crença numa Teoria Final é uma fantasia, a encarnação científica do monoteísmo, a expressão intelectual do desejo de uma vida mais espiritual, uma tentativa de resgatar um Deus que a razão exorcizou?

Dado que a Teoria Final necessariamente explica a origem do Universo (e tudo o mais), vemos agora como ambas as buscas — a por uma descrição unificada da Natureza e a por uma explicação da origem de todas as coisas — convergem: a Teoria Final contém a Primeira Causa; a Primeira Causa contém a Teoria Final. Será que nós, seres limitados, poderemos um dia explicar a Criação em toda a sua complexidade?

Conhecemos ao menos duas respostas:

"Claro que sim!", afirmariam os Unificadores. "A essência da Natureza pode ser expressa através de certas leis e princípios físicos. Em breve, todos serão descobertos. São a base da teoria unificada de campos, a expressão suprema da simetria matemática oculta em tudo o que existe. Nós a chamamos de Teoria de Tudo ou Teoria Final."

"Claro que sim!", afirmariam os Crentes. "Todas as respostas estão escritas no nosso Livro Sagrado. A Criação é obra de Deus, onipotente, onisciente e onipresente. Apenas um ente sobrenatural pode existir antes do espaço e do tempo. Apenas um ente sobrenatural pode transcender a realidade material para criá-la. Deus é a Primeira Causa e a Verdade Final."

Serão essas as únicas opções? Ou será que existe uma terceira alternativa? Durante milênios, temos vivido numa espécie de transe, encantados pelos poderes místicos da unidade de todas as coisas. Ajoelhados em nossos templos, ou buscando pela expressão matemática da "mente de Deus", tentamos desesperadamente transcender os limites do meramente humano, procurando por uma perfeição que não encontramos em nossas vidas. Perdidos no fervor da busca, fechamos os olhos para nós mesmos e para o mundo a nossa volta, e deixamos de valorizar o que temos. Esse foco numa perfeição divina precisa mudar. Precisamos abraçar os ensinamentos de uma nova visão científica do mundo, onde o poder criativo da Natureza reside nas suas imperfeições, e não na sua perfeição; onde a vida, e mesmo a nossa existência, é frágil e preciosa. Dentro dessa nova visão, nosso conhecimento do mundo será sempre limitado. Não existe uma Teoria Final, apenas uma descrição cada vez mais precisa da realidade em que vivemos.

Sei que a transição não será fácil. Teremos que confrontar com muita humildade a verdadeira dimensão da nossa existência, num cosmo indiferente à nossa presença. Por sermos pequenos e frágeis, somos únicos e preciosos, agregados raros de átomos inanimados capazes de reflexão. Em apenas alguns milênios, nos desenvolvemos a ponto de hoje poder mudar o curso da história do nosso planeta e, portanto, o da nossa também. A coexistência do nosso poder destrutivo com a fragilidade do nosso planeta é precária. A humanidade encontra-se numa encruzilhada. As decisões que tomaremos nas próximas décadas definirão o futuro da nossa espécie e o da nossa casa planetária. Apesar de a estrada ser longa, o primeiro passo é simples: entender que nada é mais importante do que a preservação da vida.

2
Medo das trevas

Quando era menino, eu morria de medo do escuro. O que os olhos não viam, a imaginação criava. Após o cair da noite, a porta do meu armário tomava vida e os desenhos da madeira começavam a se contorcer, como se monstros terríveis estivessem tentando escapar, prontos para me atacar. A pequena luz verde ao pé da minha cama, posta lá pelo meu pai para amenizar a minha angústia, só fazia piorar as coisas, dando às sombras uma coreografia sobrenatural. Escondia-me sob o travesseiro feito um avestruz, rezando para que os entes-sombra não me avistassem.

Mas o medo não ia embora. Será que algo tocou no meu pé? Que ruído estranho foi aquele? Podia jurar que senti uma brisa junto ao meu rosto, enterrado sob o travesseiro. Não havia dúvida, "eles" estavam cada vez mais próximos. Desta vez, não escaparia... iriam arrancar-me da cama e afundar suas presas no meu pescoço, drenando a vida de minhas veias. Tinha que reagir, fazer algo para sobreviver. Levantava a ponta do travesseiro e olhava rapidamente em torno, tentando me convencer de que não havia nenhum monstro, de que havia imaginado tudo. Ao menos, era isso que dizia meu pai. "Se você tem tanto medo do escuro, por que adora assistir a filmes de terror? Por que fica lendo essas revistas com histórias de vampiros e lobisomens? Qual é o seu problema, meu filho?"

Meu pai sabia apenas metade da história. Aos dez anos, minha vida girava em torno de histórias de terror e de superstições sobrenaturais. Era viciado em medo. Não me limitava simplesmente a assistir a filmes ou a ler livros. Eu *era* um vampiro ou, pelo menos, acreditava que estava prestes a virar um. É bem verdade que o apartamento em que morava em Copacabana não tinha muito em comum com um castelo decrépito na Transilvânia. Porém, estava convicto de que esse era o meu destino. Como prova, tinha os caninos pontiagudos, capazes de furar folhas de papel como agulhas. "Obviamente, isso é algum efeito psicossomático bizarro", protestava meu pai, exasperado. E quem melhor do que ele, um dentista formado pela Universidade de Harvard, para saber dessas coisas?

Quando cheguei aos onze anos, minha morbidez tornou-se mais intelectualizada. Pegava sozinho o ônibus até a Biblioteca Nacional no centro da cidade para ler livros sobre vampiros. Não via outra alternativa: de alguma forma, precisava entrar no mundo dos mortos. Virar vampiro me parecia ser o único caminho. Queria poder driblar a morte, tornar-me imortal. Para os não iniciados, vampiros são mortos-vivos: durante o dia estão mortos, escondidos em seus caixões. Porém, ao anoitecer, despertam de seu estupor e saem pelas sombras em busca de sangue humano, o segredo da sua imortalidade. Para mim, nenhuma criatura era mais fascinante do que o conde Drácula, o Príncipe das Trevas. Que outro personagem da literatura era mais poderoso do que a própria morte, capaz de controlar as pessoas — especialmente belas mulheres — com seus poderes hipnóticos, de se transformar em morcego e voar pela noite, e até de perder a sua forma material, transformando-se numa tênue névoa?

Sei que pareço ter sido um pré-adolescente um tanto desequilibrado, mas minha morbidez não vinha do nada. Quando tinha seis anos, minha mãe morreu em circunstâncias trágicas. Agora que tenho filhos, vejo no meu dia a dia a devastação emocional que uma perda dessas causa. De repente, passei a ser a criança que não tinha mãe, a que meus amigos olhavam de forma estranha, como se fosse uma ovelha desgarrada. Quantas vezes ouvi mães e babás dizerem às suas crianças, "Coitadinho do Marcelo, ele não tem uma mamãe feito você. Vai lá, brinca com ele, brinca". Não é apenas a humilhação de ser diferente, ou a dor de não ter mais o amparo emocional, a doçura, os carinhos da mulher que o pôs no mundo. O mais doloroso de não ter uma mãe é não ter uma mãe: é não ter o seu colo e os seus abraços quando você tem medo; é não ter alguém para celebrar com você as notas boas ou a vitória num jogo; é não ter mais aquela pessoa que você sabe que o amará sempre, incondicionalmente. Todos os dias via meus amigos saindo da escola de mãos dadas com suas mães, sorrindo, contentes da vida, e me sentia amaldiçoado. A maior tragédia de não ter mãe é saber que ela não o verá crescer, que não será mais parte da sua vida; é saber que haverá um lugar vazio na sua formatura, no seu casamento, no nascimento do seu primeiro filho. É a ausência que dói. A maior tragédia de não ter mãe é que é para sempre.

Não podia aceitar isso. Tinha que transcender as fronteiras do tempo, ir além do mundo dos vivos, encontrar algum modo de trazê-la de volta para mim. Ou, caso falhasse, de ir até ela. Tinha que vê-la novamente, de sentir a sua pele macia junto à minha, de olhar nos seus olhos castanhos e saber que ela me via também, de ouvir a sua risada. Lembrava-me apenas das lágrimas, da tristeza, do desespero. Se fosse capaz de controlar o tempo, poderia mudar tudo. Se fosse senhor da vida e da morte, poderia estar com ela outra vez. De alguma forma, tinha que ser mais do que humano.

Para a minha mente, jovem e impressionável, incapaz de diferenciar a realidade da fantasia, a imersão num mundo sobrenatural, onde vampiros e outras criaturas existiam além das fronteiras da vida e da morte, era uma escolha óbvia. De dia, na escola, ouvia histórias do Antigo Testamento, onde Deus, onipotente, afogou quase que toda a humanidade (e os animais), ou de como Ele transformou cajados em serpentes e o mar em sangue, ou de como anjos desciam dos céus para lutar com meros mortais. Ouvia, também, histórias sobre espíritos e demônios, e de humanos capazes de desafiar a própria morte. A minha preferida era a lenda do Golem, que contava como o rabino Loew, que viveu em Praga no final do século XVI, deu vida a uma estátua de barro, após inscrever palavras mágicas na sua testa. Se aprendia isso tudo na escola, será que era tão absurdo assim acreditar em outros seres sobrenaturais? Como a psicóloga da escola podia me considerar emocionalmente frágil se, na sala de aula, aprendíamos que Deus transformava pessoas em estátuas de sal e, na escola católica perto da nossa, até mesmo a ressurreição dos mortos era permitida e celebrada?

3
Transição

Comecei minha adolescência numa espécie de transe. Podia jurar que vi, mais de uma vez, o fantasma da minha mãe flutuando numa camisola branca no fim do longo corredor do nosso apartamento, que ligava a sala de estar aos quartos. Seu rosto trazia toda a tristeza do mundo. Aos poucos, fui me convencendo de que as aparições tinham uma missão, de que minha mãe queria me dizer algo. Se ela estava mesmo lá, ou se a visão era fruto da minha imaginação, me era indiferente. O que importava era a emoção que sentia quando a via, que era bem real. Finalmente, entendi o que queria me dizer. Ao contrário do que eu planejava, não tinha que abraçar a morte, cercar-me de morbidez, para estar perto dela. Tinha, sim, que abraçar a vida, celebrar a sua memória, viver pelo que ela não viveu. Tinha que torná-la orgulhosa de ser a minha mãe. A verdade é que, viva ou morta, ela sempre seria a minha mãe. Quando não temos mãe inventamos uma, na tentativa de preencher o enorme vazio emocional deixado pela sua ausência. Na verdade, isso ocorre sempre que sofremos uma perda, não só a da mãe ou a do pai. Conto aqui essa história porque é a minha e a conheço bem. *Toda* perda deixa um vazio que deve ser preenchido. O desafio, claro, é saber como preenchê-lo da melhor maneira possível.

Havia iniciado a transição de volta à vida. Comecei a jogar vôlei e a ter aulas de violão clássico. Passei a estudar mais e a prestar atenção nas garotas da minha escola. Quando completei quatorze anos, o fantasma da minha mãe deixou de aparecer, o que interpretei como um bom sinal. "Finalmente, ela estava em paz", imaginei, "agora que o filho menor havia escolhido o caminho da luz e não o das trevas."

Foi nessa época que descobri a ciência. Sabia dela antes, claro. Afinal, tive aulas de ciência já no ensino fundamental. Até hoje me lembro bem da experiência do grão de feijão no algodão umedecido. Infelizmente, fora alguns raros professores inspirados, o ensino de ciências que tive deixou muito a desejar. Mesmo assim, fiquei cada vez mais fascinado. Lembro perfeitamente quando, com a cara grudada na televisão, assisti boquiaberto aos astronautas Neil Armstrong e Buzz Aldrin plantarem a bandeira americana na Lua. Tendo crescido durante a Guerra Fria (mesmo morando no Brasil, pois a ameaça era global), o poder destrutivo da bomba H me aterrorizava. Como entender que, pela primeira vez na história, o homem tinha o poder de obliterar a civilização por completo apertando apenas alguns botões? Por outro lado, a visão mítica do futuro na obra-prima de Stanley Kubrick, *2001: Uma odisseia no espaço*, me impressionou profundamente. Será que inteligências superiores à nossa viviam nos confins do espaço? Será que foram *eles* que nos criaram? Será que nos vigiam à distância, invisíveis como deuses? Meu pai, um grande fã das ideias promulgadas por Erich Von Dänicken em seu livro *Eram os deuses astronautas?*, adorava especular sobre esses assuntos, inspirando ainda mais a minha imaginação. Tínhamos "prova" de que os alienígenas haviam estado aqui e de que eram muito mais avançados do que nós. Apesar de ter acreditado durante um tempo que as linhas de Nazca no Peru eram pistas de aterrissagem para espaçonaves extraterrestres e que as pirâmides do Egito haviam sido construídas sob tutela dos ETs, gradualmente comecei a questionar o que lia e ouvia. Por que os extraterrestres só se interessaram pela gente no passado distante, quando nossa tecnologia era tão primitiva? Por que não voltavam agora, para nos dar um empurrão tão necessário em direção às estrelas?

Quando aprendi que a ciência era capaz de nos mandar à Lua e de destruir mundos, de nos dar poderes que, cem anos antes, seriam reservados aos deuses, meu medo do escuro transformou-se numa veneração pela noite e os seus mistérios. Em vez de Drácula, agora queria ser um cientista vitoriano. Afinal, até mesmo o dr. Van Helsing, o arqui-inimigo do Príncipe das Trevas, era professor numa respeitada universidade europeia, e lançava mão da razão e do conhecimento para destruir o mal. *Frankenstein,* descobri, não era um filme de terror, mas um romance gótico explorando a ciência de ponta do início do século XIX, o poder da eletricidade de acionar músculos e, possivelmente, ressuscitar os mortos.[1]

Comecei a perceber que a ciência tinha uma dimensão mágica, uma mágica mais fascinante ainda por ser real, por ser criada por seres humanos, e não por criaturas sobrenaturais. Era a mágica da ciência que nos permitia desvendar os segredos ocultos da Natureza. Quanto mais aprendia, mais suspeitava da religião e das suas histórias. Vendo quantos assassinos agiam em nome de seus deuses, tornei-me cada vez mais cético. Que moralidade religiosa era essa que inspirava o assassinato de inocentes? O que aconteceu com o "não faça aos outros o que não queres que façam a ti mesmo"? Para piorar, havia também a questão do sofrimento humano. Onde estava Deus quando minha mãe morreu? Por que eu? Será que era já um pecador aos seis anos? Será que meus irmãos ou meu pai eram? Onde estava Ele quando rezava pedindo ajuda? E os terríveis desastres que marcam a história da humanidade? Terremotos e erupções vulcânicas assolando cidades inteiras; maremotos e furacões; os crimes hediondos perpetrados pelos homens contra os homens, o Holocausto, o genocídio de russos e chineses por Stalin e Mao, a dizimação dos nativos das Américas... A lista é longa e assustadora. Afirmações como "Deus age de forma misteriosa", ou "Deus tem mais o que fazer do que atender às preces de uma criancinha metida", ou "os feitos e os crimes dos homens devem ser atribuídos aos homens e não a Deus", me soavam como desculpas, e não aliviavam em nada a minha angústia. Concluí que, se Deus teve mesmo algo a ver com a origem do mundo e da vida, obviamente perdeu o interesse pela Sua obra. Tinha que haver uma outra forma de enfrentar as questões da existência.

Na minha busca, comecei a devorar livros de divulgação científica escritos por autores veneráveis como Isaac Asimov e George Gamow — o originador da teoria do Big Bang — e, claro, o famoso livro de Albert Einstein e Leopold Infeld, *A evolução da física*. Das muitas coisas que aprendi nessas leituras, uma me impressionou mais do que as outras: se queremos desvendar os segredos mais íntimos do Universo — e essa é a missão principal das ciências físicas — temos que buscar pelas simetrias ocultas da Natureza. Por trás do aparente caos que nos cerca existe uma ordem racional, acessível à mente humana. Entendi que cientistas também têm uma crença: que a expressão matemática dessa ordem, codificada na simetria dos fenômenos naturais, é a mais profunda e verdadeira expressão da beleza.

A noção de que uma ordem oculta permeia tudo o que existe me impressionou profundamente. Sem que me desse conta, senti-me mais calmo, como se houvesse encontrado o que tanto buscava. Se a vida parece caótica, não se desespere: busque na raiz das coisas e você encontrará ordem e sabedoria. Poucos expressaram o sentido dessa busca tão claramente quanto o grande astrônomo alemão Johannes Kepler, quando escreveu, um ano antes de sua morte: "Quando a furiosa tempestade ameaça naufragar o Estado, nada mais nobre nos resta fazer senão ancorar nossos estudos no chão firme da eternidade." A verdade eterna, que transcende os afazeres dos homens e nos remete ao que existe de mais exaltado, oculta-se nos mistérios da Natureza. Jurei, inspirado por Kepler, ancorar os meus estudos nas verdades eternas e buscar pela essência racional da realidade. Entendi que essa busca é um poderoso antídoto contra o sofrimento humano.

Passei a ver a ciência como um ato heroico. Homens e mulheres buscando os mesmos objetivos, trocando experiências e aprendizados, desvendando os segredos mais íntimos da Natureza tal qual os sábios da Antiguidade. As teorias que estudaria pareciam fazer parte de um conhecimento sagrado, de um cânone de saberes ocultos acessível apenas aos iniciados: a teoria da relatividade e a união do espaço e do tempo; os buracos negros e a possibilidade de viagens no tempo; os estranhos átomos e seu potencial para criar e destruir; a vida e a sua misteriosa origem; e, finalmente, a mais fascinante de todas as questões, a origem do próprio Universo. O que poderia ser mais estimulante, mais maravilhoso, do que devotar minha vida a essa busca? Como os heróis das sagas do passado, estava pronto para iniciar a minha peregrinação, pronto para ser transformado pela procura (ou, como me disse uma vez o psicanalista Hélio Pelegrino, pela "pró-cura"). As portas do templo estavam abertas, e as soluções dos mistérios mais profundos da existência estavam lá, esperando para serem reveladas ao mundo.

A vida me esperava. Meu caminho era devotar-me apaixonadamente ao estudo da matemática e da física, virar um cientista e zarpar em busca de verdades eternas, ajudando a desvendar os segredos da Natureza.

O que poderia ser mais mágico do que dedicar-me ao estudo de uma realidade invisível, além dos sentidos? A ponte que nos ligava a esse mundo paralelo estava bem ali, na minha frente, e não passava sobre terras sobrenaturais. Essa foi a maior revelação da minha vida até então. A Natureza era cheia de mistérios e, para acessá-los, não era necessário mergulhar numa realidade sobrenatural imaginária. Bastava usar a mente e a intuição. Estava pronto para estudar física. Queria juntar-me aos Unificadores e buscar o código oculto da Natureza.

4
Fé

Minimizar a importância e o poder da fé na vida das pessoas é um erro grave. Aqueles que acham que a tecnologia necessariamente leva a uma sociedade cada vez mais secular deveriam dar uma boa olhada em torno. Em junho de 2008, a Fundação Pew publicou os resultados da maior pesquisa realizada até então sobre a importância da religião nos Estados Unidos. Foram entrevistadas 35 mil pessoas, com idades acima de dezoito anos.[2] Noventa e dois por cento dos entrevistados responderam "sim" à seguinte pergunta: "Você acredita em Deus ou num espírito universal?" Desse grupo, 71% responderam que tinham certeza absoluta, enquanto os 21% restantes não especificaram a natureza da sua crença. Apenas 5% dos entrevistados disseram não acreditar em nada. Três por cento recusaram-se a responder. A margem de erro no estudo foi estimada em 1%. Ou seja, mesmo admitindo variações do que "Deus" signifique, de cada dez americanos em média sete têm certeza *absoluta* de que Deus existe.

Esses resultados demonstram que os Estados Unidos são uma das nações mais religiosas do mundo. Não tendo dados equivalentes para o Brasil, arrisco dizer que os resultados de uma pesquisa semelhante seriam no mínimo comparáveis. Mesmo que a crença em Deus seja menos prevalente na maioria dos países da Europa e do Sudeste Asiático, não há dúvida de que vivemos num mundo onde o conceito de uma divindade sobrenatural é muito presente. Os incríveis avanços científicos dos últimos quatro séculos não criaram grandes mudanças no número de fiéis, mesmo se compararmos com a Grécia ou o Egito Antigos. Se a percentagem de fiéis na época do faraó Akenaton (*circa* 1350 a.C.) era, digamos, de 99,9%, esta é apenas uma diferença de 7,9% do número atual nos EUA. De fato, descontando uns poucos países (que incluem a maioria dos países nórdicos, a República Tcheca, a França, o Vietnã e o Japão), a maioria esmagadora dos países conta com menos de 50% de ateus e agnósticos em sua população.[3] Esses números nos dizem algo de importante: somos capazes de acreditar em algo mesmo na ausência de qualquer evidência. Em outras palavras, quando *queremos* acreditar em algo fica bem mais fácil nos convencer de que esse algo existe. Por exemplo, na mesma pesquisa da Fundação Pew, 49% dos entrevistados afirmaram que suas preces são atendidas várias vezes por ano. Ou seja, um em cada dois americanos acredita que a comunicação com uma divindade sobrenatural não só é possível como também eficiente.

Nos últimos anos, a chamada "guerra" entre a religião e a ciência vem sendo abordada por um novo ângulo, bastante polêmico. Cientistas como Richard Dawkins e Sam Harris, o filósofo Daniel Dennett, e o polêmico jornalista inglês Christopher Hitchens, um grupo conhecido como os "Quatro Cavaleiros do Apocalipse", resolveram tomar a ofensiva, tachando a crença religiosa como uma espécie de ilusão ou de delírio, uma forma de loucura coletiva que vem causando caos pelo mundo afora desde os primórdios da civilização. O grupo prega um ateísmo radical, usando uma retórica extremamente agressiva, tão inflamada e intolerante quanto a do fundamentalismo religioso que se propõe a combater.*

Esse tipo de atitude acaba levando a uma radicalização ainda maior. Um estudo superficial da história da civilização humana mostra que o extremismo é uma péssima estratégia diplomática. Acusar as pessoas que acreditam em Deus de serem ignorantes, loucas ou simplesmente estúpidas, não leva a nada. Deixando de lado os possíveis benefícios sociais e psicológicos da religião — todos em princípio proporcionáveis por meios seculares — como uma entidade que proporciona um senso de comunidade e identidade a bilhões de pessoas, e que oferece consolo a tantos tipos de sofrimento, existe uma razão universal que leva as

---

* Quando é acusado de fundamentalismo, Dawkins defende-se afirmando que, ao contrário dos extremistas religiosos, mudaria imediatamente de ideia se tivesse provas convincentes. Imagino que, caso Jesus aparecesse flutuando sobre um arco-íris à frente de um judeu ou um muçulmano ortodoxo, eles também se converteriam ao cristianismo. Mas talvez eu esteja sendo muito otimista. Provavelmente, diriam que era algum demônio, tentando comprometer a sua fé.

pessoas a buscar pela fé, mesmo na ausência de provas de que divindades sobrenaturais existam. Claro, muitos diriam que essas provas não fazem sentido, que a sua fé já é prova suficiente, que nem tudo no mundo tem que ser comprovado para ser real. A verdade é que provas empíricas não têm nada a ver com o poder da fé. Quanto mais misterioso o credo, mais ardente a crença. A grande maioria das pessoas acredita no sobrenatural por não aceitar que a morte possa ser o fim definitivo da vida. Não queremos ser esquecidos, reverter ao nada, perder nossos entes queridos. Quantas pessoas já não passaram por este mundo, ricas e pobres, reis e escravos, famosas e desconhecidas, belas e feias, pessoas que amaram e foram amadas, que sentiram alegria e dor, e que agora são apenas um punhado de pó? "Será que é só isso? Será que vivemos, amamos e sofremos para sermos esquecidos após algumas gerações? Se temos apenas alguns anos de vida, e nem sempre felizes, para que batalhar tanto? Qual o sentido da vida, se no final a morte e o esquecimento são inevitáveis?"

Com mais perguntas do que respostas, as pessoas abraçam a fé, entregando-se a algo que promete alçá-las além dos confins da matéria e do tempo. Ridicularizar essa necessidade humana, como fazem os "Quatro Cavaleiros" e tantos outros, é demonstrar uma profunda ignorância (ou indiferença?) do que passa pelos corações e mentes de bilhões de pessoas espalhadas pelos quatro cantos do mundo.

Alguns anos atrás, dei uma entrevista ao vivo para uma rádio AM em Brasília. Estávamos na rodoviária, perante uma audiência composta principalmente de operários e diaristas. Falei da origem do universo de acordo com a teoria do Big Bang e de como a ciência explicava tantos detalhes da Criação. De repente, a mão de alguém se ergueu numa das primeiras filas. Um homem com rugas precoces e o rosto sujo de graxa me olhava intensamente. "Quer dizer que o senhor quer tirar até Deus da gente?", perguntou. Olhei-o chocado, sabendo que a sua voz ecoava bilhões de outras.

Karl Marx disse a famosa frase: a religião é o ópio do povo. Se a intenção de alguns é tirar a religião das pessoas, é bom oferecer um outro tipo de ópio. O que o ateísmo oferece — mesmo com todo o seu apelo à razão e à lógica da ciência — não vai funcionar. Ao menos não como costuma ser apresentado, sem qualquer vestígio de espiritualidade. Para evitar confusão, é importante explicar que, para mim, espiritualidade não está ligada a uma dimensão religiosa sobrenatural, oposta ao mundo material. Também não está ligada a uma possível conexão espiritual com a "mente de Deus" que os Unificadores buscam numa Teoria Final. O que inspira a minha espiritualidade é a ligação profunda que sinto com a Natureza, é uma celebração da vida.

Vários ateístas e agnósticos afirmam que seu modo de pensar não é incompatível com uma relação espiritual com a vida. Concordo plenamente. O difícil é demonstrar essa compatibilidade, especialmente se o ponto de partida é o materialismo estrito do racionalismo científico. Afirmar que a Natureza é bela e que o estudo de seus mecanismos e fenômenos nos inspira espiritualmente não é o suficiente. Apenas uma reavaliação do nosso lugar na ordem natural das coisas, produto de um novo modo de se pensar sobre a ciência e sobre o seu papel no mundo, é que pode levar a uma espiritualidade livre de uma fé sobrenatural.

A fé brota da nossa dificuldade de lidar com o imprevisto, com o que está além do nosso controle ou compreensão. Se somos apenas carne e osso, uma mera coleção de moléculas sujeitas às leis da Natureza, não temos outra alternativa senão seguir o curso das coisas materiais e ao final retornar ao pó inanimado de onde viemos. Ao nos defrontarmos com questões desse tipo, é muito tentador acreditar que o fim da vida não é o fim da nossa existência, que é possível ir além das rígidas limitações temporais impostas pelo materialismo. Se a ciência irá nos ajudar como uma "luz nas trevas", como queria Carl Sagan, ela própria tem que ser repensada. O primeiro passo é admitir que a ciência tem limites, que a sua prática e os cientistas que a praticam têm limites. A ciência tem que ser humanizada, relacionada com a cultura em que existe. Precisamos confessar nossa surpresa ao nos depararmos com um Universo aparentemente cada vez mais misterioso; precisamos ser mais humildes ao declarar o quanto sabemos sobre o mundo, não nos esquecendo do quanto não sabemos. Isso não significa que não devamos celebrar nossos tantos triunfos. Há quatro séculos, a ciência vem transformando nossas vidas e nossa visão de mundo — basta lembrar que, para Cabral e todos do seu tempo, a Terra era o centro do cosmo. Por outro lado, é importante lembrar que esses triunfos são frutos da criatividade de homens e mulheres que não estão imunes aos anseios e incertezas que fazem parte da vida de todos. Como veremos, muitos cientistas, incluindo alguns dos maiores, foram e são inspirados por mitologias. Muitas vezes, consciente ou inconscientemente, confundem sonho e realidade, e tentam impor ao mundo propriedades que existem apenas na sua imaginação. Não há nada de errado, como fizeram Kepler e Einstein, em "sonhar com a Teoria Final" ou "buscar pelas harmonias". Tais noções inspiraram grandes descobertas, muitas delas retratadas em livros como, por exemplo, os de Steven Weinberg e Frank Wilczek, dois prêmios Nobel de física que usam essas expressões nos seus títulos. Por outro lado, devemos aceitar o que a Natureza nos diz, mesmo que contrarie nossas fantasias. E a evidência que temos hoje é que não é isso o que está ocorrendo.

5
Origens do monoteísmo

A ideia de que por trás da enorme diversidade do mundo existe uma realidade mais simples que a tudo engloba tem suas raízes na fé monoteísta: existe apenas um Deus e esse Deus criou tudo o que existe.* Se acreditamos que tudo vem de Deus ou de Sua essência transcendental, tudo, então, é parte dessa realidade divina e única. Uma fonte dá origem a tudo, e para ela tudo deve retornar. Dessa forma, tudo o que existe no mundo é uma manifestação da presença divina.

Essa noção da unidade de todas as coisas está conosco há milênios. Como alguns leitores devem ter percebido, não invoquei o faraó Akenaton por coincidência. A primeira menção que temos de uma crença monoteísta data de seu reino, que ocorreu em torno de 1350 a.C. O próprio faraó celebrou o monoteísmo em seu "Grande hino a Aten":

> Ó Deus único, que nenhum outro pode igualar!
> O mundo é Tua criação, de acordo com o Teu desejo...

Akenaton declarou-se emissário de Deus, a única ponte entre o humano e o divino. Ordenou que todas as estátuas e imagens de outros deuses fossem destruídas, condenando a fé politeísta de seus antepassa-

---

* Até mesmo em religiões politeístas podemos identificar um deus ou princípio divino dominante. Para os gregos da Antiguidade, Zeus era o mestre do monte Olimpo, o deus dos deuses. Para os hindus, Brahma é a essência de todas as coisas, a substância do espaço, do tempo e da matéria, criador e destruidor de toda a existência. Em algumas versões do budismo, uma religião que prescinde de uma divindade, a figura do Buda adquire uma natureza sobre-humana, que transcende a morte física de Sidarta Gautama, seu fundador. Por exemplo, na vertente conhecida como Mahayana, o conceito de Dharmakaya representa o aspecto eterno de todas as coisas, a essência mais fundamental do Universo. Variações à parte, aqui estamos interessados na concepção de um Deus central que, de um modo ou de outro, aparece em todas as principais religiões do mundo.

dos como uma forma de paganismo que deveria ser extirpado a todo custo. Vê-se que a intolerância para com as outras religiões já estava presente nos primórdios da fé monoteísta: ao escolhermos um deus, excluímos todos os outros. Embora a influência das ideias de Akenaton após o seu reinado seja ainda alvo de controvérsia entre os historiadores da religião, Freud sugeriu algo bem interessante em seu livro *Moisés e o monoteísmo*. Segundo ele, Moisés teria sido um sacerdote atenista, forçado a deixar o Egito com seus seguidores após a morte de Akenaton. Caso Freud esteja certo, o fiel sacerdote teria sido mais bem-sucedido do que o faraó. Porém, como nos conta o Antigo Testamento, ao contrário de Akenaton, Moisés teve uma pequena ajuda de Deus, o que lhe deu uma pequena vantagem sobre os seus oponentes.

Sem entrar no mérito da sugestão de Freud, não há dúvida de que crenças religiosas diversas circularam pelo Oriente Médio, influenciando a muitos. Por exemplo, por volta da mesma época, o templo de Pella Migdol, na Jordânia, registra a ascensão do monoteísmo um pouco mais ao norte.[4] Com a melhoria das rotas mercantis terrestres e marítimas, o comércio aumentou, as pessoas viajaram mais e foram expostas a diferentes crenças. Aos poucos, noções monoteístas espalharam-se pela costa do Mediterrâneo. Por volta de 600 a.C., na Grécia, ocorreu uma grande transição. Como veremos a seguir, foi lá que a noção da unidade de todas as coisas apropriou-se do intelecto ocidental, influenciando a própria origem da filosofia.

6
O mito de Pitágoras

Tales, natural da cidade de Mileto, na costa oeste da Turquia moderna, é considerado o fundador da filosofia ocidental. Como é o caso da maioria dos filósofos pré-socráticos — esse grupo de homens incrivelmente criativos que viveu até por volta da época de Sócrates (*circa* 469 – 399 a.C.) — quase nada sabemos sobre a sua vida e obra. Mesmo assim, textos escritos séculos após a sua morte, principalmente os de Aristóteles e do historiador Diógenes Laerte (*circa* 200 d.C.), assim como uma persistente tradição oral, atribuem a Tales a distinção de ter sido o primeiro a fazer um pronunciamento científico sobre o mundo: "Tudo é feito de uma única substância", disse. Tales defendia a unificação da matéria. Segundo ele, na coreografia de criação e destruição que caracteriza o mundo natural, tudo o que existe vem dessa matéria e para ela reverte. Portanto, já na sua origem, a filosofia natural grega prega a noção da unidade de todas as coisas.

Tales propôs que a água fosse a essência material do mundo, provavelmente devido à sua habilidade de se transformar e de se adaptar sem jamais perder a sua identidade: para ele, a realidade material fluía em forma mas não em essência. Os seguidores de Tales, conhecidos como iônicos, continuaram defendendo a noção-chave de seu mestre, a existência de uma unidade material por trás da diversidade das coisas, mesmo que houvesse variações na escolha da substância primordial. Por exemplo, para o filósofo Anaxímenes, essa substância era o ar.

Com o passar dos séculos, a noção de unidade material da Natureza, apesar de sofrer várias transformações, persistiu. O historiador da ciência Gerald Holton, da Universidade de Harvard, usou a expressão "encantamento iônico" para ilustrar a busca pela unidade na ciência.[5] Como veremos, esse "encantamento" continua tão presente no pensamento científico moderno como era então, há mais de dois milênios. Mais apropriadamente, em seu ensaio "Logical Translation", o grande filósofo e historiador das ideias Isaiah Berlin referiu-se à busca por uma descrição unificada do mundo material como a "falácia iônica", argumentando que "Uma afirmação do tipo 'Tudo consiste em...' ou 'Tudo é...', a menos que seja empírica, não significa nada, pois uma proposição que não pode ser contrariada ou questionada não contém informação".[6] Um dos objetivos deste livro é expor a relação entre a falácia iônica e o encantamento com a unificação, oferecendo uma visão alternativa.

Algumas décadas após Tales, Pitágoras, outro filósofo pré-socrático, combinou uma forma de misticismo matemático com a noção iônica de unidade para criar uma visão de mundo que viria a influenciar profundamente o pensamento ocidental. É no legado pitagórico que encontramos a noção de que o mundo natural pode ser descrito através de relações matemáticas que traduzem, de forma racional, a sua perfeição e simetria. Segundo Pitágoras, a Natureza é construída a partir de princípios simétricos que traduzem a ordem fundamental que existe por trás de todas as coisas. Essencialmente, a mesma crença, de que a Natureza, em sua essência, é simétrica e perfeita, forma o arcabouço das teorias de unificação da física moderna. Os pitagóricos acreditavam que, sob o aparente caos do mundo, existiam simetrias matemáticas que revelavam a simplicidade e beleza da Natureza: o código oculto da Natureza. Para encontrar esse código, era necessário ir além das aparências e buscar por essas relações numéricas e geométricas, as leis matemáticas que descrevem a realidade. Como argumentou Platão — profundamente influenciado pelo pensamento pitagórico — o mundo que vemos e ouvimos é uma distorção: nossos sentidos podem nos iludir. Apenas através da razão é que podemos encontrar a verdadeira essência da realidade. Essa essência, por sua vez, está fundamentada na matemática, nas formas geométricas e nas suas relações e proporções. Por exemplo, para Platão, o único círculo perfeito é a ideia de círculo que existe na nossa imaginação. Qualquer representação concreta de um círculo será necessariamente imperfeita. Em outras palavras, o mundo real é o mundo pensado e não o mundo olhado. Como escreveu o filósofo e matemático britânico Bertrand Russell em seu livro *História da filosofia ocidental* (1946), "Pitágoras... foi intelectualmente um dos homens mais importantes da história, mesmo quando era sábio ou quando não o era".

Parece que Pitágoras nunca provou o famoso teorema que leva o seu nome, ou, como se acreditava até recentemente, tenha desenvolvido a estrutura da prova dos teoremas matemáticos.[7] Muito do que se atribui a ele foi obra de seus discípulos, ou consequência de uma elaborada invenção de Espeusipo e Xenócrates, discípulos de Platão que usaram o nome legendário de Pitágoras para apoiar os aspectos mais matemáticos da filosofia de seu mestre. Inicialmente devido ao pensamento de Plotino e, mais tarde, ao de outros neoplatonistas, o mito de Pitágoras avançou ainda mais durante a Idade Média e, mais tarde, na Renascença. Todos desejavam essencialmente o mesmo: construir um vínculo entre a matemática e a experiência mística de Deus.

De qualquer forma, a questão é que, desde a Antiguidade, as ideias atribuídas a Pitágoras vêm nutrindo os sonhos daqueles que buscam o código oculto da Natureza. Ao contrário dos iônicos, para os pitagóricos a essência da Natureza estava nos números e nas suas relações, e não na unificação da matéria. Como veremos, na física moderna as duas noções serão combinadas: a unificação da matéria será descrita por números e por simetrias expressas através de relações matemáticas.

Se nossa premissa é que a Criação é obra de um Deus racional, a matemática passa a ser a ferramenta que nos permite desvendar os seus segredos e, assim, estabelecer uma união com o Criador. O Pitágoras mítico era justamente aquele que conseguiu atingir essa união, um semideus capaz de feitos sobre-humanos, o filósofo-santo que servia de inspiração a todos que sonhassem em se aproximar da mente de Deus. As descobertas atribuídas a ele, como o seu teorema e a relação entre os sons harmônicos e os números inteiros, eram os primeiros vislumbres de uma sabedoria que, supostamente, transcendia a realidade dos homens. Apenas o mestre grego podia ouvir a harmonia das esferas, o coro polifônico entoado pelos planetas ao girarem em suas órbitas circulares em torno da Terra. Pitágoras e seus seguidores acreditavam que as mesmas proporções numéricas que definiam os sons harmônicos da escala musical definiam, também, as distâncias entre os planetas. Por exemplo, duas cordas de violão, uma o dobro da outra e, portanto, numa proporção de 2:1, ressoam harmonicamente ao serem tocadas juntas; do mesmo modo, Saturno está aproximadamente duas vezes mais longe do que

Júpiter, satisfazendo a mesma proporção de 2:1. Suas "vozes" devem ressoar com a mesma harmonia.*

Resumindo, os pitagóricos acreditavam que os números eram a essência da Natureza e que os homens, com sua habilidade de compreender e interpretar as relações entre os números, eram capazes de decifrar o código oculto da Natureza. Dado que o poder de um mito não está na sua veracidade mas na sua capacidade de convencer, o legado do Pitágoras mítico é muito mais relevante historicamente do que a obra concreta do Pitágoras homem. Na tradição intelectual do mundo ocidental, o misticismo matemático de Pitágoras transformou-se na ponte entre a razão humana e a inteligência divina. Durante a Renascença, esse legado irá inspirar o trabalho do homem que iniciou a revolução de maior impacto na história do conhecimento.

* Em números modernos, a distância média entre Saturno e o Sol é de 1.427 milhões de quilômetros e a entre Júpiter e o Sol é de 778 milhões de quilômetros, dando uma razão de 1,83:1, não tão distante assim da proporção de 2:1 da escala musical. Provavelmente, os astrônomos da Antiguidade baseavam-se no período orbital do planeta (o tempo de uma órbita completa) e não nas suas distâncias até a Terra, que eram desconhecidas na época. Nesse caso, o resultado é pior: Saturno tem um período orbital de 29 anos e Júpiter de 12 anos, dando uma razão de 2,4:1.

7
Vivendo o sonho platônico

No dia de sua morte, 24 de maio de 1543, Nicolau Copérnico, acamado e semiparalisado, recebeu em mãos a primeira impressão de sua obra-prima, *Sobre as revoluções das esferas celestes*, onde resumiu décadas de seu trabalho em astronomia. A ocasião, que deveria ter sido motivo de grande celebração, tornou-se um pesadelo. Durante quarenta anos, o tímido Copérnico estava convencido de que, por toda a história, dos babilônios a Aristóteles, do grande Ptolomeu aos inspirados astrônomos islâmicos que mantiveram viva a sabedoria grega durante as trevas medievais, literalmente todo mundo, sábio ou ignorante, pensava de forma errada sobre o arranjo dos céus. O tão amado cosmo-cebola dos gregos, onde a Lua, o Sol, os planetas e as estrelas revolviam em órbitas circulares em torno da Terra, era uma distorção da realidade. Copérnico acreditava que a Terra não era o centro do cosmo, que não tinha um papel especial na Criação: para ele, estava claro que a Terra era apenas um outro nômade cósmico, girando junto aos outros planetas em torno do Sol, este sim o centro, a fonte de toda a luz. Por quatro mil anos, o mundo vivia uma grande ilusão.

Ao olharmos para a trajetória diária do Sol e da Lua, temos a impressão de que tudo gira mesmo a nossa volta. Não é surpreendente que nossos antepassados pensassem que a Terra era o centro do cosmo. Afinal, tanto no passado quanto no presente, e esse ponto é extremamente importante, nossa visão de mundo é determinada pelo que podemos ver e medir. Nossa imaginação, claro, vai além, expandindo as fronteiras do real. Mas hipóteses continuarão a ser hipóteses, a menos que sejam confirmadas (ou rejeitadas) por meio de experimentos e observações. Esse simples fato tem uma consequência vital: a despeito dos nossos fantásticos instrumentos de medida e observação, *jamais* poderemos medir tudo o que existe: sempre haverá aspectos do mundo natural fora do alcance de nossos instrumentos. Portanto, nossa visão da realidade será sempre incompleta. Somos como um peixe que vive aprisionado num aquário; mesmo que o nosso "aquário" cresça sempre (pois é isso o que ocorre com o corpo do conhecimento humano), tal como o peixe, nunca poderemos sair dele e explorar a totalidade do que existe. Haverá sempre um "lado de fora", além do que podemos explorar.

Copérnico sabia que alguns gregos, dentre eles Heráclides do Ponto e Aristarco de Samos, haviam já proposto alternativas ao modelo geocêntrico. Sabia também que, se as ideias desses filósofos já não foram aceitas na Grécia Antiga, a situação agora seria ainda pior, após quinze séculos de teologia cristã terem pregado a Terra no centro da Criação. Não é, portanto, surpreendente que Copérnico tenha esperado décadas até ter tido a coragem de denunciar os erros do mundo. Sabia que sua obra teria sérias repercussões. Uma nova cosmologia implicaria uma nova visão de mundo; uma nova visão de mundo, por sua vez, implicaria um lugar diferente para o homem no cosmo, numa nova explicação para quem somos e qual o sentido da vida. Se não somos mais o centro da Criação, somos ainda os eleitos de Deus? Se a Terra é um mero planeta, será que existem seres inteligentes em outros? Será que também são pecadores e precisam ser salvos? Por quem? Pelo nosso Jesus, ou será que Deus teve muitos filhos? Será que o nosso Paraíso é o mesmo do dos extraterrestres? Tirar a Terra do centro causava muita confusão.

Para complicar ainda mais as coisas, Copérnico não baseou seus argumentos numa nova física, distinta da de Aristóteles. Inspirado pelos valores da Renascença, sua motivação era principalmente estética, ordenar os planetas de acordo com o período de suas órbitas em torno do Sol: Mercúrio, com um período de apenas três meses, tem que ser o planeta mais próximo ao Sol; Vênus, com um período de oito meses, deve ser o segundo, seguido da Terra com um ano; Marte, com dois anos, deve vir após a Terra; e, completando o sexteto planetário, Júpiter e Saturno, com órbitas de doze e vinte e 29 respectivamente. Mas será que argumentos estéticos eram convincentes o suficiente?

Copérnico estava ciente de que seu modelo estava longe de ser perfeito. Para começar, suas previsões das posições dos planetas no céu não eram melhores do que as obtidas pelo modelo de Ptolomeu, proposto treze séculos antes e repleto de epiciclos.* Do ponto de vista prático, o mais importante eram as posições planetárias previstas pelo modelo, já que, com elas, se faziam os mapas astrológicos: a maioria das pessoas acreditava que, quanto mais preciso o cálculo da posição de um planeta em relação às constelações do Zodíaco, melhor a qualidade da previsão astrológica. Se as previsões de Copérnico não eram melhores do que as de Ptolomeu, por que abandonar o modelo geocêntrico?

Como Copérnico antecipara, suas ideias foram atacadas pelos aristotélicos: se a Terra não era o centro, por que as coisas caíam em direção a sua superfície? Por que a Lua girava em torno da Terra, mas os planetas em torno do Sol? A rotação diurna da Terra também causava problemas: se a Terra girava em torno de si mesma, por que pássaros e nuvens não ficavam para trás? Existia ainda a questão da composição material das coisas: as observações da época indicavam que as esferas celestes não pareciam mudar, brilhando com uma luz própria. Aristóteles, muito sensatamente, propôs que esses objetos fossem feitos de uma quinta substância, a quintessência, eterna e incorruptível, distinta dos quatro elementos (terra, água, ar e fogo) que compunham as substâncias encontradas na Terra.

Apesar de Copérnico ter oferecido algumas críticas às ideias de Aristóteles, em seu livro não havia nada que se comparasse ao arcabouço conceitual construído pelo filósofo grego. Como vimos, seu argumento

---

* Não que Copérnico houvesse eliminado os epiciclos. Era muito difícil usar apenas círculos para descrever as trajetórias complicadas dos planetas nos céus: por exemplo, ocasionalmente estes pareciam recuar em vez de avançar (o chamado "movimento retrógrado"). Um epiciclo é simplesmente um círculo imaginário fixo a um outro círculo maior. O planeta, por sua vez, ficava preso ao epiciclo. Portanto, à medida que o círculo maior girava, ele carregava consigo o epiciclo e o planeta, como uma pessoa girando numa roda gigante. A diferença é que o epiciclo (o assento da pessoa) podia também girar. Com isso, era possível gerar movimentos complicados, inclusive o movimento retrógrado dos planetas (a linha traçada pela cabeça da pessoa). Usando epiciclos, Ptolomeu conseguiu calcular a posição futura dos planetas com um erro equivalente ao tamanho ocupado pela Lua cheia no céu. E isso num modelo geocêntrico proposto por volta de 150 d.C.! Copérnico não conseguiu muito mais com o seu modelo heliocêntrico: não sabia que as órbitas planetárias são elípticas e não circulares.

baseava-se principalmente numa nova estética celeste, mais simétrica e — por influência de Pitágoras e Platão — considerada mais bela e verdadeira.

Possivelmente, o fato de o seu modelo não ser mais preciso do que o de Ptolomeu, aliado à falta de uma justificação física, contribuiu para a longa hesitação de Copérnico. Quando finalmente resolveu publicar seu livro, argumentou que, apesar da importância da precisão e do embasamento físico, sua maior motivação era obedecer ao ideal platônico de uma ordem cósmica: Copérnico retornou à sugestão de Platão, de que os movimentos celestes, sendo criação de uma entidade divina inteligente (que o filósofo grego chamou de "Demiurgo"), só poderiam ser baseados em círculos, a mais perfeita das formas. Fora isso, os planetas deveriam viajar pelos céus com velocidades constantes. Para Copérnico, o cosmo era de uma beleza sublime e de extrema simplicidade. Qual outra forma, senão o círculo em toda a sua perfeição, poderia ter sido usada na construção do mundo pelo Criador? Qual outro arranjo planetário poderia ser mais elegante do que este, ordenado pelos períodos orbitais? O Demiurgo de Platão, o grande arquiteto cósmico, transformou-se no Deus cristão de Copérnico. O cosmo era uma manifestação da mente divina e, portanto, necessariamente perfeito. "A dedução principal é obter a forma do Universo e as simetrias de suas partes", declarou Copérnico. Apenas na Antiguidade filósofos haviam proposto uma ponte tão inspiradora entre as ambições religiosas e estéticas do homem.

Após agonizar durante décadas, e sob pressão constante de seus poucos amigos, Copérnico decidiu tornar pública a sua obra, mesmo se ainda imperfeita. Os detalhes, imaginava, seriam preenchidos mais tarde, quando melhores observações estivessem ao alcance dos astrônomos.

O livro deve ter-lhe parecido belo o suficiente, um tomo imponente, ricamente ilustrado. Porém, nele escondia-se uma terrível surpresa. Logo após uma comovente dedicatória ao papa Paulo III, onde Copérnico expressava corajosamente a opinião de que as escrituras sagradas não deveriam ser usadas para descrever o arranjo dos céus, um novo prefácio havia sido inserido, que não era de sua autoria. O texto declarava que o cosmo heliocêntrico nada mais era do que uma construção matemática, que pouco tinha a ver com a realidade. As palavras, que devem ter-lhe cortado o coração como mil adagas, declaravam que as ideias no livro — o trabalho de toda a sua vida — eram apenas hipóteses "que não precisavam ser verdade ou mesmo demonstráveis como tal". Não sendo assinado, o texto dava a impressão de ser de autoria do próprio Copérnico. Apenas em 1609 Kepler iria desmascarar a farsa, revelando o verdadeiro autor do prefácio, o teólogo luterano Andreas Osiander. Por uma série de circunstâncias além do controle de Copérnico, Osiander tomou posse do manuscrito e acabou supervisionando a sua publicação. Mesmo assim, *Sobre as revoluções* acabou por influenciar algumas das mentes mais importantes da Europa.[8] Dentre elas, a de Michael Maestlin, professor de Kepler na universidade luterana de Tübingen, na Alemanha.

8
Deus, o Sol

Na famosa peça teatral (e também filme) *Amadeus*, de Peter Shaffer, o conflito entre genialidade e mediocridade, conformismo e criatividade, atinge consequências trágicas quando o compositor Antonio Salieri, desesperado, aterroriza continuamente o doentio Mozart, levando-o finalmente à morte. O vaidoso Salieri, inicialmente orgulhoso de seu talento como compositor, vai gradualmente perdendo o controle ao testemunhar a beleza imortal da música de Mozart. Em uma cena devastadora, Salieri presenteia uma nova composição ao seu patrono, o arquiduque austríaco e sagrado imperador romano José II. Mozart, retratado como um jovem irreverente com uma risada histérica, se oferece para tocá-la. Logo começa a improvisar em torno da melodia medíocre de Salieri, conferindo-lhe uma beleza inusitada. Os presentes, comovidos, trocam olhares incrédulos, enquanto Salieri, humilhado, mal pode conter a sua ira. "Por que Deus concedeu tanto talento a um jovem idiota, enquanto eu, Seu devoto servo, que jurei minha castidade em troca de inspiração, nada mais crio do que estúpidas melodias?" Ciente de sua mediocridade, Salieri sabia que seu nome seria esquecido tão logo morresse, enquanto o de Mozart seria celebrado por séculos. Maestlin, em seus momentos mais melancólicos e solitários, deve ter sido vítima dos mesmos temores.

Em 1589, ano em que o jovem Johannes Kepler, então com dezessete anos, ingressou no curso de astronomia ministrado por Maestlin, as ideias de Copérnico eram tabu nos círculos intelectuais luteranos. Com ainda mais veemência do que a Igreja Católica, Martinho Lutero havia denunciado o cosmo heliocêntrico como sendo uma heresia pagã. Maestlin, evitando envolver-se na controvérsia, havia escrito um livro-texto de astronomia onde quase nenhuma alusão é feita a Copérnico: o cosmo heliocêntrico e a rotação da Terra não são sequer mencionados. Paradoxalmente, Maestlin havia observado o grande cometa de

1577, estabelecendo — em contradição direta com a doutrina aristotélica, que pregava serem os céus imutáveis — que o cometa viajava além da esfera lunar. Para aliviar a sua covardia intelectual, Maestlin ensinava os detalhes das ideias de Copérnico aos seus melhores alunos. Talvez o mestre luterano nutrisse secretamente o desejo de que, um dia, um de seus discípulos teria a coragem que não teve para promulgar a nova visão de mundo. Se, de fato, era essa a sua intenção, foi muito bem-sucedido.

Quando pesquisava a vida de Kepler para o meu romance *A harmonia do mundo*, publicado em 2006, tive a oportunidade de visitar Praga e algumas cidades da Alemanha onde o grande astrônomo viveu. Na minha opinião, nenhum outro cientista, nem mesmo Galileu e o seu famoso confronto com a Inquisição Católica, encarna de forma tão dramática o arquétipo do herói solitário que luta sem tréguas pela verdade. Queria entender a fonte da força de Kepler, o motivo da paixão que o levou a buscar por toda a vida o código oculto da Natureza. Nunca poderia ter imaginado que, ao fim da minha busca, minha própria visão de mundo se transformaria.

A vida de Kepler foi uma sucessão interminável de tragédias, interrompidas aqui e ali por raros momentos de graça. Nestes momentos, sua mente iluminada vislumbrou alguns dos segredos mais íntimos da Criação, transformando a ciência para sempre. Seu pai era um mercenário, que o maltratava com uma brutalidade selvagem. Sua mãe, dada a ataques de histeria, quase terminou seus dias na fogueira, acusada de bruxaria. Durante sua vida, Kepler foi constantemente forçado a viajar de um lugar a outro, vítima dos sangrentos conflitos entre católicos e protestantes que marcaram as primeiras décadas do século XVII. Cronicamente doente, pobre e sofrendo a perda de vários filhos, Kepler, o mais fiel dos pitagóricos, procurou desesperadamente nos céus por uma ordem que a vida lhe negava.

O Sol brilhava forte quando cheguei na estação de Weil der Stadt, a cidade natal de Kepler. Cercada por uma muralha de pedra com torres de observação guardando todas as direções, a pequena vila me lembrou uma criança tentando parecer mais forte do que é. As casas, perfiladas ao longo das ruas estreitas, são pintadas de cores vivas no estilo típico da Baviera. Caminhando da estação de trem ao meu hotel, sentia a presença de Kepler a cada passo. Se ignorasse os carros e os fios elétricos, e os adolescentes de cabelos pintados e lábios com piercings, era fácil esquecer que estava no século XXI. De vez em quando, parava e olhava em torno com um misto de ansiedade e reverência, sabendo que Kepler havia caminhado por aquelas mesmas ruas quatrocentos anos antes, quando bruxas ainda eram queimadas na Markt Platz, a praça central de Weil.

Pedi à recepcionista do hotel um quarto com vista para a praça. Quando abri as janelas, lá estava ele, olhando diretamente para mim. Sua enorme estátua domina a praça, deixando claro que aquela é a "Keplerstadt", a cidade de Kepler. Seu rosto tem uma expressão calma e nobre, simbolizando a vitória da razão sobre as dificuldades da vida. Kepler está sentado, segurando um livro na mão esquerda, provavelmente o *Astronomia nova,* a obra que redefiniu a astronomia. Na direita, segura um compasso, uma alusão a ter sido ele quem decifrou os céus usando a geometria. A enorme estrutura está apoiada num pedestal octogonal, com cada face abrigando uma estátua numa pequena alcova. Vemos o dinamarquês Tycho Brahe, o astrônomo-príncipe cujas observações meticulosas forneceram a munição de que Kepler precisava para elaborar a hipótese copernicana. E, claro, vemos Michael Maestlin, o mentor de Kepler. Enquanto Tycho tem uma pose arrogante, apontando desafiadoramente para cima, Maestlin está semicoberto por uma longa capa, que fecha com as mãos como se escondesse algo. O contraste entre as duas personalidades não poderia ser mais óbvio.

Após circundar a estátua algumas vezes, atravessei a praça na direção da casa de Kepler, hoje um museu. A casa original queimou em 1648, sendo essa outra uma fiel reconstrução. Ao chegar, fui entusiasticamente recebido pela administradora do museu, Frau Gnad. Seus olhos brilharam ainda mais quando expliquei que era um físico pesquisando a vida de Kepler, possivelmente para um livro. Fui levado a todos os aposentos da casa, inclusive um onde se encontra a famosa banheira que Kepler supostamente usou apenas uma vez na vida (e ainda assim reclamou que o banho o fez adoecer). Porém, o objeto mais impressionante do museu é uma réplica em bronze do "Mysterium Cosmographicum".

O "Mysterium" foi como Kepler tentou unificar todo o cosmo sob uma única estrutura: um modelo do sistema solar composto de cinco sólidos geométricos arranjados um dentro do outro como bonecas russas, com esferas separando cada um deles. Havia já visto desenhos, mas nunca uma escultura. Ali estava o que Kepler acreditava ser o mapa da Criação, a expressão geométrica da mente de Deus. Perdido numa espécie de transe, fiquei admirando a obra por um tempo indefinido. Percebendo minha emoção, Frau Gnad afastou-se silenciosamente, deixando-me a sós.

Já durante os seus anos como estudante em Tübingen, Kepler dedicou-se à causa copernicana com um fervor religioso. Estava convicto de que o cosmo heliocêntrico era obra de Deus. Como tal, deveria refletir, em suas proporções, a perfeição divina, expressando uma beleza sobrehumana. Chegou até a relacionar o cosmo com a Santíssima Trindade: no centro encontrava-se Deus, o Sol, emitindo luz em todas as direções; na periferia, a esfera das estrelas fixas que marcava a fronteira do cosmo, encontrava-se o Filho; e, no espaço por onde a luz do Pai viajava ao encontro do Filho, encontrava-se o Espírito Santo. Num momento de grande intuição, Kepler sugeriu que o Sol tinha o poder de mover os planetas a sua volta, um mecanismo que chamou de "alma do movimento" (*anima motrix*). Os planetas distantes, recebendo uma influência menor, viajavam mais devagar. Mesmo que hoje saibamos que a luz solar não é a causa dos movimentos planetários, foi a primeira vez na história da astronomia que alguém propôs que os movimentos do sistema solar fossem explicados a partir de uma interação entre o Sol e os planetas. São *forças*, e não esferas cristalinas, que mantêm o cosmo coeso.

O cosmo de Aristóteles, com a Terra, imóvel, ao centro, não era mais viável. Um novo casamento entre a astronomia e a fé, bem diferente daquele celebrado pela teologia medieval cristã, estava prestes a ser celebrado. Kepler passou anos buscando pela solução do desafio de Copérnico, a solução do *mysterium cosmographicum*: "deduzir a forma do Universo e as simetrias de suas partes."

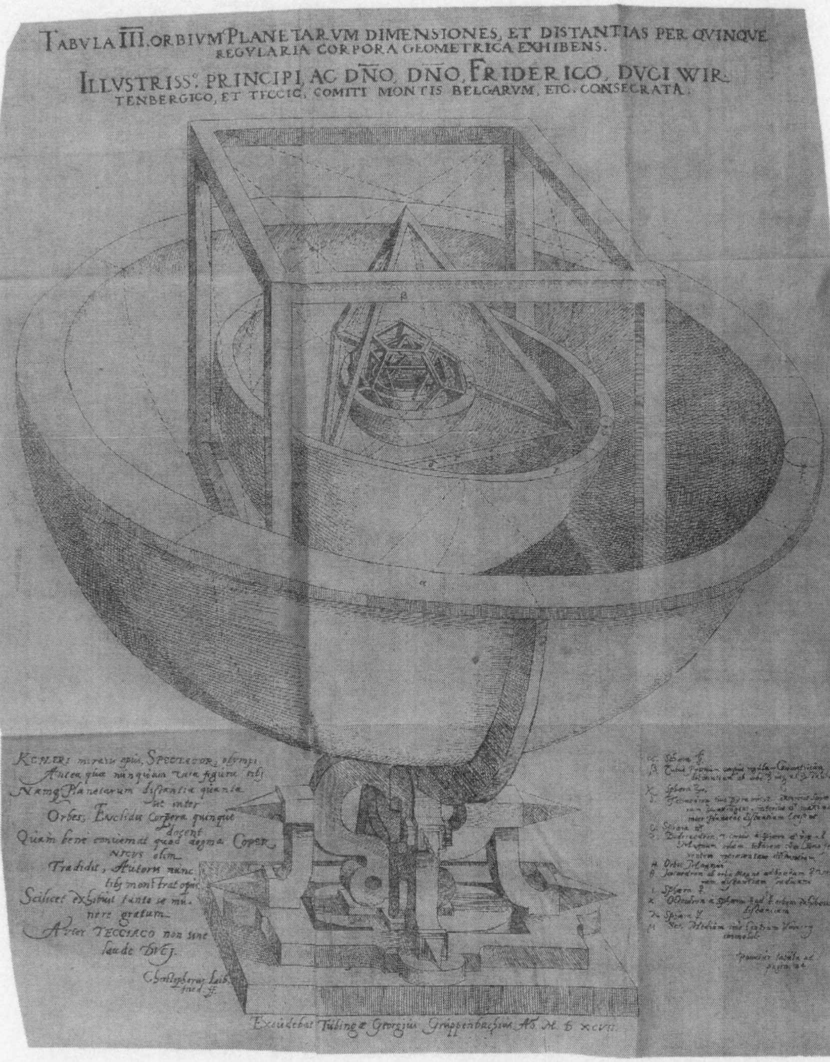

Herzog August Bibliothek WolfenBüttel: 40 Astron

As ideias revolucionárias de Kepler despertaram a ira dos professores de Tübingen. A centelha que Maestlin havia aceso rapidamente tornou-se um incêndio de enormes proporções. Dividido entre a admiração que sentia por seu pupilo e o medo de se contrapor às ideias de seus colegas, e, para piorar, enciumado do brilho intelectual de Kepler, Maestlin, juntamente com alguns membros do corpo docente, criou uma estratégia para silenciar o jovem iconoclasta. Faltando apenas alguns meses para a sua formatura, Kepler foi despachado para a longínqua cidade de Graz, na Áustria. Para a sua surpresa e decepção, sua missão lá era ensinar matemática e não ser pastor, a carreira que havia planejado por toda a vida.[9] Felizmente, a estratégia dos mestres falhou. Forçado a repensar o seu futuro, Kepler acabou encontrando uma nova direção profissional e espiritual. Se não lhe fosse permitido servir a Deus como pastor protestante, o faria através da astronomia. Decidiu que sua missão seria desvendar o código oculto da Natureza, a escrita de Deus revelada nos fenômenos dos céus. Animado, escreveu ao seu mentor: "Por toda a minha vida sempre quis ser teólogo. Sofri muito com essa mudança de direção tão inesperada. Mas agora finalmente compreendi que posso louvar a Deus de outra forma, através do meu trabalho em astronomia." Jamais saberemos se Maestlin sorriu ou chorou ao ler essas linhas.*

---

* No romance *A harmonia do mundo* (Companhia das Letras, 2006), conto a história da vida de Kepler e da sua relação com Maestlin.

9
Decifrando o mistério cósmico

Foi durante uma aula para um grupo de alunos sonolentos que Kepler teve a visão que mudaria a sua vida. Quando explicava os movimentos dos planetas Júpiter e Saturno, percebeu algo a que antes não dera o significado devido: o fato de Saturno ser duas vezes mais distante do Sol do que Júpiter não podia ser uma coincidência. Dentro da ideologia pitagórico-cristã, se Deus era o arquiteto cósmico, o arranjo dos céus não podia ser ao acaso. Deveria, por exemplo, haver alguma explicação para o número de planetas ser seis, e não três ou vinte e cinco. E o que determinava as suas distâncias em relação ao Sol? Kepler sabia que, de alguma forma, a resposta *tinha* que envolver a geometria.

Passou semanas trabalhando, procurando por um modelo geométrico do cosmo. Tentou diversas possibilidades, mas nada parecia funcionar. Sua frustração aumentava a cada dia. De repente, num momento de grande intuição, entendeu. Como suspeitara, era mesmo a geometria que determinava a estrutura do cosmo, isto é, o número de planetas e as distâncias entre eles e o Sol. Kepler sabia que, em três dimensões espaciais, existiam apenas cinco sólidos perfeitos, os chamados sólidos platônicos: nenhum outro sólido tridimensional fechado pode ser construído a partir de apenas um objeto bidimensional (triângulos, quadrados e pentágonos). Os dois mais familiares são o cubo (feito de seis quadrados) e a pirâmide (feita de quatro triângulos equiláteros). Os outros três são o octaedro (oito triângulos equiláteros), o dodecaedro (doze pentágonos) e o icosaedro (vinte triângulos equiláteros). Como vimos, Kepler imaginou que os cinco sólidos deveriam se encaixar um dentro do outro, como num quebra-cabeça (as bonecas russas). Entre cada dois sólidos, uma esfera imaginária localizava a órbita planetária, como mostra a figura na p. 61. O surpreendente era que cinco sólidos permitem apenas seis esferas entre eles, isto é, apenas seis planetas: Sol ao centro – esfera (Mercúrio) – SÓLIDO – esfera (Vênus) – SÓLIDO –

esfera (Terra) – SÓLIDO – esfera (Marte) – SÓLIDO – esfera (Júpiter) – SÓLIDO – esfera (Saturno). Ademais, as distâncias entre as esferas eram determinadas precisamente pelas leis da geometria. Após experimentar com alguns arranjos para os cinco sólidos, Kepler encontrou um que coincidia, com uma precisão surpreendente, com as distâncias entre os planetas medidas pelos astrônomos.[10]

Com essa sacada genial, Kepler "resolveu" o maior mistério da astronomia, explicando *a priori* não só por que existiam apenas seis planetas, mas também as suas distâncias em relação ao Sol. Jamais seria o mesmo após essa revelação. Morreu acreditando ter decifrado a estrutura do cosmo, que a matemática permitiu-lhe vislumbrar a mente de Deus. Conforme afirmavam os filósofos pitagóricos da Grécia Antiga, a solução ocultava-se na geometria. Apenas um cosmo desenhado por um Deus geômetra respeitaria as mais perfeitas proporções. Em sua estrutura simétrica, revelava a beleza divina da Criação.

Com apenas 26 anos, Kepler acreditou ter desvendado o mapa da Criação. Deus havia mesmo usado a geometria para construir o mundo. Cabia aos homens usar a razão para estudar a Natureza. Essa era a verdadeira devoção religiosa, louvar a Deus através da Sua obra, fazer preces das equações. Em Tübingen, Maestlin impressionou-se com a elegância da solução de Kepler. Tanto que o ajudou publicá-la num livro, *Mysterium Cosmographicum*. Em 1596, o modelo de Copérnico havia ganho uma dimensão geométrica que parecia justificar uma íntima relação entre a matemática e a teologia. A perfeição de Deus se manifestava na simetria geométrica da Sua Criação.

10
O erro de Kepler

Rodeei o modelo cósmico de Kepler algumas vezes, admirando a sua beleza. Ali estava a visão de um homem brilhante, a primeira versão concreta da Teoria Final, a suposta solução *a priori* da estrutura do universo, baseada apenas em proporções geométricas: um cosmo criado pela mente humana. Para Kepler, a ordem, as proporções perfeitas, a simetria refletiam a glória da mente de Deus. Mesmo após ter revolucionado a astronomia, provando que as órbitas planetárias eram elípticas e não circulares, Kepler continuou acreditando no seu modelo geométrico. Em 1621, quando era já um astrônomo maduro, conhecido em toda a Europa, Kepler aproveitou a publicação da segunda edição do *Mysterium* para adicionar novos comentários: "Quando Deus determinou a ordem dos corpos celestes", escreveu, "tinha em mente os cinco sólidos regulares, famosos desde os tempos de Pitágoras e Platão até os nossos dias." Kepler jamais abandonou o sonho pitagórico. A busca por uma harmonia cósmica era o que dava significado a sua vida.

Como que alguém tão errado poderia estar tão convicto de estar certo? Temos muito o que aprender com o erro de Kepler. A partir da nossa perspectiva moderna, é fácil ridicularizar a sua criação, chamá-la de delirante. Afinal, são oito planetas no sistema solar, e não seis.* Se Kepler pudesse vê-los todos a olho nu, não haveria proposto o seu modelo, e sua carreira teria tomado um outro rumo. Sua visão limitada da realidade foi a sua bênção. Na época, todos acreditavam que só existiam seis planetas; seu modelo cósmico refletia esse fato. Mesmo que a ciência tenha avançado enormemente nos últimos quatro séculos, o que

---

* Uma excelente ilustração da natureza da ciência, que vai se aprimorando à medida que aprendemos mais sobre o Universo, é a recente redução no número de planetas do nosso sistema solar, que passou de nove a oito com a demoção de Plutão a um "plutoide", isto é, um planeta anão com gravidade suficiente para atingir uma forma quase-esférica.

ocorreu com Kepler continua a ocorrer nos dias de hoje: construímos nossa visão de mundo com os dados que temos no momento. Em outras palavras, nossa visão de mundo depende fundamentalmente do que podemos medir. O erro de Kepler foi ter acreditado que sua criação era tão perfeita que transcendia os limites mundanos da realidade. Para ele, a ordem que vislumbrou era bela demais para não ser verdadeira. Visto que jamais seremos capazes de medir tudo o que existe, seu erro foi ter acreditado que é possível construir uma Teoria Final. Sempre haverá algo que nos escapará, algo além do alcance de nossos instrumentos. Nessa escuridão perene que nos cerca, podem ocultar-se grandes revelações, potencialmente capazes de reformular nossa visão de mundo. Acreditar que a ciência, num determinado momento, terá todas as respostas é dotá-la de um poder que não tem.

Olhei por mais alguns instantes para a criação de Kepler: um cosmo finito, um sonho geométrico, uma ordem precisa e simétrica, expressão de um desejo e não da realidade. Naquele momento, entendi que meus dias como Unificador estavam contados.

Como, então, explicar o sucesso de Kepler? Em uma palavra, "busca". Acreditar numa ideia é a condição básica para tentar prová-la correta. Tal como o viajante que acredita na Terra Prometida e sai pelo mundo buscando por ela, descobrindo novos lugares pelo caminho, muitas das descobertas mais importantes da ciência ocorreram durante a busca por objetivos que nunca foram atingidos. Vemos a visão suspensa ao longe, como uma miragem, e fazemos de tudo para chegar a ela. Kepler ilustra bem esse ponto. Usando os dados astronômicos de Tycho Brahe com o intuito de comprovar a estrutura cósmica que propôs no *Mysterium*, Kepler acabou por descobrir as três leis que regem os movimentos planetários em torno do Sol, as primeiras leis matemáticas da astronomia moderna.* Citando Holton mais uma vez, "A busca por uma

* A primeira lei afirma que as órbitas planetárias têm a forma de elipses e não de círculos. A segunda, a lei das áreas, afirma que as órbitas cobrem áreas iguais em tempos iguais, uma consequência da maior aceleração sofrida pelos planetas na vizinhança do Sol. A terceira, que Kepler chamou de "lei harmônica", relaciona o período orbital de um planeta com sua distância média do Sol.

arquitetura grandiosa para o cosmo... é um sonho antigo. Nas suas piores encarnações, produziu visões de mundo autoritárias, tão destituídas de conteúdo científico quanto aquelas na política são perigosas. Nas suas melhores, promulgou a busca por várias sínteses que, por sua beleza, elevaram a ciência acima do patamar monótono da análise".[11]

Ao tentar explicar os movimentos planetários a partir de causas físicas — uma força emanando do Sol — Kepler transformou irreversivelmente a astronomia, que deixou então de ser um mero mapeamento dos movimentos celestes. Conforme mencionei, no *Mysterium* Kepler sugeriu que uma *anima motrix* emanando do Sol causava os movimentos planetários. A ideia foi refinada no seu segundo livro, *Astronomia nova*, publicado em 1609, onde propôs uma força de origem magnética entre o Sol e os planetas. Essas primeiras noções de uma dinâmica celeste — o estudo das forças responsáveis pelos movimentos dos objetos celestes — foram essenciais para o pensamento de Newton que, em 1687, irá apresentar uma teoria quantitativa da gravitação. "Apenas uma descrição baseada nas causas físicas poderá explicar os movimentos celestes", Kepler escreveu profeticamente.

Mesmo que seu sonho pitagórico de uma solução geométrica para o cosmo não passasse de uma fantasia que combinava cristianismo e misticismo matemático, foi tentando concretizar a sua visão de mundo que Kepler descobriu as leis matemáticas das órbitas celestes. É irônico, e de extrema importância para nosso argumento, que justamente o homem que tanto amava a simetria acabasse provando que o círculo — a mais perfeita das formas — não tinha um papel central na astronomia. Cada planeta tinha a sua própria órbita elíptica, com uma elongação maior ou menor: a estrutura do cosmo deixou de ser um sonho humano e passou a ser uma realidade científica, imperfeita e assimétrica. Kepler nos proporcionou um cosmo menos belo, mas uma ciência mais precisa. A lição que aprendemos é tão simples quanto essencial: para nos aproximar da verdade, muitas vezes temos que abandonar nossos sonhos de perfeição.

Hoje sabemos que as leis de Kepler não se limitam ao nosso sistema solar: qualquer sistema estelar pode ser descrito por suas leis. Muito provavelmente, ficaria chocado se alguém lhe revelasse que o sistema solar tem oito e não seis planetas e que, portanto, o seu sistema com cinco sólidos platônicos é inviável. Por outro lado, sem dúvida ficaria muito feliz em saber que as suas três leis são válidas em todo o cosmo. "Essas leis", afirmaria, "são obra de um Deus versado nos nobres princípios da geometria."

Após Kepler, o Encantamento Iônico continuou a inspirar o sonho de unificação. Durante o século XVIII, devido em grande parte ao enorme sucesso da mecânica de Newton, foi demonstrado que os movimentos planetários e muitos outros obedecem a leis e princípios gerais, como a conservação da energia e da quantidade de movimento (ou momento linear). Essas leis ficaram conhecidas como "leis da Natureza". Consequentemente, a busca por uma descrição unificada do mundo material passou a ser vista como uma busca pelas leis da Natureza, o conjunto de relações que explica como a matéria se organiza nas suas mais diversas formas, do mais pequeno ao astronômico. Deus passou a ser o criador das leis da Natureza, enquanto a ciência, a busca por essas leis.

Quando estava de saída da casa de Kepler, Frau Gnad aproximou-se timidamente. Por uma dessas incríveis coincidências, disse ela, naquela mesma noite haveria uma festa no Johannes Kepler Gymnasium, a escola secundária de Weil, para celebrar a instalação do novo telescópio de quatorze polegadas.* Fora os inevitáveis discursos de várias autoridades locais, o evento incluiria também uma surpresa. Será que gostaria de ir como seu convidado?

Às dezenove horas em ponto, Frau Gnad e uma amiga me pegaram no hotel. A respeitável senhora fazia jus à reputação dos alemães de serem amantes da velocidade: a Mercedes preta subiu a ladeira até a escola cantando pneu a cada curva, como se estivesse na autoestrada de Munique a Frankfurt. Após intermináveis minutos de muita apreensão e suor frio (ao menos de minha parte), chegamos inteiros. A festa estava para começar.

---

* O número de polegadas de um telescópio mede o diâmetro do espelho que capta a luz, em geral ao fundo do instrumento. Quanto maior o diâmetro do espelho, mais poderoso o telescópio.

O auditório estava lotado. Pais, alunos, professores, políticos e administradores locais reuniram-se para celebrar a sua nova janela para os céus. Como não podia deixar de ser, a festa alemã começou cheia de formalidades. (A atmosfera ficou bem mais relaxada no final, quando as bebidas foram servidas.) Discursos muito mais longos do que o necessário foram seguidos de marchas militares tocadas por um duo de piano e trompete, melodias bem mais rígidas do que o suposto lirismo da harmonia das esferas. Após a música, um professor de astrofísica proferiu uma palestra sobre o sistema solar e a galáxia. Uma jovem aluna, com uma voz belíssima, cantou, para minha surpresa, a canção-tema do filme *A rosa*: "some say love, it is a river..." Era a preparação para o próximo ato. Três atores subiram ao palco, vestidos a caráter. Essa era a surpresa que Frau Gnad havia mencionado: um diálogo teatral entre Kepler, um filósofo aristotélico e um teólogo luterano, que passaram os próximos vinte minutos debatendo apaixonadamente os argumentos contra e a favor de um cosmo heliocêntrico. No final, exausto mas feliz, Kepler acaba por convencer os outros. Durante os aplausos, olhei em torno. Que privilégio estar ali, ouvindo vozes de uma época distante ecoando na calma noite estrelada, na ocasião em que uma escola celebrava meu personagem preferido na história da ciência. Pensei na vida torturada de Kepler, nas suas batalhas, na força da sua convicção, na sua paixão pelo saber. Emocionado, celebrei em silêncio a memória desse homem que tanto buscou pelas harmonias do mundo. Ao levantar os olhos, vi Frau Gnad, que, sorrindo, se aproximava com dois canecos de vinho quente nas mãos.

PARTE II

A assimetria do tempo

11
Fósseis do Big Bang

No ano em que minha mãe morreu, 1965, os astrofísicos norte-americanos Arno Penzias e Robert Wilson publicaram os resultados surpreendentes de suas observações. Nelas, ofereciam prova incontroversa de que o Universo teve uma infância quente e densa, e que vem se expandindo e resfriando desde então. Com apenas seis anos, jamais poderia imaginar que, enquanto minha vida entrava numa fase de enorme tristeza, a cosmologia entrava numa era de grandes descobertas. Penzias e Wilson provaram que o cosmo é como um imenso forno de micro-ondas, repleto de uma radiação cuja temperatura é de apenas 2,73 graus acima do zero absoluto, ou −270,42 graus centígrados. Para a surpresa do par de cientistas, físicos teóricos haviam já previsto que, caso o Universo houvesse surgido como descrevia a teoria do Big Bang, estaria mesmo repleto de radiação. Haviam também previsto que hoje, após bilhões de anos de expansão e resfriamento, essa radiação teria as propriedades das micro-ondas que os dois haviam medido com sua antena. Penzias e Wilson haviam encontrado um verdadeiro fóssil do Big Bang, um retrato do cosmo em sua tenra infância.[1]

O Big Bang não era o único modelo na praça. Outros modelos cosmológicos, descrições matemáticas do Universo baseadas nas leis da física, haviam sido propostos. Um deles, chamado modelo do estado padrão, argumentava que o cosmo tinha uma idade infinita, isto é, que era eterno e que não mudava com a passagem do tempo. Porém, de todos eles, apenas o Big Bang era capaz de explicar de forma natural a existência da radiação descoberta por Penzias e Wilson. As consequências tinham proporções míticas: tal como nós, o cosmo tem uma história, um nascimento seguido de um período de crescimento que continua até hoje. O cosmo estático de Copérnico, Kepler e Newton havia ficado de vez para trás. A expansão cósmica implica uma direção do tempo: existe um senso definido de passado e futuro, com o tempo funcionando como a ponte entre os dois. Portanto, o tempo deixa de ser apenas uma ferramenta conceitual usada para medir as mudanças que percebemos à nossa volta, passando a ser um imperativo cósmico, apontando resolutamente para o futuro. Como veremos, as consequências desse fato, aparentemente trivial, são profundas. A assimetria do tempo proporciona um mecanismo para explicar um dos grandes mistérios de todos os tempos, a origem da matéria. Consequentemente, está também relacionada com a origem da vida: ao traçarmos os detalhes da história que leva do cosmo à célula, compreenderemos que somos produto de assimetrias esculpidas nas entrelinhas do código oculto da Natureza.

12
O Universo num grão de areia

Dentre os muitos mentores que tive no decorrer da minha carreira, o professor Gilson Carneiro, então na Pontifícia Universidade Católica do Rio, onde fiz minha graduação em física, merece minha gratidão. Fora o dever de casa e as provas, tarefas típicas de todos os cursos, o professor Carneiro nos deu a liberdade de trabalhar num projeto de curso, que deveria ser apresentado no final do semestre. O tópico era da escolha do estudante, contanto que estivesse relacionado com o tema do curso, eletromagnetismo. A essa altura, 1980, eu estava já bastante interessado em cosmologia. Aliás, esse interesse datava de muito tempo, desde que descobri que a cosmologia lidava com o maior dos mistérios, a origem de tudo. "Tem um livro muito interessante do Steven Weinberg que acaba de sair", disse o professor Carneiro, "chamado *Os três primeiros minutos.* Foi escrito para o público leigo e é bem pertinente. O Universo inteiro é banhado numa radiação de micro-ondas, um exemplo de radiação eletromagnética. Leia o livro e dê um seminário sobre o assunto."

Fiquei entusiasmado. Weinberg tinha acabado de ganhar o prêmio Nobel em 1979, pelo seu trabalho na teoria de unificação das forças eletromagnética e nuclear fraca, duas das quatro forças conhecidas da Natureza.* O que poderia ser mais inspirador do que ter a cosmologia explicada por um Unificador vencedor de prêmio Nobel? O livro me afetou profundamente. Após lê-lo, não me restava dúvida de que *tinha* que trabalhar em cosmologia e na sua relação com a unificação das forças. A noção de que a física do muito grande (o Universo) e a do muito pequeno (as partículas elementares da matéria) eram de alguma forma interligadas exercia um fascínio quase que mágico na minha imaginação.

---

* As outras duas são a força nuclear forte e a gravidade. Teremos muito o que falar sobre todas elas.

Uma consequência do modelo do Big Bang é que o Universo jovem era muito quente e denso. No início de sua história, o cosmo estava tão contraído e as temperaturas tão altas, que apenas a física das partículas elementares poderia descrever o que ocorria. Meu pai, que adorava filosofar enquanto atendia às necessidades das begônias e orquídeas em seu jardim, um dia revelou-me que o micro e o macro eram misteriosamente conectados: "Vê este grão de areia? O Universo inteiro está aqui dentro!" Será que meu pai conhecia os versos do poeta inglês William Blake?

Ver o Mundo num Grão de Areia
E o Firmamento numa Selvagem Flor
Segurar o Infinito na palma da mão
E a Eternidade numa hora que for.

Como tantas outras perguntas que tinha para meu pai, esta também nunca foi feita. Ainda criança, tinha a sensação de que estava certo, mesmo que não soubesse por quê. Agora, graças ao livro de Weinberg, havia finalmente compreendido. A resposta estava na interface entre a cosmologia e a física de partículas. O que poderia ser mais fascinante do que conectar as duas, a origem do Universo e a unificação das forças que regem os fenômenos naturais? Não seria essa a chave do código oculto da Natureza? Bastava mergulhar no estudo da física do universo primordial. Esse era o meu destino. E eu estava pronto.

13
A luz, esse mistério

Todos os começos são difíceis. Para que pudesse subir a montanha que me levaria à sabedoria científica, tinha primeiro que estudar as propriedades da radiação eletromagnética em geral e, em particular, as das micro-ondas que permeiam o cosmo. Nas próximas páginas, apresento um breve resumo do assunto, tão importante para a nossa visão de mundo atual.

Como nos ensinam os textos introdutórios de física, a luz é uma onda eletromagnética visível ao olho humano. Eles também nos ensinam que as ondas luminosas são bem diferentes das ondas mais comuns como, por exemplo, as que vemos quando vamos à praia, ou as compressões causadas no ar quando falamos. Essas ondas "ondulam" em algo: um meio material serve de suporte para a sua propagação. Qualquer onda, a luz incluída, é um distúrbio que transporta energia (e momento) através do espaço. Quando jogamos uma pedra numa poça, a energia que a pedra transfere para a água é transportada em ondas concêntricas que partem do local de impacto. Quando falamos, nossos pulmões forçam o ar para fora do corpo, fazendo com que as cordas vocais vibrem. Essas vibrações, por sua vez, criam as variações na densidade e na pressão do ar que são detectadas como som pelos nossos ouvidos. Se não existe ar, como é o caso no espaço ou na Lua, por exemplo, não existe som.

Em 1905, Albert Einstein, então com apenas 26 anos, afirmou que a luz — ou melhor, qualquer tipo de radiação eletromagnética, visível ou não ao olho humano — é fundamentalmente diferente dos outros tipos de onda. De acordo com o fiscal de patentes da cidade de Berna, na Suíça, a luz não precisa de um meio material para se propagar: ela se propaga sozinha, mesmo no espaço vazio. A afirmação do jovem físico era chocante. Como isso poderia ser possível? Alguns dos maiores cientistas do século XIX haviam conjecturado que a luz se propaga num meio misterioso que, inspirado pelo nome dado por Aristóteles para a substância que preenche o vazio cósmico, foi chamado de éter. (Claro, nada a ver com o éter que se compra nas farmácias.) Sua única função era fornecer suporte material para a propagação das ondas de luz. De fato, esse éter era muito estranho: para permitir a propagação de ondas ultrarrápidas, tinha que ser ao mesmo tempo milhões de vezes mais rígido do que o aço e um fluido sem peso ou fricção, de modo a não atrapalhar as órbitas planetárias; tinha, também, que ser perfeitamente transparente, para não ofuscar a luz das estrelas. Num exemplo claro da cegueira coletiva que nossa ignorância pode causar, as mentes mais brilhantes da época acreditavam na existência do éter, mesmo que tivesse propriedades quase que mágicas. Afinal, como uma onda poderia existir sem um meio de propagação?

A aceitação generalizada do éter pelos físicos do século XIX ilustra que não é apenas na religião que o desejo de acreditar em algo impossível acaba por torná-lo em algo plausível. A situação tornou-se crítica quando, em 1887, os americanos Albert Michelson e Edward Morley não conseguiram detectar o éter em seu famoso experimento. Rapidamente, várias explicações surgiram, justificando o resultado negativo. O consenso era que o éter *tinha* que existir. A Natureza não podia ser assim, tão insensata. Ou será que podia?

Podia. O jovem fiscal de patentes estava certo. O éter não existe. Seu desaparecimento foi uma lição dolorosa para os físicos que, arrogantes em sua confiança, demandaram que a Natureza servisse aos seus preconceitos. Michelson morreu em 1931 sem aceitar as consequências de seu próprio experimento, realizado 44 anos antes. Tal como na fé, o imaginário científico pode ganhar tamanha força que é confundido com a realidade. A diferença crucial entre as duas, como a própria saga do éter nos mostra, é que, em ciência, a existência de uma entidade imaginária não costuma ser longa: mais cedo ou mais tarde, testes experimentais serão feitos, e a eficácia de uma dada hipótese será examinada em detalhe. Sem esse sistema de verificações, a ciência não poderia funcionar. Uma hipótese que não pode ser testada experimentalmente não deveria ser considerada como sendo científica. O éter junta-se ao flogisto e ao calórico na lista de substâncias inexistentes propostas por cientistas para explicar fenômenos que desafiavam a sua compreensão. Substâncias com propriedades excêntricas devem ser propostas e estudadas com uma boa dose de ceticismo. Ironicamente, observações astronômicas atuais sugerem que, mais uma vez, estamos imersos em meio a materiais etéreos. Mesmo que a evidência acumulada seja significativa, jamais devemos aceitar a existência de tais substâncias até que sejam de fato confirmadas.

Após algum tempo, a comunidade científica aceitou que a luz é uma onda eletromagnética capaz de se propagar no vácuo. O que ondula são *campos* elétricos e magnéticos; mais precisamente, um campo eletromagnético. Imagine uma pequena bola carregada eletricamente.* As cargas elétricas na bola criam um campo a sua volta, o que significa que outras cargas, ao passarem por perto, serão atraídas ou repelidas pela bola. Quanto mais próximas essas cargas estiverem da bola, maior a intensidade da atração ou repulsão que sentirão. As cargas da bola são a fonte do seu campo elétrico. O campo, portanto, representa o efeito de uma fonte no espaço a sua volta. Uma chapa quente cria um campo térmico a sua volta: quanto mais próximo da placa, mais alta a temperatura. Resumindo, toda carga elétrica gera (ou, equivalentemente, é a fonte de) um campo elétrico. Outras cargas sentem a sua presença mesmo que a uma certa distância dela.

Agora, imagine que a carga elétrica oscile para cima e para baixo, como se fosse uma bola de basquete. Seu campo oscila com ela. No século XIX, físicos descobriram que, quando cargas elétricas oscilam, criam campos magnéticos. O magnetismo de um ímã simples, como os que usamos para pendurar fotos na geladeira, se deve a inúmeras cargas que existem ao nível atômico. As pequenas bolas carregadas aqui são os elétrons, e seu movimento circular em torno do núcleo atômico cria um pequeno campo magnético. A ele adicionamos o seu movimento de rotação em torno de si mesmos, como piões minúsculos. O resultado final, quando somado sobre os trilhões de trilhões de elétrons girando na

---

* Por exemplo, a bola tem um excesso de cargas elétricas em sua superfície. Se a bola for de plástico, você pode fazer isso esfregando-a no seu cabelo.

mesma direção, acaba por criar um efeito macroscópico: magnetismo é eletricidade em movimento.*

Em 1831, o grande físico inglês Michael Faraday provou o oposto: campos magnéticos em movimento criam campos elétricos. Por exemplo, se você mover um ímã na direção de um fio circular, observará uma corrente elétrica no fio. Se reverter a direção do movimento do ímã, a corrente muda de sentido. Aqui, o campo magnético do ímã cresce ao se aproximar do fio; essa mudança na intensidade do campo magnético cria um campo elétrico no fio. Por sua vez, o campo elétrico faz com que as cargas elétricas no fio se movam, criando uma corrente. Se o ímã tiver um movimento de vai e vem, criamos uma corrente alternada no fio.

Faraday descobriu a relação profunda que existe entre a eletricidade e o magnetismo: uma carga elétrica em movimento acelerado cria tanto campos elétricos quanto magnéticos. Os campos vão se reforçando mutuamente ao atravessar o espaço, criando uma onda eletromagnética, isto é, campos elétricos e magnéticos em oscilação conjunta. Entusiasmado com sua descoberta, Faraday expressou a sua crença na unidade da Natureza: "Há muito que tenho uma opinião, mais próxima de uma convicção, que compartilho, creio eu, com muitos outros amantes do conhecimento natural, de que as várias formas com que as forças materiais se manifestam têm uma origem comum." Durante anos tentou unificar a gravidade à eletricidade e ao magnetismo, acabando por desistir: "Por agora, termino minhas tentativas. Os resultados negativos não ameaçam a minha convicção na existência de uma relação entre a gravidade e a eletricidade, mesmo que não forneçam prova de que essa relação existe." Faraday era membro da igreja sandemânia, uma seita cristã ortodoxa com práticas bem rígidas. A unidade que buscava na ciência era um espelho de sua crença monoteísta num Deus Criador. Essa mesma noção, embora o Deus cristão de Faraday seja transformado numa metáfora para a ordem matemática oculta da Natureza, é o fundamento da busca moderna pela unificação.

---

* Em materiais não magnéticos, os elétrons circulam em direções aleatórias, de modo que a magnetização total, quando somada sobre todos os elétrons, é muito pequena ou nula.

14
A imperfeição do eletromagnetismo

O eletromagnetismo é o exemplo arquetípico de como duas forças, aparentemente tão distintas, podem ser vistas como sendo manifestação de uma só. Dado o sucesso dessa teoria, um número cada vez maior de físicos passou a acreditar que, quando mergulhamos mais fundo na estrutura da matéria, fenômenos que superficialmente parecem ser diferentes são revelados como tendo a mesma origem. Para muitos deles, essa unidade por trás de todas as coisas condizia com a sua fé religiosa em um Deus criador. Para outros, representava a visão platônica (e spinoziana) da ordem matemática do mundo. Por volta de 1860, o físico escocês James Clerk Maxwell, em um dos maiores feitos da história da ciência, derivou as equações que descrevem todos os fenômenos eletromagnéticos observados por Faraday e muitos outros. Ao descobrir a profunda relação matemática entre a eletricidade e o magnetismo, Maxwell obteve um resultado revolucionário: suas equações revelaram que a luz é uma onda eletromagnética capaz de se propagar no espaço vazio. Sua velocidade no vácuo é absurdamente grande: 300 mil quilômetros por segundo, um valor que escapa a nossa compreensão.* Num piscar de olhos, a luz dá sete voltas e meia em torno da Terra.

Não sabemos por que a luz tem a velocidade que tem. Também não sabemos por que essa velocidade nunca muda: mesmo se a fonte de luz estiver em movimento com relação a um observador, ou se o observador estiver em movimento com relação à fonte (a mesma coisa, na verdade), a velocidade da luz é sempre a mesma. Por isso, é considerada como uma das "constantes da Natureza", uma quantidade que podemos medir mas não explicar, ao menos por agora. O que sabemos — a des-

---

* A luz viaja mais devagar quando se propaga em um meio material, como o ar ou a água. Mas, em geral, a diferença não é das maiores.

peito do que vemos nos livros e filmes de ficção científica — é que nada pode viajar mais rápido do que a luz. Não temos qualquer indício de que essa simples regra tenha sido violada sequer uma vez. Ou mesmo que ela possa ser violada, ao menos no contexto de teorias físicas realísticas. Dentre outras consequências, a própria ordem do tempo, que garante que os efeitos sejam sempre precedidos por causas, depende disso: o vaso cai no chão porque esbarramos nele. Portanto, não é possível voltar ao passado.

Einstein baseou a sua teoria da relatividade especial, proposta em 1905, em dois princípios. O primeiro, já conhecido desde a época de Galileu, afirma que as leis da Natureza são as mesmas para observadores viajando a velocidades constantes. Sem isso, a ciência seria impossível; imagine se as leis da Natureza fossem diferentes para alguém parado numa calçada ou viajando num carro! O segundo princípio, este sim, bem inovador, afirma que a velocidade da luz é sempre a mesma: a luz tem um comportamento contraintuitivo, diferente de tudo o que conhecemos. Portanto, vemos que a teoria da relatividade é, na verdade, baseada em dois absolutos: as mesmas leis da Natureza *e* a mesma velocidade da luz para todos os observadores "inerciais" (viajando a velocidades constantes). Dez anos mais tarde, Einstein irá generalizar a sua teoria para incluir qualquer tipo de movimento, e não apenas aqueles com velocidade constante. Essa é a famosa *teoria da relatividade geral* que, de quebra, é, também, uma nova teoria da gravitação. Mas disso falaremos mais adiante.

Apesar da belíssima relação entre as forças elétrica e magnética, existe uma diferença fundamental entre as duas: embora seja possível encontrar cargas elétricas positivas e negativas isoladas, como, por exemplo, um elétron (carga negativa) ou um próton (carga positiva), ninguém jamais viu uma carga magnética isolada. Ímãs têm sempre *duas* "cargas", chamadas de polos. Se quebrarmos um ímã ao meio com a intenção de isolarmos seus dois polos, terminamos com dois ímãs menores, cada um com dois polos, geralmente chamados de polo sul e polo norte. Se continuarmos quebrando o ímã até chegarmos aos seus átomos, veremos que cada átomo é também um mini-ímã com dois polos. No outro extremo, a própria Terra é um ímã gigantesco, com seus polos magnéticos bem próximos, mas não exatamente sobre os polos geográficos sul e norte.*

A ausência de "monopolos magnéticos", fontes do tipo carga isolada para campos magnéticos, incomoda muita gente. É uma cicatriz no belo rosto do eletromagnetismo, estragando a perfeição da unificação das duas forças: se monopolos elétricos (partículas com cargas positivas e negativas) são tão comuns, por que não os monopolos magnéticos? Como podemos considerar os dois campos como sendo perfeitamente unificados se existe essa óbvia disparidade entre eles?** Lembro-me bem da minha decepção quando ouvi isso pela primeira vez, nas aulas do prof. Carneiro. Parecia que faltava algo, um pedaço de uma torta que, se completa, seria perfeitamente simétrica. (As aulas eram bem antes do almoço.) Essa imperfeição inesperada parecia comprometer a unificação das forças da Natureza. Será que meus sonhos de uma Teoria Final eram apenas sonhos? Na época, optei por ignorar a questão. Tinha ainda muito o que aprender.

Em 1931, o grande físico inglês Paul Adrian Maurice Dirac provou matematicamente que monopolos magnéticos são compatíveis com a mecânica quântica, a física que descreve os átomos e seus constituintes. Mostrou até que, da mesma forma que toda carga elétrica é sempre formada por um número inteiro (um múltiplo) de cargas do elétron — tal como qualquer quantia em reais é sempre dada por um número inteiro

---

* O campo magnético da Terra é gerado na sua região central, que consiste principalmente em uma gigantesca esfera de ferro derretido. A esfera gira, e esse movimento é responsável pela produção do campo magnético terrestre e pela localização de seus dois polos. Devido a variações na taxa de rotação dessa esfera metálica, os polos magnéticos terrestres estão sempre em movimento: alinhamentos exatos com os polos geográficos são extremamente raros. De fato, no último bilhão de anos, os polos magnéticos terrestres inverteram sua direção ao menos cem vezes, e provavelmente o farão novamente.

** Para os iniciados, a assimetria é bem clara nas equações de Maxwell: enquanto a divergência do campo magnético é nula (proibindo monopolos magnéticos), a divergência do campo elétrico é igual à densidade de suas fontes. Apenas na ausência de fontes (ou seja, no vácuo) as equações de Maxwell exibem uma simetria perfeita entre a eletricidade e o magnetismo. Voltaremos a esse ponto na Parte III.

de centavos — a carga magnética de um monopolo também deveria ser "quantizada", isto é, deveria aparecer apenas em múltiplos de uma unidade de carga magnética básica, o "quantum" do magnetismo.

Pelo que sabemos, não existe qualquer lei da Natureza proibindo a existência de monopolos magnéticos. Apesar disso, após um século de buscas, nenhum monopolo magnético foi detectado.* No dia 14 de fevereiro de 1982, o físico Blas Cabrera, da Universidade de Stanford, nos Estados Unidos, acreditou que seu detector acusou a passagem de um monopolo magnético, provavelmente de origem extraterrestre. A "descoberta" provocou um verdadeiro furor na comunidade científica. A busca foi intensificada. Vários outros laboratórios em todo o mundo ligaram seus detectores de monopolos magnéticos, na tentativa de confirmar as observações de Cabrera. Infelizmente, nenhuma outra observação foi registrada, em Stanford ou em outros centros de pesquisa, mesmo com aparelhos mais sensíveis. Provavelmente, a "detecção" acusada pelo equipamento de Cabrera deveu-se a algum erro de calibração ou a uma falha do detector. Monopolos magnéticos simples não parecem existir, mesmo que isso contrarie o senso de beleza estética das teorias físicas. Caso existam, certamente são extremamente raros, o que os distingue dos monopolos elétricos, que estão por toda a parte. Se a Natureza está nos dizendo que a unificação da eletricidade com o magnetismo é imperfeita, devemos prestar atenção.

* Teorias de unificação mais sofisticadas, que serão discutidas na Parte III, preveem a existência de outros tipos de monopolos magnéticos. Infelizmente, estes também não foram detectados.

15
A origem dos átomos

Como vimos, o que chamamos de luz, a que podemos enxergar com nossos olhos, é apenas um tipo de onda ou radiação eletromagnética. Existe um vasto espectro de ondas eletromagnéticas, que se estende desde as ondas de rádio, com comprimentos de onda bem longos, até os raios gama, com comprimentos de onda bem curtos.* A luz visível é uma pequena janela desse espectro, consistindo em ondas com comprimentos de onda da ordem de meio milionésimo de metro.**

Estamos cercados por ondas eletromagnéticas invisíveis. Ainda bem, pois se pudéssemos enxergar todas as ondas de rádio, usadas pelas estações de rádio e pelos telefones celulares, as micro-ondas para as telecomunicações por satélite, ou a radiação infravermelha emanando de objetos quentes e de pessoas e animais a nossa volta, a vida seria bastante caótica. Os olhos humanos (e os de praticamente todas as espécies terrestres) evoluíram para captar apenas a informação que nossos cérebros usam para nos orientar e, assim, aumentar nossas chances de sobrevivência. Somos criaturas do Sol, uma estrela que emite radiação principalmente na parte visível do espectro eletromagnético (com um pico em comprimentos de onda em torno de 500nm). Portanto, nossos olhos se adaptaram ao tipo dominante de radiação em nosso habitat. Muito da realidade permanece invisível aos nossos olhos, ou por que está fora do espectro visível, ou por que sua fonte está muito longe ou é muito fraca. Para vermos a Natureza em toda a sua glória, precisamos de instrumentos que ampliem a nossa percepção, de modo que possa-

---

* O comprimento de onda é a distância entre duas cristas consecutivas de uma onda. Podemos visualizar isso jogando uma pedra numa poça d'água, por exemplo.

** Mais precisamente, o olho humano é sensível à radiação com comprimentos de onda entre 380 e 750nm, onde um nanômetro (nm) é igual a um bilionésimo de metro: $1nm = 10^{-9}m = 0,000000001$ metro.

mos "ver" o que os nossos olhos não veem. A astronomia moderna, por exemplo, usa telescópios para "visualizar" objetos celestes que emitem todos os tipos de radiação eletromagnética, do rádio ao infravermelho e do ultravioleta até os raios X e os raios gama. No outro extremo, cientistas podem "ver" o mundo invisível do muito pequeno, usando microscópios e aceleradores de partículas para investigar vários tipos de estruturas minúsculas, de micróbios e moléculas até o interior do núcleo atômico.

Voltando ao livro de Weinberg, seu foco era a descoberta mais importante da cosmologia moderna, que o Universo como um todo está banhado em radiação de micro-ondas, com comprimentos de onda em torno de dois milímetros. Ironicamente, o "éter", se considerado como o meio que permeia todo o espaço, é a própria luz! Se não a luz visível, ao menos uma de suas primas com comprimentos de onda além do visível. Essa radiação é um fóssil da infância cósmica, uma época em que o cosmo era tão quente e denso que não existia qualquer estrutura material que nos é familiar: não existiam galáxias, estrelas, planetas, nem mesmo moléculas. A lista de ingredientes da sopa cósmica era bem simples: a radiação eletromagnética; os constituintes dos átomos — prótons, nêutrons e elétrons; e os núcleos dos elementos químicos mais leves e suas variações isotópicas (isto é, núcleos com o mesmo número de prótons, mas com diferentes números de nêutrons), incluindo os isótopos do hidrogênio, deutério (um próton e um nêutron) e trítio (um próton e dois nêutrons), o hélio-3 (dois prótons e um nêutron) e o hélio-4 (dois prótons e dois nêutrons), e o lítio-7 (três prótons e quatro nêutrons). Os neutrinos, partículas relacionadas com a radioatividade, completavam a lista. Teremos muito o que falar deles na Parte III.*

---

* Como sempre, a história é um pouco mais complicada. Possivelmente, existiam também partículas exóticas compondo a chamada *matéria escura*. Mesmo que ainda não tenham sido detectadas, sabemos que, se existirem, não estão relacionadas com as partículas que compõem a matéria normal. Sabemos da sua existência devido a peculiaridades na rotação das galáxias em torno de si mesmas e devido aos seus movimentos quando encontram-se em grupos (ou aglomerados): aparentemente, existe muito mais massa nas galáxias do que a que nos é visível em estrelas e

Nas décadas de 1960 e 1970, aprendemos que o Universo, tal como nós, também tem uma história: "nasceu" e vem crescendo desde então, evoluindo de sua infância quente e densa até o que é hoje, uma vastidão vazia pontuada aqui e ali por galáxias. A história cósmica descreve uma complexificação crescente da matéria, que teve seu início numa "sopa" composta dos constituintes mais elementares da matéria, as chamadas partículas elementares. Aos poucos, estas partículas foram se combinando, formando estruturas cada vez mais organizadas: núcleos atômicos, átomos, moléculas e, eventualmente, estrelas, planetas, plantas, animais e pessoas. A reconstrução detalhada dessa história, de como a matéria e o cosmo evoluíram do simples ao complexo, é o tema central da cosmologia.

Em 1946, o físico russo-americano George Gamow propôs as ideias básicas do que viria a ser o modelo do Big Bang. Desde 1929, quando o astrônomo Edwin Hubble mostrou que as galáxias se afastam umas das outras com velocidades que aumentam em proporção direta com as suas distâncias, sabíamos que o Universo está em expansão. Antes de continuarmos, vale a pena dedicarmos algumas linhas a isso. O que significa, exatamente, afirmar que o Universo está em expansão? É muito comum confundir o Big Bang com uma espécie de explosão, e as galáxias com estilhaços que voam para todos os lados. No entanto, essa imagem supõe, erroneamente, que existe um ponto central que dá origem a tudo, o "centro" do Universo (o local da explosão). Supõe, também erroneamente, que o espaço é rígido e que as galáxias voam através dele empurradas pela força da explosão. Entretanto, em cosmologia, o espaço não é rígido: é elástico, capaz de esticar e encolher como se fosse um balão de borracha. Hubble mostrou que vivemos numa época em que o

---

nuvens de gás. Parte dessa matéria invisível aparece na forma de planetas e estrelas de baixa massa. Porém, observações detalhadas indicam que estes objetos, por si sós, não existem em número suficiente para explicar as anomalias nos movimentos galácticos. A massa extra aparece como um alo invisível em torno da parte visível da galáxia e é provavelmente composta de um ou mais tipos de partículas materiais ainda desconhecidas. Mais adiante abordaremos a questão da matéria escura em mais detalhe.

espaço está esticando. Imagine que as galáxias são como aqueles lampiões a gás que antigamente iluminavam as ruas das cidades, um em cada esquina. Se as ruas fossem feitas de material elástico, e se esse material estivesse esticando em todas as direções (norte-sul e leste-oeste), os postes iriam junto, se afastando cada vez mais uns dos outros. Do mesmo modo, as galáxias são *carregadas* pela expansão do espaço, como se pegassem uma carona. Se a cidade se estendesse infinitamente em todas as direções, não poderíamos identificar o seu centro. Onde quer que você fosse, as ruas estariam esticando e os postes se distanciando de você. Da mesma forma, num universo infinito não existe um centro: todos os pontos são igualmente importantes.

Gamow supôs, muito sensatamente, que, se o Universo está em expansão, deve ter sido menor no passado. Um espaço menor significa matéria mais densa e quente. Como sabemos das nossas experiências culinárias, com o aumento de temperatura a matéria tende a se dissolver, perder sua coesão. Isso ocorre devido a vibrações e colisões que crescem em intensidade com a temperatura. Por exemplo, a água vai de sólida a líquida e a vapor. No caso do Universo, se voltarmos suficientemente para trás no tempo, chegaríamos a uma época em que a temperatura e a densidade eram tão altas que a matéria estaria dissociada nos seus componentes mais simples. Por exemplo, começando quando a matéria estava dissociada em átomos, se voltássemos ainda mais no tempo, chegaríamos a um momento onde os átomos se dissociariam em elétrons e núcleos. Isso ocorreu bem cedo, antes de 400 mil anos após o Big Bang.

Por que essa data e não outra? Antes disso, a intensidade das colisões entre a radiação e os elétrons impedia que estes se juntassem aos núcleos atômicos para formar átomos. Em outras palavras, antes de 400 mil anos, o Universo era quente demais para que átomos existissem. Pense na situação como se fosse um triângulo amoroso: elétrons e prótons, com cargas elétricas opostas, sentem uma forte atração e tentam estar juntos. Porém, a cada vez que se aproximam, lá vem a radiação que, ciumenta, empurra os elétrons para longe. Com o passar do tempo, a expansão do Universo vai resfriando a radiação que, consequentemente, fica cada vez mais fraca. Por fim, incapaz de evitar a atração entre elétrons e prótons, a radiação vai-se embora, propagando-se livremente pelo espaço. Essa época marca uma fronteira na história cósmica: antes dela, átomos não existiam, apenas partículas (elétrons, prótons e núcleos leves) e radiação. Depois dela, o cosmo tinha átomos e radiação. Essa radiação, respondendo apenas à atração gravitacional de grandes concentrações de matéria, preenchia o espaço como água numa banheira. No início, logo após a formação dos átomos, a radiação ainda era bastante energética, consistindo em ondas principalmente no visível e no ultravioleta — o Universo brilhava então. Com a expansão cósmica, a radiação foi se resfriando e perdendo energia, passando do visível ao infravermelho e, após bilhões de anos, às micro-ondas que são detectadas hoje. Gamow sugeriu que essa radiação fosse um fóssil da época em que os átomos surgiram no Universo, uma relíquia da infância cósmica. Quando Arno Penzias e Robert Wilson detectaram a *radiação cósmica de fundo* em 1965, a teoria do Big Bang obteve o suporte observacional de que precisava, passando a ser mais do que uma mera especulação de um físico teórico e de seus colaboradores Ralph Alpher e Robert Hermann. Mesmo assim, o trio nunca teve suas ideias devidamente reconhecidas pela comunidade científica.[2]

Com a ideia principal do Big Bang confirmada — de que o Universo era quente e denso no passado — uma questão bem mais ambiciosa passou a ocupar a mente dos físicos. O que ocorreu ainda mais cedo, antes do aparecimento dos átomos em torno de 400 mil anos após o "bang"? Até que ponto no passado seria possível retornar usando as ferramentas da física? Será que até o início do tempo, o momento da Criação? Nesse caso, será que as ideias de unificação seriam verificadas?

16
Dos mitos de criação ao quantum: uma breve história

"Criação" é uma palavra misteriosa, com significado diferente para pessoas diferentes. Existe algo de angustiante em imaginar um tempo antes de estarmos aqui, antes da própria vida existir, fora do nosso controle, perdido num passado quando nem mesmo a Terra e o Sol existiam, um tempo antes das estrelas. Por outro lado, é impossível resistir ao fascínio dessa questão. De alguma forma, precisamos compreender o mistério das nossas origens.

Durante milênios, nossos ancestrais criaram histórias sobre esse tempo distante. Olhavam para o mundo, viam como a Natureza operava e criavam narrativas que tentavam dar algum sentido à existência, explicar a realidade que os cercava. Os povos que viviam em ilhas contavam como as águas vieram dos céus e como os deuses separaram a terra do oceano. Os que viviam nas florestas contavam das árvores que tocavam os céus e de como os deuses criaram os homens e os animais para conviver sob a sua proteção. Os do deserto contavam como os seus deuses criaram os homens a partir de um punhado de barro. Dentre eles, os semitas contavam como o seu Deus animou o primeiro homem com o sopro da vida e criou a sua companheira usando uma de suas costelas.

Ao encarar a enorme complexidade da Criação, essas culturas concluíram que a transição de uma realidade em que nada existia para a incrível diversidade do mundo só poderia ter sido orquestrada por uma força inimaginável, muito além do que é possível aos homens. Esse poder tinha que ser *sobre*natural — além do natural — de modo a ser capaz de dar forma à Natureza tal qual a vemos hoje.

Uma das características mais imediatas dos mitos de criação — conforme analisei em *A dança do universo* — é a sua enorme diversidade: deuses de povos diferentes tinham poderes diferentes, como vemos nas centenas de mitos de criação espalhados pelo mundo.* Cada cultura afirmava que os seus deuses eram os únicos responsáveis pelo mundo e seus habitantes, e pelo que era ou não possível. Tão arraigada era essa crença, que era inconcebível para os membros de uma dada cultura que os deuses de outra cultura pudessem ser mais poderosos do que os da sua. Esse tipo de radicalismo não poderia acabar bem, e a presença constante de conflitos religiosos na história demonstra isso.[3]

Com o nascimento da ciência moderna, as coisas começaram a mudar. Vamos usar o ano de 1609 como sendo aquele em que as coisas passaram a tomar um novo rumo. Na Itália, Galileu Galilei construiu seu telescópio e observou os céus como ninguém antes dele. Em 1610, publica *O mensageiro das estrelas*, proclamando ao mundo que o cosmo era muito diferente do que as pessoas imaginavam desde os primórdios da civilização. Com seu novo instrumento, Galileu argumentou que o Sol — e não a Terra — era o centro do cosmo, conforme Copérnico havia sugerido meio século antes. Após três milênios de astronomia geocêntrica, fomos empurrados para a periferia cósmica, passando a integrar a corte de planetas que giravam ao redor do Sol. A reação imediata foi de perplexidade. Seria o Sol, a fonte de luz e calor que torna a vida possível, o centro de tudo, mesmo se adorado em ritos pagãos condenados pela Igreja?

Os tempos mudavam rapidamente. Novas ideias surgiam num ritmo que a maioria das pessoas não conseguia digerir. Antes desse alvoroço cósmico, as coisas faziam sentido: no centro do cosmo estava a Terra, estática; as pessoas, as pedras, as nuvens, as plantas, enfim, todos os objetos materiais eram feitos de combinações das quatro essências: terra, água, ar e fogo. A órbita circular da Lua marcava a fronteira entre o terrestre e o etéreo. Todos os corpos celestes, incluindo a Lua, eram feitos de uma quinta essência, o éter, perfeito e eterno. O cosmo tinha a forma de uma cebola: os planetas, o Sol e as estrelas giravam em torno da Ter-

---

* Por outro lado, existe também uma universalidade no que tange ao processo de criação: na maioria dos mitos, deuses criaram o mundo num determinado instante do passado, embora em algumas versões o cosmo seja eterno, sem um momento de criação.

ra, transportados por esferas cristalinas arranjadas concentricamente. Na órbita mais externa, encontrava-se a esfera empírea, o domínio de Deus e sua corte de anjos. Aqueles que eram pios e puros durante a vida eram agraciados ascendendo ao céu após a morte. A ordem vertical do cosmo era um espelho da aspiração religiosa das pessoas.

No mesmo ano, 1609, Johannes Kepler publicou o seu *Astronomia nova*, onde demonstrava, baseado na análise dos dados astronômicos precisos de Tycho Brahe, que Marte girava em torno do Sol em uma órbita elíptica. Alguns anos mais tarde, Kepler demonstrou que o mesmo é verdade para todos os planetas, incluindo a Terra. O círculo, a mais perfeita das formas, venerado desde a Antiguidade pela sua bela simetria, deixa de ter um papel essencial na astronomia. Os céus são imperfeitos.

Quando a grande obra de Newton, *Princípios matemáticos da filosofia natural*, foi publicada em 1687, o novo paradigma científico foi consagrado. Os *Principia*, como o livro é conhecido, marcaram uma nova era do pensamento, onde a razão humana penetrava em domínios que antes eram província exclusiva da religião. Mesmo que Galileu, Kepler e Newton, cada qual ao seu jeito, fossem homens religiosos, deixaram um legado intelectual onde a interferência divina se fazia cada vez mais desnecessária. Quanto mais eficiente e abrangente a ciência era em explicar a Natureza, menor o espaço para Deus. Muitos sentiram-se usurpados de sua fé, vendo o seu amado, todo-poderoso Deus ser espremido em uma lacuna cada vez mais estreita. No entanto, existia uma lacuna no conhecimento que se recusava a encolher: o mistério da Criação. Mesmo deístas como Voltaire, Benjamin Franklin e Thomas Jefferson, que repudiavam a interferência direta de Deus nos afazeres dos homens, admitiam que Deus era o responsável pela origem de todas as coisas. Esse "Deus relojoeiro" era o criador do cosmo e das leis que regem o comportamento dos objetos materiais nele contidos. O objetivo da ciência passou a ser o estudo dessas leis, e sua missão final decifrar o código oculto da Natureza.

No início do século XIX, quando o Iluminismo cedia lugar ao movimento romântico, o grande matemático francês Pierre Simon de Laplace presenteou o imperador Napoleão com um exemplar de *Mecânica celeste*, sua obra-prima. No livro, Laplace oferecia uma explicação detalhada das órbitas planetárias. Chegou até a propor um modelo de como o sistema solar pôde ter surgido, a partir da contração de uma nuvem gigantesca de matéria (uma nebulosa), causada pela força gravitacional. Cem anos antes, Newton não havia sequer tentado explicar a formação do sistema solar, atribuindo-a diretamente a Deus. O modelo mecânico de Laplace era a expressão perfeita do universo-relógio, onde todos os detalhes da realidade podiam ser deduzidos de um conjunto de equações matemáticas precisas. Em um de seus famosos aforismos, Laplace afirmou que, se uma supermente soubesse a posição e a velocidade de todas as partículas do cosmo em um determinado instante, poderia prever o futuro de tudo o que existe, incluindo o das pessoas e todos os detalhes de suas vidas: paradoxalmente, a ciência seria o grande oráculo, capaz de enxergar além da barreira temporal que nos limita. A supermente saberia que um dia eu escreveria este livro e que você o leria. Nesse mundo mecânico, a improvisação não teria vez. Não é à toa que tais pronunciamentos irritaram a muitos, instigando os românticos, que rebelaram-se contra esse abuso da razão. Qual seria o lugar do amor e da espiritualidade nesse cosmo-máquina? Qual seria o sentido da vida sem o drama da escolha, sem a possibilidade do erro?

Após cumprimentar Laplace pela grande obra, Napoleão expressou sua surpresa por não ter encontrado qualquer menção a Deus. "Majestade, não tenho necessidade desta hipótese", respondeu Laplace, exuberante. Que mudança! O Deus onipotente dos judeus, cristãos e muçulmanos foi relegado a uma mera "hipótese". Adoraria saber qual foi a reação de Napoleão. Provavelmente, sabia que Laplace estava blefando; o matemático francês deveria estar ciente de que mesmo que fosse capaz de explicar a formação do sistema solar a partir da contração de uma gigantesca nuvem de matéria, não saberia dizer de onde surgiu a nuvem ou o que provocou o seu colapso. Laplace, como tantos antes e depois dele, fez vista grossa às limitações de sua teoria.

Esse triunfo do determinismo não durou muito. Com o passar do tempo, foi ficando cada vez mais claro que a ciência não era capaz de explicar todos os inúmeros detalhes dos fenômenos naturais. Experimentos e fenômenos foram surgindo que desafiavam as teorias da época. Mesmo assim, muitos não se convenciam. Ao final do século XIX, vários físicos de renome ainda afirmavam que seu trabalho estava quase que encerrado, que restavam apenas alguns detalhes a serem preenchidos, nada de fundamental. Haviam conquistado as leis da gravidade e da mecânica; haviam descrito como cargas elétricas e ímãs interagem, e transformado a teoria eletromagnética na mola mestra de uma nova revolução industrial, baseada em correntes elétricas, pilhas e motores eletromagnéticos. O rádio, a lâmpada elétrica, o telefone e o telégrafo haviam sido inventados. A ciência redefinia a sociedade a passos rápidos. Era difícil não agir com confiança.

Mesmo assim, desafios foram surgindo que acabaram por estragar a festa. O éter não havia sido detectado. Também, ninguém entendia um fato aparentemente simples, por que um objeto, quando aquecido, brilhava com uma cor determinada pela sua temperatura, como vemos nos fogões elétricos (vermelho-alaranjados a aproximadamente 1.000 graus) ou no Sol (amarelo-claro devido à sua temperatura de 5.500 graus na superfície). Outro mistério dizia respeito a metais eletricamente carregados: quando eram iluminados com luz ultravioleta, rapidamente perdiam o excesso de carga e tornavam-se eletricamente neutros; porém, a carga persistia se fossem iluminados com luz amarela, vermelha ou de outras cores. Quando cientistas aplicavam as teorias que tinham em mãos — a mecânica de Newton e o eletromagnetismo — para explicar o fenômeno, falhavam completamente.

Em 1905, o mesmo ano em que publicou a teoria da relatividade especial, Einstein corajosamente propôs que a luz era mais do que uma onda capaz de se propagar no espaço vazio; podia igualmente ser descrita como sendo composta por partículas, mais tarde chamadas de *fótons*. Essa ideia meio louca — que o próprio Einstein considerava a sua mais revolucionária — explicava por que a luz ultravioleta era capaz de afetar o balanço das cargas elétricas numa placa metálica. Tendo uma energia maior do que a luz visível, os fótons ultravioleta colidem com os elétrons do metal com força suficiente para arrancá-los e atirá-los para longe. Muita gente se recusou a aceitar uma ideia tão estranha. "Como assim, partícula e onda ao mesmo tempo?" Mas a verdade é que a hipótese de Einstein explicava os dados experimentais. A luz era ainda mais misteriosa do que se pensava. Aos poucos, uma sensação de pânico difundiu-se pela comunidade científica. Que novo tipo de ciência era essa, em que a realidade era tão diferente da que nos cerca?

Algo estava faltando, uma nova explicação da matéria e das suas propriedades. Passaram-se três décadas até que as coisas ficassem mais claras, mas, por fim, essa nova descrição da matéria — a mecânica quântica — foi desenvolvida. A teoria explicava fenômenos que a antiga física era incapaz de compreender. Mas o preço pago por esse triunfo da criatividade humana foi caro. O mundo do muito pequeno era completamente diverso do nosso. Coisas estranhas aconteciam, sem qualquer paralelo na nossa realidade. Dentre as mais relevantes para nós, foi demonstrado que as partículas de matéria, como os elétrons e os prótons, nunca ficam paradas. Elas estão em constante agitação, como se tivessem alguma espécie de nervosismo inerente. Essa agitação é encapsulada no famoso Princípio de Incerteza, proposto pelo físico alemão Werner Heisenberg: enquanto é perfeitamente possível medir simultaneamente a posição e a velocidade de um objeto macroscópico, como uma bola ou um carro, com precisão arbitrária, o mesmo não é verdade para átomos e elétrons. Sua agitação constante torna o processo impossível. E isso independe dos nossos instrumentos. A incerteza é uma propriedade da matéria, a marca do mundo quântico. Na escala dos átomos, tudo flutua. Por exemplo, podemos medir um milhão de vezes a posição de um elétron sob as mesmas condições, e a cada vez obteremos um resultado diverso. Para extrair uma informação útil do sistema, tiramos a média das nossas medidas e descrevemos os resultados em termos estatísticos: o elétron tem tantos por cento de chance de estar aqui ou ali, com esta ou aquela energia. As equações da mecânica quântica geram probabilidades e não certezas. No mundo dos quanta, a confiança da supermente de Laplace se esvai como uma nuvem de fumaça. No entanto, é importante enfatizar que essa descrição probabilística da matéria não significa que a teoria quântica seja ineficiente. Ao contrário, seus resultados nos fornecem uma descrição muito precisa do comportamento dos átomos e das partículas de matéria. Como prova disso, *toda* a tecnologia digital, que tanto define a vida moderna, depende da nossa habilidade de descrever e prever o comportamento dos elétrons, da luz e de outros sistemas quânticos. O que começou como um incômodo, como ideias meio loucas, acabou por revolucionar a nossa visão de mundo e, de quebra, o mundo também. A realidade é mesmo muito mais estranha do que imaginávamos.

17
Voltando à origem do tempo

A revolução quântica teve um impacto profundo na nossa compreensão do Universo: Gamow e seus colaboradores usaram a física atômica para prever a existência da radiação cósmica de fundo detectada por Penzias e Wilson; aplicaram a física nuclear para construir um cenário que explicasse como os núcleos dos elementos químicos mais leves foram forjados durante os primeiros três minutos após o "bang". (Portanto, bem mais cedo do que os átomos de hidrogênio.) Daí o título do livro de Weinberg, *Os três primeiros minutos.* Originalmente, Gamow tentou mostrar que *todos* os elementos químicos foram criados durante os primeiros minutos da infância cósmica. No entanto, algumas de suas suposições estavam incorretas. Após uma década de muita discussão, Fred Hoyle, um astrofísico inglês, mostrou que apenas os núcleos dos elementos mais leves e os dos seus isótopos (hidrogênio, hélio e lítio) foram criados no Universo primordial. Todos os outros elementos químicos são gerados durante a morte das estrelas. A química da vida — carbono, oxigênio, nitrogênio etc. — vem do furioso processo de fusão nuclear que ocorre quando uma estrela sucumbe finalmente à sua própria gravidade e entra em colapso.[4]

Vale a pena refletir por um instante sobre o texto acima. É absolutamente fantástico que a combinação da teoria da gravidade com a física nuclear nos proporcione uma explicação da origem dos elementos químicos. Hoje sabemos como os elementos mais leves foram forjados na fornalha do cosmo primordial, enquanto os mais pesados foram (e continuam sendo) forjados nas explosões que marcam o fim da vida das estrelas.* Os cálculos são precisos, prevendo, por exemplo, qual a

---

* Todo elemento é caracterizado pelo número de prótons que tem em seu núcleo atômico. Os nêutrons, os outros componentes do núcleo, são extremamente importantes na estabilização das forças que mantêm o núcleo coeso. Cada elemento

abundância relativa de hidrogênio, isto é, quanto mais hidrogênio existe em comparação com outros elementos, como o lítio, ou por que o ferro é mais comum do que o urânio. Em números arredondados, 75% da matéria que existe no cosmo é composta de hidrogênio, enquanto o hélio, o segundo elemento mais abundante, contribui em 24%. O resto dos elementos da Tabela Periódica, do lítio ao carbono e ao urânio, contribui com apenas 1% da matéria total. A química da vida é minoria absoluta! Essas previsões, originárias do modelo do Big Bang, foram espetacularmente confirmadas através de várias observações astronômicas, oferecendo provas incontroversas de que o modelo, em sua essência, está correto. Portanto, podemos afirmar que conhecemos, em linhas gerais, a história do Universo do presente até alguns minutos após a sua origem. Nada mau.

Claro, não podemos nos dar por satisfeitos. Queremos nos aproximar ainda mais do início de tudo. Ao recuarmos no tempo, o Universo vai ficando mais quente e mais denso, e as estruturas materiais vão se quebrando em seus componentes mais básicos. A cadeia de eventos é clara: moléculas quebram-se em átomos, átomos em elétrons livres e núcleos (a aproximadamente 400 mil anos após o "bang"), e núcleos em prótons e nêutrons livres (a aproximadamente um minuto após o "bang"). Note a enorme disparidade de tempo entre a era de dissociação dos átomos e a dos núcleos. Isso se deve à diferença de energia de ligação que mantém átomos e núcleos coesos. Nos átomos, os elétrons são atraídos eletricamente aos prótons. Nos núcleos, prótons e nêutrons atraem-se mutuamente pela força nuclear forte, que é aproximadamente cem vezes mais potente do que a força elétrica. Isso explica, entre outras coisas, por que os prótons permanecem no núcleo, mesmo que, por terem a mesma carga, sofram uma repulsão elétrica: a "cola" fornecida

---

químico tem um número de prótons e nêutrons no seu núcleo, e cada núcleo tem uma energia associada conhecida como *energia de ligação*, a energia que seria necessária para dissociá-lo. De todos os elementos químicos, o ferro é o que tem a maior energia de ligação, sendo, portanto, o núcleo mais coeso. À medida que as estrelas vão forjando os elementos durante seus últimos estágios de vida, essa propriedade do ferro lhe dá uma enorme vantagem, explicando a sua maior abundância dentre outros elementos químicos pesados.

pela força nuclear forte resiste à repulsão elétrica entre os prótons. A diferença de intensidade entre as duas forças explica por que núcleos com mais de cem prótons são instáveis. Especificamente, já a partir do urânio, com 92 prótons, as coisas ficam difíceis, se bem que o plutônio, com 94 prótons, embora raro, ainda apareça naturalmente.[5]

Antes que passasse um minuto após o "bang", ocorre outra grande transformação: o calor é tão intenso que nem mesmo prótons e nêutrons podem se combinar para formar núcleos leves. Nessas eras primordiais, temos que usar a física das partículas para descrever o que estava acontecendo. É aqui que um dos conceitos mais fundamentais da física moderna entra em ação: a quebra de simetrias usadas para descrever como as partículas elementares da matéria interagem entre si. Esse tópico é tão importante para o nosso argumento que será descrito em detalhe na Parte III. Por ora, quero dar outro pulo em direção à origem, um pulo bem ambicioso, até o início do tempo. Quão perto conseguimos chegar?

Vamos deixar de lado os detalhes da física de partículas. Na verdade, precisamos de bem pouco para tratar, em termos gerais, dos primeiros momentos de existência do cosmo. A observação básica é que, quanto mais próximo da origem, menor o Universo. Hubble, que nos revelou que o Universo está em expansão, usou sua descoberta para prever a idade do Universo, o tempo passado desde o Big Bang. Para tal, precisava das velocidades com que as galáxias se afastam umas das outras. Passando o filme ao contrário, chegamos a um ponto do passado quando as galáxias estavam amontoadas umas sobre as outras. Esse é o "começo de tudo". Infelizmente, medir as distâncias entre as galáxias e as suas velocidades de recessão é muito difícil. Hubble obteve um resultado duvidoso, que a idade do Universo era de apenas dois bilhões de anos, menor do que a idade da Terra. Como que a filha podia ser mais velha do que a mãe? Impossível. A questão só foi resolvida no início da década de 1950, com um telescópio de 200 polegadas, duas vezes maior do que o que Hubble havia usado. Hoje, após muita discussão e usando tipos diversos de observação, sabemos com confiança que o Universo tem 13,73 bilhões de anos, com uma margem de erro de apenas 120 milhões de anos, o que em cosmologia não é muito. (Um erro de menos de 1%!)

Para nos aproximarmos do "bang", temos que fazer uma grande suposição: que a física que usamos para descrever os processos medidos hoje no laboratório — que ocorrem a energias muito mais baixas do que as prevalentes na infância cósmica — continua essencialmente válida próximo ao início do tempo. Os aceleradores de partículas mais avançados que temos hoje, o Fermilab, perto de Chicago, nos EUA e o LHC (do inglês Large Hadron Collider, "Grande Colisor de Hádrons"), na Suíça, são capazes de colidir partículas com energias comparáveis às que existiam quando o Universo tinha apenas um trilionésimo de segundo de existência, ou seja, 0,000000000001 segundo após o "bang". Esse tempo parece ser ridiculamente pequeno para nós. Mas, para um fóton, a partícula da luz, capaz de atravessar a distância equivalente ao diâmetro de um próton um trilhão de vezes nesse intervalo de tempo, 0,000000000001 segundo é uma eternidade.[6]

Mesmo que um trilionésimo de segundo após o "bang" seja bem cedo, para investigarmos o que ocorria perto da origem do tempo, isto é, perto de $t = 0$ segundo, temos que mergulhar no território da especulação, além da física conhecida. A suposição que somos forçados a fazer é que os métodos que usamos para estudar processos físicos que ocorrem em energias conhecidas permanecem válidos em escalas de energias que ainda não testamos. Em si, isso não é um problema, contanto que nossas hipóteses possam vir a ser testadas por meio de observações e experimentos: a ciência não poderia avançar sem a especulação. No entanto, devemos estar preparados para abandonar nossas teorias caso não funcionem, mesmo que as consideremos belas e elegantes. Afinal, a Natureza pouco se importa com as nossas predileções. Devemos, também, evitar especulações que, por avançarem demais no terreno do incerto, não podem ser testadas ou que são reajustáveis indefinidamente, evitando convenientemente o alcance dos nossos instrumentos: o tesouro está sempre um metro além de onde estamos cavando. Se abusada, esse tipo de teoria — que nunca pode ser refutada, apenas confirmada — pode ameaçar o próprio funcionamento da física, misturando-a com a metafísica. "Não desista, o tesouro está lá sim, é só continuar cavando um pouco mais adiante..." Se não tomarmos cuidado, logo o mundo fica repleto de tesouros invisíveis.

18
A dança quântica do cosmo

De volta ao começo, chegamos a um momento em que o próprio Universo era tão pequeno que tinha que ser descrito pela física quântica. Essa é a era da cosmologia quântica, o ponto em que as nossas teorias deixam de funcionar. Colidimos com uma séria barreira conceitual, que inúmeros físicos vêm tentando sobrepujar há quatro décadas. Fascinado com essa questão desde os meus dias de estudante de doutorado, também suei bastante com esses problemas. O desafio começa com a teoria da relatividade geral de Einstein, que ele completou em 1915, dez anos após sua teoria especial, a que se desvencilhou do éter. A teoria geral oferece uma nova explicação para a gravidade como sendo um efeito da curvatura do espaço em torno de concentrações de massa: quanto maior a massa e menor o volume em que se encontra, mais o espaço a sua volta é encurvado e mais forte a atração gravitacional que a massa exerce sobre outros corpos. Imagine uma ginasta pulando numa cama elástica. Enquanto ela pula, o elástico se deforma, expandindo e contraindo em diferentes direções. A ideia revolucionária de Einstein é que a matéria pode causar uma curvatura no espaço, deformando a geometria a sua volta. De acordo com a sua teoria, a gravidade passa a ser um efeito na geometria do espaço. Como bom platônico que era, Einstein "geometrificou" a Natureza.

O tempo também é afetado. Quanto mais forte a gravidade, mais devagar o tempo passa. Um relógio na superfície do Sol, se funcionasse lá, marcaria a passagem das horas mais lentamente do que aqui na Terra. A interconexão entre tempo e espaço é uma das consequências mais marcantes das duas teorias da relatividade, a especial e a geral. O que percebemos no nosso dia a dia como duas entidades diferentes é, na verdade, uma entidade única e inseparável, o espaço-tempo. Segundo a teoria, é mais adequado considerar o tempo como sendo uma dimensão, como fazemos com o espaço. Da mesma forma que podemos nos mover nas três dimensões espaciais, para o sul e o norte, o leste e o oeste, e para cima e para baixo, podemos, na dimensão temporal, nos mover para o passado e o futuro. Em física, falamos em distâncias no espaço-tempo da mesma forma que no espaço comum. Podemos até imaginar que o espaço-tempo é uma espécie de estrutura elástica ligando o espaço e o tempo, meio que como a cama elástica da ginasta. O espaço pode encolher, o tempo pode passar mais lentamente e vice-versa. A particularidade do efeito depende da fonte material (na teoria geral) ou do movimento relativo entre dois ou mais observadores (na teoria especial).

Na prática, nossas velocidades são muito lentas se comparadas com a da luz. Também a gravidade da Terra encurva o espaço-tempo de forma praticamente imperceptível. Os efeitos das duas teorias são pequenos demais para afetar a nossa percepção da realidade. Como um míope, não vemos o que está à nossa frente, e separamos o espaço-tempo em entidades diferentes. Mas se pudéssemos usar óculos com os graus requeridos pela teoria da relatividade, veríamos a união do espaço e do tempo em toda a sua glória. Felizmente, na ausência desses óculos mágicos, temos a matemática. A estranha contração e dilatação do espaço-tempo é muito bem compreendida e confirmada por diversos experimentos. Caso o leitor ache tudo isso estranho, é sempre bom manter em mente que nossos conceitos de espaço e de tempo são apenas ferramentas criadas para quantificar as transformações que percebemos no mundo natural. Torná-los mais maleáveis é apenas uma pequena adaptação, necessária para aprimorar nossa descrição do mundo.

Ao nos aproximarmos do começo, a contração do espaço nos força a pensar em como a física quântica pode afetar o Universo primordial: nosso desafio é conceber como seria a física de um cosmo quântico. Até o momento, não foi possível construir uma teoria da gravidade compatível com a mecânica quântica. Sabemos que, no início do tempo, a agitação quântica inerente da matéria se manifestaria no Universo como um todo. Mas como? Do mesmo modo que no mundo do muito pequeno tudo flutua, a distâncias muito curtas a geometria do espaço e a passagem do tempo também flutuam. Medidas de distância e de intervalos de tempo, que para nós são tão corriqueiras, passam a ser descritas por probabilidades. Imaginando mais uma vez o espaço-tempo como uma espécie de entidade elástica, ao nível quântico, o próprio espaço se contorceria em uma miríade de formas, enquanto a passagem do tempo seria caótica. As consequências são difíceis de prever. Sem medidas de distância e de tempo, ou sem saber como interpretá-las probabilisticamente, a noção de que um fenômeno é algo que ocorre num determinado ponto do espaço e num determinado instante do tempo deixa de fazer sentido. O edifício da física desaba por completo.

De forma semelhante ao que ocorreu no final do século XIX, uma nova ideia se faz necessária, uma teoria capaz de casar a teoria quântica com a teoria da gravitação de Einstein. Qualquer que seja a sua estrutura, essa nova formulação tem que reproduzir os sucessos da teoria cosmológica que explica a expansão do Universo, a formação dos núcleos leves e dos átomos, e a origem da radiação cósmica de fundo. Essa consistência com o Universo em que vivemos é o requisito mais básico de qualquer teoria quântica da gravitação. Candidatas atuais, que incluem a teoria das supercordas e a gravitação quântica de *loops*, ainda não são capazes de reproduzir a cosmologia observada. A teoria das supercordas tem, também, a distinção de ser proposta como uma teoria de tudo, a encarnação moderna da Teoria Final. Seus entusiastas sugerem uma mudança radical na descrição atual da matéria: segundo a teoria, as entidades fundamentais da matéria não são partículas pontuais, como os elétrons, mas, sim, pequenas cordas vibrantes. Essas cordas, sendo fundamentais, não são compostas de outro tipo de matéria. Segundo a teoria, as diferentes partículas de matéria correspondem a diversos padrões de vibração das supercordas, tal qual diferentes sons podem ser obtidos da mesma corda de violão. Para os seus proponentes, a teoria das supercordas é a culminação do reducionismo, uma teoria unificada da Natureza, mesmo que, após três décadas de muita atividade e da dedicação de algumas das mentes mais brilhantes do mundo, ninguém saiba exatamente como chegar a esse objetivo. Da minha parte, hoje interpreto a teoria das supercordas como a encarnação moderna do mito pitagórico, a busca por uma descrição monoteísta da Natureza baseada em argumentos geométricos: a simetria usada como dogma e não como ferramenta.

Não era assim que pensava durante meus dias de estudante de doutorado na Inglaterra. Na época, estava completamente imerso na busca pela Teoria Final. Nada podia ser mais fascinante, nenhuma teoria era mais instigante. Os seis artigos que escrevi durante meus estudos de pós-graduação, e dezenas de outros nos anos seguintes ao meu doutoramento, tratavam de diferentes aspectos da unificação através da teoria das supercordas. Na Parte III, explicarei como, aos poucos, fui mudando de ideia. Antes disso, precisamos explorar como as teorias quânticas da gravidade — que tentam relacionar a mecânica quântica e a relatividade geral — descrevem as propriedades quânticas do espaço-tempo.

Se supormos que a mecânica quântica continua a funcionar na infância cósmica, e não temos qualquer razão para suspeitar o contrário, a agitação inerente aos processos quânticos irá causar flutuações no espaço-tempo. Voltamos ao poema-mito que abriu este livro, e tentamos, numa visão digna do *Aleph* de Jorge Luis Borges, visualizar uma sopa borbulhante de geometrias, talvez até de todos os tipos possíveis de geometrias, coexistindo no infinito multiverso. Se o cosmo fosse uma orquestra, todas as sinfonias, todos os sons, estariam sendo tocados ao mesmo tempo: organizados e caóticos, do mais sublime ao mais absurdo, frases musicais longas e elaboradas junto a cacofonias de breve duração. Tudo isso, claro, sem um maestro.

Algumas versões das teorias de supercordas preveem a existência de um oceano semi-infinito de possibilidades cósmicas conhecido como "a paisagem". O nome é bem sugestivo: imagine uma paisagem com vales e picos montanhosos se estendendo além do horizonte. Nessas teorias, cada vale da paisagem corresponde a um universo, cada um deles com suas próprias propriedades, talvez até com valores diferentes das constantes da Natureza. Em alguns, a velocidade da luz pode ser maior do que no nosso; em outros, menor; ainda em outros, a luz pode não existir, ou elétrons têm cargas e massas diferentes. O tempo não existe na paisagem; ela representa apenas um mapa dos universos possíveis, cada um deles uma solução diversa das equações da teoria das supercordas.[7] Contrariando as expectativas dos físicos que trabalham nessa área, a visão que emerge está longe de ser "elegante". Se a ideia da paisagem sobreviver, e nenhum dos vales surgir como o candidato mais óbvio para representar o Universo em que vivemos, o sonho de que existe uma solução *única* que explica o nosso cosmo, a *raison d'être* da teoria das supercordas, tem que ser abandonado. Numa reversão inesperada, a própria teoria que deveria provar a unidade de toda a física, que deveria levar à Teoria Final, acabaria demonstrando a inutilidade desta busca.

De volta ao início de tudo, mesmo se a ideia de que existe uma paisagem de universos inspirada pela teoria das supercordas não passar de uma fantasia, a noção de que efeitos quânticos levam a flutuações na geometria do espaço-tempo, como as bolhas de uma sopa, persistiria. De fato, todas as versões que competem pelo título de teoria quântica da gravitação retêm a agitação quântica do espaço-tempo.[8] Sendo assim, nosso cosmo teria emergido dessa sopa quântica, uma bolha com a combinação rara de constantes da Natureza que permitiria que a matéria se organizasse gradativamente em estruturas cada vez mais complexas, incluindo formas de vida capazes de refletir sobre a sua existência. Voltando à metáfora da orquestra, é difícil resistir à tentação de associar o nosso Universo a uma das raras composições que podemos chamar de bela.

Mas algo está faltando nessa discussão. O espaço e o tempo, mesmo que fascinantes, são apenas parte da história. Um universo sem matéria não é dos mais interessantes. A questão, então, é que tipo de matéria pode existir nesses universos flutuantes. Como não temos quaisquer dados, as escolhas são muitas. Não existem fósseis desses tempos primordiais, os primeiros instantes da existência cósmica. Temos, claro, alguns candidatos, mas nenhuma observação concreta. Talvez seja aqui que devamos jogar a toalha e desistir, quem sabe trabalhar numa outra área, como a física de lasers ou a mecânica dos fluidos, onde a especulação não ocorre tão às cegas. Porém, nem tudo está perdido. Podemos descobrir muitas coisas sobre o passado do Universo se usarmos os instrumentos certos. Esta tem sido a estratégia da cosmologia, medir as propriedades do Universo atual para inferir pistas sobre a sua infância. E ela pode continuar a render frutos. Por exemplo, vimos como a existência da radiação cósmica de fundo nos ajudou a estudar as propriedades do Universo com apenas 400 mil anos de vida. A física das partículas também é essencial no estudo da infância cósmica. A cada nova pista, ajustamos o modelo do Big Bang, de modo a torná-lo mais compatível com as observações. Essa tendência continua ocorrendo e, aos poucos, vamos aprendendo cada vez mais sobre o cosmo e seus componentes materiais. É uma obra em constante aprimoramento.

19

O Universo visível

A primeira observação que podemos fazer sobre o Universo é, também, a mais óbvia: o Universo é muito grande. Quão grande? Temos que tomar muito cuidado com essa questão. Podemos apenas falar da parte do Universo que nos é visível, isto é, aquela que podemos observar através de nossos telescópios e antenas. Lembre-se de que a velocidade da luz estabelece um limite na velocidade com que a informação pode ser trocada: como nada pode viajar mais rápido do que a luz, podemos apenas receber informação de regiões que se encontram no nosso passado causal. Em outras palavras, podemos no máximo receber informação que, viajando na velocidade da luz, teve tempo de chegar até nós desde a origem do tempo. Por exemplo, o Sol encontra-se a oito minutos-luz de distância da Terra; se explodisse agora, só saberíamos dentro de oito minutos, os nossos últimos. A estrela mais próxima, Alfa Centauro, está a aproximadamente 4,37 anos-luz de distância: quando a vemos no céu noturno, estamos, na realidade, vendo-a como era há 4,37 anos e não no presente, pois este é o tempo que a luz demora para viajar de lá até aqui.* Saindo da Via Láctea, encontramos Andrômeda, a nossa galáxia vizinha, a aproximadamente 2,5 milhões de anos-luz. A luz que vemos hoje partiu de Andrômeda quando nossos ancestrais estavam se espalhando pela savana africana. Olhar para as profundezas do espaço é olhar para o passado remoto.

Até onde podemos enxergar? Bem longe. Nossos telescópios observam radiação eletromagnética em praticamente todos os comprimentos de onda, desde os energéticos raios gama até as longas ondas de rádio. As fontes mais distantes (e as mais velhas) são muito fracas ou mesmo

* Um ano-luz é a distância percorrida pela luz no espaço vazio em um ano. É aproximadamente equivalente a 9,5 trilhões de quilômetros, ou 63 mil vezes a distância entre o Sol e a Terra.

invisíveis. Para "vê-las", astrônomos usam telescópios extremamente poderosos, frequentemente combinando observações com comprimentos de onda diferente, do visível ao ultravioleta, das micro-ondas às ondas de rádio. Por exemplo, no início de 2008, astrônomos das universidades de Rutgers e Penn State, nos EUA, anunciaram a descoberta de galáxias-bebês, versões nascentes de espirais como a nossa Via Láctea, a distâncias de 12 bilhões de anos-luz da Terra. Considerando que o Universo tem 13,73 bilhões de anos, a luz dessas galáxias viajou por 12 bilhões de anos até chegar a nós. Como comparação, o Sol e a Terra existem há menos de cinco bilhões de anos.

Será que, um dia, poderemos construir telescópios capazes de enxergar até o início do tempo? Infelizmente, a coisa não é tão simples. Para vermos um objeto, temos que capturar (mais precisamente, detectar) alguns de seus fótons. Isso só é possível se esses fótons puderem viajar até nós sem encontrarem obstáculos significativos. Ao viajarmos para o passado distante, acabamos por encontrar uma barreira intransponível, uma parede opaca que marca a era em que os primeiros átomos foram formados. Antes desse tempo (em torno de 400 mil anos após o "bang", como vimos), os fótons colidiam violentamente com os elétrons e os prótons (o tal triângulo amoroso), e não conseguiam atravessar distâncias muito longas no espaço. Meio como tentar sair do metrô na hora do *rush* sem esbarrar em ninguém. A situação era tão intensa que, se fosse num metrô, a pessoa não conseguiria nem sair. Com o passar do tempo, o Universo esfria, o metrô esvazia, os fótons viajam mais longe e a pessoa escapa do trem. Portanto, antes dessa era não podemos estudar o Universo usando a radiação eletromagnética (composta por fótons). Temos que usar outras pistas. Encontramos já um exemplo, os núcleos leves de hélio e lítio sintetizados quando o cosmo tinha apenas um minuto de vida.

Mesmo que essa parede nos impeça de estudar o cosmo muito jovem com fótons, podemos combinar observações vindas das galáxias e da radiação cósmica de fundo para chegar a vários resultados importantes, que informa as investigações até tempos anteriores. Primeiro, quando olhamos para regiões suficientemente grandes, o Universo parece ser o mesmo. Sem dúvida, se olharmos apenas para o céu noturno, isso não parece ser verdade. Vemos dezenas de constelações, que aparentam estar organizadas em certos padrões, e não espalhadas igualmente pelo espaço. Na verdade, as constelações são, na maioria, uma ilusão da nossa perspectiva: as estrelas não estão no mesmo plano e pertinho umas das outras, e sim a distâncias de dezenas ou mesmo centenas de anos-luz de distância, estendendo-se nas três dimensões. Quando afirmamos que o Universo aparenta ser o mesmo, estamos falando de regiões com centenas de *milhões* de anos-luz de diâmetro, muito maiores do que os nossos olhos podem enxergar. Imagine uma praia cheia num domingo ensolarado. De longe, vemos uma multidão de cabeças, compondo uma massa aproximadamente uniforme. Apenas quando nos aproximamos é que começamos a distinguir variações, umas pessoas de pé, outras deitadas na toalha, algumas passando torpedos com seus celulares, outras jogando frescobol, crianças aqui e ali construindo castelos de areia ou catando conchinhas. A uniformidade do Universo só é percebida de muito longe, quando tratamos de distâncias de centenas de milhões de anos-luz.

Um Universo homogêneo e isotrópico (o mesmo em todos os lugares e em qualquer direção) é bem mais simples de ser estudado. Se estamos interessados apenas na história cósmica, focamos nossa atenção no Universo como um todo, e não precisamos nos preocupar com os detalhes do que está ocorrendo nessa ou naquela galáxia. De volta à analogia da praia, só queremos saber se a praia está muito cheia ou não, deixando de lado se tem gente jogando frescobol ou se tem alguma criança brincando à beira d'água. Essa é a essência do modelo do Big Bang, cujo foco principal é a evolução temporal do Universo. Detalhes locais, como a formação de galáxias ou o nascimento de estrelas e planetas, são um outro assunto.

Será que podemos confiar na aproximação de que o Universo é mesmo homogêneo? Felizmente, sim. Tanto dados astronômicos quanto a radiação cósmica de fundo corroboram isso. A radiação cósmica, por sinal, é extremamente homogênea. Antenas apontando para regiões diferentes no céu detectam apenas minúsculas flutuações em torno de uma temperatura média de 2,73 Kelvin, bem próxima do zero absoluto. Se a matéria estivesse distribuída de forma não homogênea quando o Universo tinha 400 mil anos, a curvatura do espaço à volta dessas concentrações de massa teria afetado os fótons da radiação, ora dando-lhes energia, ora tirando. Algo parecido ocorre com crianças brincando em escorregas: quando descem, liberam energia, quando sobem, usam energia. Os fótons que viajavam pelo espaço passavam por concentrações de matéria e perdiam e ganhavam energia. Esses ganhos e perdas foram traduzidos em variações na temperatura local da radiação cósmica, como se fossem tatuagens marcando eventos de um passado remoto.

Em 1989, um satélite da NASA chamado COBE (do inglês Cosmic Background Explorer, "Explorador da Radiação Cósmica de Fundo") foi lançado para medir as propriedades da radiação cósmica com uma precisão muito superior à atingida pela antena de Penzias e Wilson em 1965. Os resultados foram surpreendentes. Não só a temperatura da radiação é extremamente homogênea, como as variações em torno do seu valor médio são de apenas uma parte em 100 mil! Compare isso com a superfície da Terra: se encolhêssemos todo o relevo terrestre por um fator de 100 mil, o monte Everest (a maior "flutuação" sobre o valor médio da altitude terrestre) mediria menos de um metro (mais precisamente, 8,8 centímetros). Uma pessoa seria aproximadamente 40 vezes menor do que uma ameba. O que os instrumentos robóticos do COBE fizeram foi analisar um mapa de temperaturas semelhante a essa "Terra plana", e mesmo distinguindo montanhas e vales nas flutuações de temperatura de menos de um centésimo de milésimo de grau. Por sua liderança no projeto COBE, em 2006 mais uma dupla de astrofísicos, John Mather e George Smoot, venceram o prêmio Nobel de física.

Outra propriedade cósmica muito importante foi também descoberta através da observação de galáxias e da radiação cósmica de fundo. O Universo não só tem uma distribuição de matéria e radiação extremamente homogênea, como também é plano. Parece ser um lugar bem sem graça, é verdade. Porém, como veremos, sem essas duas propriedades, nós não estaríamos aqui. Por isso, é importante compreender o que significa afirmar que "o Universo é plano". O *quê*, exatamente, é plano? Precisamos retornar à teoria da relatividade geral de Einstein e à relação entre matéria e geometria. No século XIX, alguns matemáticos provaram que existem apenas três tipos de geometrias homogêneas: a *geometria plana*, que, em sua versão em duas dimensões, vemos no tampo das mesas; as *geometrias fechadas*, como a superfície de uma bola, que também tem apenas duas dimensões; e as *geometrias abertas*, como a superfície (também bidimensional) de uma sela de cavalo, que encurva em direções opostas, para baixo junto às pernas, e para cima ao longo do cavalo. Esses exemplos se limitam a superfícies em duas dimensões por uma boa razão. Não conseguimos ver superfícies em três dimensões. É fácil visualizar a curvatura de uma bola ou a de uma sela porque podemos vê-las de longe, isto é, de uma terceira dimensão. Sempre que nos movemos pelo espaço, desviando de obstáculos como cadeiras ou mesas, fazemos isso. Para visualizar uma superfície em três dimensões, precisaríamos enxergá-la de uma quarta dimensão espacial, o que nos é fisicamente impossível. Apenas a matemática pode fazê-lo.

A geometria se ocupa das propriedades do espaço. No tampo de uma mesa, a distância entre dois pontos pode ser medida usando um barbante. Fazendo o mesmo na superfície de uma bola ou de uma sela, você logo descobrirá que essas superfícies têm propriedades geométricas diferentes. Por exemplo, a famosa lei da geometria euclidiana, de que a soma dos ângulos internos de um triângulo é sempre 180 graus, só é verdade se a geometria for plana. Numa geometria fechada (a bola), a soma é maior, enquanto numa geometria aberta (a sela), ela é menor. Portanto, se medirmos ângulos e distâncias, podemos distinguir entre geometrias diferentes em duas, três ou mais dimensões. Um Universo plano satisfaz as leis da geometria plana.

Na prática, dado que as distâncias cósmicas são tão enormes, os astrônomos usam outros métodos para determinar a geometria do Universo. Usando a propriedade da homogeneidade cósmica, podemos estudar como o Universo evolve no tempo sem prestar atenção para variações locais. Foi isso o que Hubble fez em 1929 e que ainda é feito hoje, com uma precisão muito maior, através de instrumentos como o Telescópio Espacial Hubble e vários telescópios gigantes localizados no topo de montanhas no Havaí, no Chile e em outros locais.

De acordo com o modelo do Big Bang, existe uma relação direta entre a expansão do Universo e a quantidade de matéria contida nele. Um cosmo com muita matéria exercerá uma atração gravitacional sobre si mesmo tão forte que terá dificuldade em crescer e pode até entrar em contração. Um cosmo com pouca matéria crescerá bem mais facilmente. O mesmo tipo de raciocínio é aplicado quando lançamos foguetes ao espaço de lugares diferentes como, por exemplo, da Terra ou da Lua. O lançamento de um foguete da Terra, onde a atração gravitacional é cerca de seis vezes maior do que na Lua, consumirá bem mais energia. Ao medirmos a velocidade de afastamento das galáxias (chamada de velocidade de recessão), podemos inferir a quantidade média de matéria que existe no Universo. Esse resultado, interpretado conjuntamente com as propriedades da radiação cósmica de fundo, que também dependem da quantidade de matéria no cosmo (mais matéria, maiores distorções de temperatura), levam a um Universo plano, expandindo justo no ponto limite entre expansão e contração. Na analogia do foguete, esta seria a quantidade exata de energia para que escapasse da atração terrestre. A precisão das medidas atuais tem uma margem de erro de apenas 1%, favorecendo muito ligeiramente a geometria fechada. Ainda não podemos afirmar com absoluta certeza, mas muito provavelmente medidas ainda mais precisas confirmarão que a geometria cósmica é plana.

O fato de o Universo ter uma geometria plana significa que a quantidade total de matéria e energia está delicadamente equilibrada entre as geometrias fechadas e aberta, como uma agulha que fica em pé sozinha. Um pouco menos de matéria, e o universo teria uma geometria aberta; um pouco mais, e a geometria seria fechada. A diferença de comportamento entre essas duas opções é dramática: um universo fechado tende a entrar em colapso após um período de expansão, eventualmente retornando ao ponto onde toda a matéria estaria espremida num volume minúsculo, o Big Crunch, o inverso do Big Bang. Já um universo com geometria aberta ou plana continuaria a sua expansão indefinidamente, com universos abertos crescendo com maiores velocidades. Em termos mais precisos, um universo plano tem uma quantidade bem específica de matéria e energia, chamada de *densidade de energia crítica*. Para o nosso Universo, seu valor é de aproximadamente dez átomos de hidrogênio por metro cúbico, um número muito pequeno: em média, nosso Universo é bem vazio.

Baseados nos resultados atuais, podemos afirmar com confiança que o Universo visível é homogêneo e plano. Mas até onde podemos ver? Em outras palavras, conforme perguntamos no início deste capítulo, qual o "tamanho" do Universo? Para respondermos a essa importante pergunta, precisamos introduzir a ideia de *horizonte*. O nome é inspirado pelo que ocorre quando estamos numa praia e vemos o horizonte, a linha onde o céu e o oceano aparentam se encontrar. Como sabemos, o oceano não termina no horizonte. O mesmo ocorre com o cosmo. Além do horizonte cósmico, o raio da esfera que marca a distância atravessada pela luz desde o início do tempo, existe mais universo, além do alcance de nossos instrumentos. Se imaginarmos que a porção visível do nosso Universo é uma enorme bolha centrada na Terra, o horizonte marca o ponto mais distante no nosso passado. Na prática, a distância até a superfície dessa bolha é o tamanho do Universo visível, isto é, a porção dele que podemos estudar. Essa distância, quando a calculamos usando o modelo do Big Bang, é um pouco maior do que três vezes a idade do Universo em anos-luz, 46 bilhões de anos-luz.[9]

20
As falhas do modelo do Big Bang

Agora que as observações astronômicas nos ensinaram quais as propriedades mais gerais do Universo, precisamos tentar explicá-las. Por que o Universo tem uma geometria plana? Por que é homogêneo? É aqui que encontramos os limites do modelo do Big Bang: ele não explica a origem dessas propriedades, que são simplesmente adicionadas como parâmetros. (Por exemplo, a curvatura é igual a 1,00, o número associado à curvatura plana, mas poderia ser diferente.) O mesmo modelo acomodaria outros universos usando outros parâmetros, diferentes do nosso. (Por exemplo, uma curvatura de 0,87 para um universo aberto, ou de 2,35 para um universo fechado.) Não seria muito mais elegante se pudéssemos explicar por que o Universo é do jeito que é, em vez de usarmos os números obtidos pelos astrônomos? Para construirmos uma casa, precisamos de tijolos e cimento. Precisamos também de um projeto que dê uma forma específica à casa: projetos arquitetônicos diferentes resultam em casas diferentes, mesmo que todos usem os mesmos tijolos e cimento. Em cosmologia, os tijolos e cimento são as leis da física. Modelos diferentes, usando as mesmas leis da física, resultam em universos diferentes. A questão que temos que responder então é, Por que esta casa? Não queremos apenas seguir as instruções do projeto. Queremos saber o que determina o projeto específico do *nosso* Universo, o fato de ele ser homogêneo e plano.

Mencionei antes que a temperatura da radiação cósmica de fundo é extremamente homogênea, de 2,73 graus acima do zero absoluto.* Essa propriedade cria um paradoxo um tanto bizarro. Imagine que você se encontre no centro do cosmo, equidistante do horizonte. Com uma

* O valor atual é de 2,725 Kelvin. Para simplificar, podemos arredondar para 2,73 Kelvin.

antena de micro-onda de alta precisão, você mede a temperatura da radiação cósmica em todas as direções do céu. Imagine que você meça a temperatura em duas direções opostas, digamos, leste e oeste. O resultado será o mesmo, 2,73 Kelvin. Será que esse resultado é razoável? Em geral, para que a temperatura em locais diferentes seja a mesma, a matéria nesses locais tem que ter estado em contato; apenas interações podem regularizar a temperatura. Por exemplo, se alguém joga um balde de água fervendo numa banheira cheia de água fria, a temperatura só voltará a ser a mesma em toda a banheira após algum tempo. Essa temperatura, chamada de *temperatura de equilíbrio*, será entre o valor alto da água no balde e o valor baixo da água originalmente na banheira. O tempo que passa até que a temperatura chegue ao seu valor de equilíbrio é chamado de *tempo de equilíbrio*. Ele é determinado pelas colisões entre as moléculas de água fria e as de água quente: as moléculas de água quente, com mais energia, quicam nas moléculas de água fria com mais violência, dando-lhes parte da sua energia. Como resultado, as moléculas de água quente perdem energia (e velocidade) e as de água fria ganham energia (e velocidade). O que chamamos de temperatura é simplesmente uma medida das velocidades moleculares. Por fim, após muitas colisões, a velocidade média das moléculas será a mesma. Quando essa situação é atingida, dizemos que o sistema está em equilíbrio térmico. Mesmo que existam flutuações em torno da velocidade média, em geral não serão muito importantes.

Podemos visualizar o espaço interno ao nosso horizonte cósmico como uma "banheira" esférica cheia de radiação em equilíbrio térmico. O problema é que, mesmo que os pontos situados sobre o horizonte ao extremo oeste e ao extremo leste da Terra sejam equidistantes, estão duas vezes mais longe um do outro e, portanto, fora de seus horizontes. (Lembre-se que cada ponto do Universo tem um horizonte do mesmo tamanho, a distância percorrida pela luz até ele desde o início do tempo.) Ao contrário das moléculas d'água na banheira, que tiveram tempo de colidir e regularizar a sua temperatura, as regiões além do horizonte de um determinado ponto não puderam ainda entrar em contato para equiparar a sua temperatura. Consequentemente, as regiões do céu ao leste e ao oeste do horizonte terrestre não poderiam ter se comunicado em apenas 13,8 bilhões de anos. Mesmo assim, as suas temperaturas são idênticas com uma precisão de uma parte em cem mil! Como isso é possível, se nenhuma partícula pode viajar mais rápido do que a luz? Será que essa observação contraria as leis da física? Esse mistério é conhecido como o "problema do horizonte". Quando adicionado ao "problema da geometria plana", que questiona por que nosso Universo é plano com tanta precisão, temos duas das maiores limitações do modelo do Big Bang, que não resolve nenhum dos dois. Precisamos de uma nova ideia, uma ideia revolucionária que contrarie o nosso senso comum.

21
De volta à origem de tudo

As observações da radiação cósmica de fundo confirmam que, desde o presente até pelo menos 400 mil anos após o "bang", ou seja, durante praticamente toda a história do Universo visível, sua geometria foi plana e a matéria pode ser bem aproximada como sendo distribuída homogeneamente. Na verdade, baseados nas observações das abundâncias dos núcleos mais leves (os isótopos de hidrogênio, de hélio e de lítio) podemos afirmar que essas duas propriedades eram válidas até ao menos um minuto após o "bang", quando esses núcleos foram fundidos a partir de prótons e nêutrons, num processo conhecido como *nucleossíntese primordial*. Universos com outras geometrias ou distribuições de matéria gerariam núcleos com abundâncias que contrariam as observações. Isso significa que a cosmologia moderna nos permite ter uma excelente ideia do que estava ocorrendo com o Universo a partir de alguns segundos de existência, um feito digno de ser celebrado.

A parte principal do livro de Weinberg, *Os três primeiros minutos*, termina aí. Os comentários que faz ao final sobre tempos ainda mais remotos, mesmo que instigantes, ele admitiu serem especulativos. Mesmo assim, deixou claro que esses primeiros segundos da existência cósmica guardavam muitos segredos.

Agora que estabelecemos quais as propriedades mais importantes do cosmo, gostaríamos de explicá-las. Será que existe algum mecanismo físico que justifique a geometria cósmica e a homogeneidade da distribuição de matéria?

Em 1981, ano em que me formei pela Pontifícia Universidade Católica do Rio, Alan Guth, agora no Instituto de Tecnologia de Massachusetts (o venerado MIT), teve uma ideia radical. E se, por apenas alguns momentos durante a infância cósmica, o Universo tivesse expandido extremamente rápido, mais rápido ainda do que a velocidade da luz? Nesse caso, seria possível mostrar que... "Epa! Um momento!", protesta o leitor atento. "Você tinha dito que nada pode viajar mais rápido do que a luz, não tinha?" Tinha. Mas esse limite de velocidade só é aplicável à matéria. O espaço que, como vimos, é maleável, pode inflar com qualquer velocidade. Não há nada nas leis da física que impeça que isso ocorra. Se retornarmos àquela imagem da cidade com postes a cada esquina, cada um representando uma galáxia, a expansão do Universo é equivalente às ruas "esticarem", como se fossem feitas de borracha. Os postes são carregados pela expansão das ruas na velocidade em que ela ocorre, feito rolhas carregadas pela corrente de um rio. Já a luz saindo dos postes continuará a viajar com a sua velocidade normal.

A ideia de Guth é que, na aurora do tempo, o espaço inflou com uma velocidade absurdamente grande. Dois pontos que, inicialmente, eram vizinhos, durante a expansão ultrarrápida se distanciaram mais rapidamente do que a velocidade da luz. Para que o mecanismo funcionasse, ou seja, para que explicasse a geometria cósmica e a homogeneidade da matéria, a expansão tinha que ter sido exponencialmente rápida. Por isso, a teoria de Guth ficou conhecida como *inflação cosmológica,* ou apenas *inflação.*[10]

Para que tudo isso faça sentido, primeiro precisamos entender por que uma expansão mais rápida do que a luz resolve os problemas do modelo do Big Bang. Segundo, temos que explicar o que pode ter causado um efeito tão dramático durante a mais tenra infância cósmica.

Vamos começar examinando como a inflação pode ajudar o Big Bang. O que ocorre quando enchemos um balão de festa? Se nos concentrarmos numa pequena região da sua superfície, veremos que, à medida que o balão cresce, a região se tornará cada vez mais plana. Agora, imagine se o balão fosse inflado por um fator exponencial de 60, a quantidade que a inflação cósmica necessita para ser eficiente.* Nesse caso, a superfície do balão ficaria incrivelmente plana. Como comparação, se a superfície da Terra expandisse pelo mesmo fator e todo o seu relevo permanecesse fixo, uma "flutuação" como o monte Everest apareceria como sendo um milhão de vezes menor do que um próton, ou seja, pratica-

---

* Claro, esse é um balão muito especial, que não estoura... Quem não se lembra o que é uma expansão exponencial deve consultar a nota 10 para maiores detalhes.

mente inexistente. Quando adaptada à cosmologia, o resultado de uma expansão dessas seria o mesmo: o Universo seria incrivelmente plano.

Uma expansão exponencialmente rápida resolve também o problema do horizonte, que discutimos antes. Voltando ao passado bem remoto, considere uma região do cosmo tão pequena que a matéria e a radiação em seu interior tinham tempo de sobra para estarem em contato térmico. Isso significa que suas interações por meio de colisões eram suficientemente rápidas para estabelecer um regime de equilíbrio térmico caracterizado por uma temperatura aproximadamente uniforme. (Como uma pequena região na banheira de água quente.) Agora, imagine que essa região cresça rapidamente por um fator gigantesco; a matéria e a radiação em seu interior, que não interagem mais durante a expansão, permanecem em equilíbrio térmico. A teoria inflacionária de Guth permite que o Universo visível *inteiro* tenha se originado de uma região que, no início do tempo, estava em equilíbrio térmico. Numa fração de segundo, essa região inflou exponencialmente, até englobar um volume maior do que o do Universo visível. A expansão *superluminal* do espaço (mais rápida do que a velocidade da luz) sobrepuja as limitações da causalidade sem violar qualquer lei da física.

A ideia da inflação cosmológica é extremamente simples e eficiente. Podemos até inverter o argumento e afirmar que o Universo tem uma geometria plana e uma distribuição homogênea de matéria porque passou por um período de expansão superluminal. Nesse caso, essas propriedades são *previsões* do universo inflacionário! A teoria faz outras previsões que, até o momento, concordam plenamente com as observações.

Teorias que são ao mesmo tempo simples e capazes de explicar vários fenômenos são muito atraentes em ciência. Já no século X, a estética das teorias aparece no pensamento filosófico. No século XIV, Guilherme de Occam, um filósofo franciscano inglês muito influente, desenvolveu o primeiro método capaz de organizar e simplificar teorias que visam explicar vários aspectos da realidade. "Nunca devemos usar explicações plurais sem que haja necessidade", escreveu. Em outras palavras, quando cientistas precisam escolher entre duas ou mais teorias, a mais simples é sempre a melhor. O critério, conhecido como "navalha de Occam" (para cortar as ideias supérfluas), é muito usado em ciência. A teoria universal da gravitação de Newton e a teoria da evolução de Charles Darwin são exemplos famosos de teorias simples e que explicam muitos fenômenos. Outras teorias, mesmo se possíveis, não são tão econômicas e estão provavelmente erradas. Por outro lado, é importante manter em mente que uma teoria funciona apenas dentro de seu limite de validade. Se aplicada além dele, irá gerar previsões errôneas. Por exemplo, se aplicarmos a mecânica de Newton a objetos com velocidades próximas da da luz, obteríamos resultados que contrariam as observações.[11]

Apesar da sua utilidade, a navalha de Occam não pode agir sozinha. Mesmo que uma teoria seja extremamente simples e elegante, apenas dados experimentais podem decidir se ela é ou não válida. Em muitos casos, uma teoria que inicialmente parecia ser atraente, acaba falhando ao ser exposta a novas observações. Quando isso ocorre, cientistas tentam desenvolver formulações alternativas, ou mesmo reviver ideias antigas que haviam falhado ao teste de Occam. Portanto, a navalha de Occam funciona como um método de seleção entre diferentes alternativas; mas nunca deve ser usada para decidir se uma teoria está ou não correta. A última palavra é sempre da Natureza. Na verdade, o que vemos é que nem sempre a explicação mais simples é a mais correta. É muito fácil, quando estamos entusiasmados com uma ideia nova, deixar que critérios estéticos influenciem as nossas escolhas. Porém, uma ideia "elegante" ou "bela" pode ou não estar correta. Nem sempre a beleza é sinônimo de verdade, mesmo que isso ofenda o nosso senso estético.

22
Matéria primordial exótica

Apesar da sua atração, a teoria inflacionária ainda não foi validada por completo. O maior problema não é o que a teoria pode explicar, mas como ela funciona, ou seja, o mecanismo físico responsável pela expansão ultrarrápida. É aqui que as coisas complicam.

O que poderia causar uma expansão mais rápida do que a luz no Universo primordial? Para respondermos a essa pergunta, devemos nos lembrar que, de acordo com a teoria da relatividade geral de Einstein, a matéria e a energia determinam a curvatura do espaço. Portanto, tipos de matéria com propriedades diferentes terão um efeito diverso na geometria do espaço. Na prática, as coisas podem ficar bem complicadas, já que resolver as equações da teoria de Einstein com distribuições de matéria assimétricas é um exercício nada trivial, que, no momento, nem mesmo os maiores computadores do mundo podem fazer de forma completamente satisfatória.

Felizmente, as coisas são bem mais simples em cosmologia. Como estamos apenas interessados no comportamento global do Universo, sem nos preocupar com detalhes do que ocorre nesse ou naquele ponto do espaço, precisamos apenas modelar como a matéria se comporta em média. Na prática, aproximamos todos os tipos de matéria — radiação, partículas, ou outras coisas mais estranhas que encontraremos em breve — como sendo uma espécie de gás. A vantagem disso é que, para descrevermos um gás, como o ar, por exemplo, precisamos de apenas duas propriedades: a sua *pressão* e a sua *densidade de energia*. Sabemos intuitivamente o que é a pressão, a força média exercida sobre uma superfície. Um balão de festa cresce quando você sopra ar dentro dele, pois as moléculas de ar exercem uma pressão na sua superfície interior, forçando-a a inflar. Esse tipo familiar de pressão, que é sempre positiva, depende da velocidade das moléculas: quanto maior a velocidade, maior a pressão. Já a densidade de energia significa a quantidade de energia num volume.

Aqui, porque estamos usando uma teoria relativística, temos que ser cuidadosos e considerar todas as possíveis contribuições para a energia do gás: a massa das suas partículas constituintes (vemos isso da relação $E = mc^2$ ou, mais convenientemente, $m = E/c^2$, deixando claro que massa tem energia); a energia de movimento das partículas, que contribui para a pressão; e, finalmente, o que chamamos de energia potencial, um tipo de energia que pode estar armazenada na matéria. Por exemplo, uma tira elástica esticada ou uma mola distendida contêm energia, que chamamos de energia potencial elástica. Se soltamos a tira ou a mola, elas voltam rapidamente à sua posição de equilíbrio, sem tensão. De modo semelhante, quando um elétron e um próton se aproximam, eles armazenam energia potencial elétrica. Como dois amantes abraçando-se numa estação de trem, precisamos fornecer energia para separá-los.

Modelando, então, a matéria e a radiação que enchem o Universo como sendo um gás, usamos a sua densidade de energia e pressão para resolver as equações que determinam, segundo a teoria de Einstein, a expansão cósmica. O que descobrimos é que, qualquer tipo de radiação — sempre viajando na velocidade da luz — e de matéria — que pode se mover rápida ou lentamente, mas sempre com velocidades abaixo da da luz — produzem uma expansão cósmica mais lenta do que a velocidade da luz e que, portanto, não podem ser usadas como "combustível" para a expansão superluminal da cosmologia inflacionária. Tal como quando pisamos no freio de um carro, a expansão gerada por esses tipos de matéria e radiação ocorre com *aceleração negativa*, e vai diminuindo com o tempo. Em cosmologia, o "freio" vem da atração gravitacional que a matéria e a radiação exercem sobre si mesmas. Esses tipos de matéria e radiação convencional — elétrons, prótons, nêutrons, neutrinos, fótons — são os responsáveis pela expansão cósmica que ocorreu mais tarde, por exemplo, durante a produção dos primeiros núcleos ou dos átomos. Perto da origem do tempo, as coisas eram bem mais estranhas.*

---

* Note que, quanto menor a pressão, mais rápida a expansão. Essa peculiaridade, que a pressão também afeta a expansão do espaço, é culpa da teoria da relatividade geral. Ao contrário da física newtoniana, que lida com balões inflando e nada tem a dizer sobre a influência da energia e da matéria na curvatura do espaço, na relativi-

Para gerar uma expansão espacial mais rápida do que a velocidade da luz, uma ideia bem excêntrica, precisamos, apropriadamente, de um tipo de matéria excêntrica que gere *pressão negativa*. Segundo a teoria da relatividade geral, esse tipo de matéria, se sua pressão negativa tiver intensidade suficiente, pode fazer com que o Universo expanda com aceleração *positiva*, atingindo velocidades superluminais.[12]

A matéria comum fica cada vez mais diluída quando o espaço expande. Se pensarmos em termos da densidade de energia, à medida que o volume espacial cresce, se a quantidade de matéria permanecer constante, sua densidade de energia diminuirá.* Já para a matéria exótica necessária no modelo inflacionário, a história é bem diferente: em vez de ter sua densidade de energia diluída e a pressão (negativa!) enfraquecida pela expansão do Universo, ambas permanecem constantes, praticamente indiferentes à expansão. É como uma tira elástica com poderes "mágicos", que libera sua energia armazenada ao se contrair um pouco, mas que reverte imediatamente ao seu estado inicial, pronta para liberar mais energia.

A esta altura, imagino que o leitor esteja convicto de que os físicos trabalhando nessa área enlouqueceram de vez e que estão perdendo o seu tempo discutindo noções absurdas. Felizmente, ao menos nesse caso, isto não é verdade. Por incrível que pareça, existem certos tipos de matéria que geram pressões negativas. Bizarros, com certeza. Mas não implausíveis. De fato, a inspiração vem de um fenômeno perfeitamente familiar a todos, que em física é chamado de *transição de fase*. Sabemos, por exemplo, que a água líquida congela ao ser resfriada até temperaturas abaixo de seu ponto de solidificação. Essa transição da água em sua

---

dade geral, tanto a energia quanto a pressão podem afetar a expansão cósmica. E a pressão age de forma bem contraintuitiva. Podemos imaginar que a pressão tem uma espécie de "massa" associada, de modo que, quanto maior a pressão (maior a sua "massa"), mais lenta a expansão. Portanto, para acelerar a expansão cósmica, devemos diminuir a pressão da matéria. Como veremos, na teoria da inflação cosmológica, essa ideia é levada ao extremo.

* Lembre-se que densidade de energia é energia sobre volume, E/V. Se o volume cresce enquanto a energia permanece constante, a razão dos dois decresce.

fase líquida à água em sua fase sólida é um exemplo de transição de fase. Quando a temperatura diminui, moléculas começam a se agregar em aglomerados exibindo uma certa ordem, cristais minúsculos de gelo. Como veremos na Parte III, essa ideia pode ser adaptada ao modo com que as partículas de matéria interagem entre si: elas também experimentam uma mudança qualitativa nas suas propriedades quando a temperatura cresce ou quando diminui.[13] Ademais, do mesmo modo que os efeitos espaciais da eletricidade e do magnetismo podem ser descritos a partir de um campo, essas mudanças qualitativas no comportamento da matéria também podem ser descritas por um campo, o chamado campo "escalar". Esse campos são o arcabouço da cosmologia moderna, usados na construção de teorias unificadas da matéria, e na construção de modelos inflacionários com uma expansão superluminal. São, também, indispensáveis nas teorias que descrevem a origem da matéria e a origem das galáxias. Não é exagero afirmar que a maioria absoluta dos modelos teóricos usados para descrever a física do Universo primordial usa campos escalares. Portanto, vale a pena dedicarmos alguns parágrafos ao seu estudo.

O nome, "campo escalar", sem dúvida pouco comum, vem da matemática: quantidades escalares variam continuamente no espaço, sem uma direção específica. Por exemplo, a altura da grama num campo de futebol ou a temperatura numa sala são exemplos de quantidades que podem ser descritas por campos escalares. No caso da sala, podemos medir a temperatura em cada ponto do espaço, obtendo assim o campo de temperatura: a cada ponto associamos um valor. Como contraste, o fluxo de um rio ou a direção do vento, que têm uma direção específica, seriam exemplos de campos "vetoriais".

O que são esses campos escalares? No chamado Modelo Padrão das partículas elementares, que combina todo o conhecimento atual dos constituintes fundamentais da matéria e das forças com que interagem entre si, campos escalares (pode haver mais de um) são um tipo de matéria que interage com todos os outros tipos.* Lembram um pouco o

* O Modelo Padrão será discutido em maior detalhe na Parte III.

éter, pois estão presentes em todos os pontos do espaço, uma espécie de meio material que oferece resistência ao movimento dos elétrons e das outras partículas, como o ar faz conosco aqui na Terra. Como o movimento está intimamente relacionado com a inércia — uma medida da massa de um objeto, campos escalares podem afetar a massa de uma partícula, mudando o seu valor. Na verdade, segundo o Modelo Padrão, as massas das partículas são *determinadas* pelos campos escalares. Partículas diferentes de matéria interagem com uma intensidade diferente com campos escalares e, com isso, adquirem massas diferentes: quanto mais intensa a interação da partícula com o campo escalar, maior a sua massa. No Modelo Padrão, o campo escalar é conhecido como Higgs, uma homenagem ao físico escocês Peter Higgs, que propôs o seu papel como "doador de massa" das partículas.

Até o final de 2009, quando dava os toques finais neste livro, o Higgs ainda não havia sido encontrado. Entretanto, existe uma ótima chance de que, no futuro próximo, a misteriosa partícula, ou algo como ela, venha a ser encontrada no LHC, o enorme colisor de partículas da comunidade científica européia (com colaboradores do mundo inteiro, inclusive do Brasil) projetado explicitamente para elucidar o mecanismo que determina as diferentes massas das partículas elementares. O LHC consiste em um túnel circular de 27 quilômetros de circunferência, enterrado a 100 metros abaixo da terra. Localizado nos arredores da cidade de Genebra, na fronteira da Suíça com a França, é a maior máquina já construída na história da civilização. Se tudo correr bem (houve já alguns acidentes), deve entrar em funcionamento no início de 2010. Mesmo se o Higgs não existir como uma partícula elementar, partículas escalares e seus campos associados continuarão a ter um papel-chave na física de altas energias. Isso porque, às vezes, duas partículas que se atraem intensamente podem aparentar ser uma única partícula escalar. A menos que esse sistema seja estudado a energias altas o suficiente para separar as duas partículas, tudo se passa como se fossem uma só. De certa forma, um átomo de hidrogênio é assim: de longe, parece ser uma estrutura única, sem carga elétrica. De perto, quando estudado a energias semelhantes à que liga o elétron ao próton, a história é completamente diferente. Objetos que aparentam ser simples quando estudados a distância podem, na verdade, ser bem complexos. (Quem imaginaria que uma estrela no céu, um pequeno ponto luminoso, é o que é?) Talvez o Higgs seja uma partícula composta, talvez não. Só saberemos quando o LHC começar a colher dados. De qualquer forma, sob o ponto de vista da cosmologia inflacionária, qualquer campo escalar, seja ele fundamental ou composto por mais de uma partícula, pode fazer com que o espaço infle ultrarrapidamente.

23
Tudo começou numa pequena região excêntrica do cosmo

Independentemente da sua natureza — como descrições efetivas de sistemas mais complicados ou como entidades fundamentais representando partículas indivisíveis — campos escalares podem produzir a aceleração positiva necessária para gerar a expansão espacial ultrarrápida da teoria inflacionária. Se o campo estiver fora de seu ponto de equilíbrio e, portanto, sob tensão, funcionará como uma espécie de cornucópia: continuará a "dar frutos", isto é, a acelerar o Universo, até, finalmente, relaxar ao seu estado de repouso.

No modelo original de Guth, o campo escalar responsável por gerar a inflação cósmica era oriundo de uma teoria bem mais ambiciosa do que o Modelo Padrão, a chamada Teoria de Grande Unificação (em inglês, "Grand Unified Theory", ou GUT), que visa unificar as três interações que determinam as propriedades atômicas e subatômicas da matéria: o eletromagnetismo e as forças nucleares forte e fraca. A primeira versão dessas teorias foi proposta há mais de três décadas (em 1974, pelos físicos americanos Sheldon Glashow e Howard Georgi), como um passo decisivo em direção à Teoria Final. A unificação total seria completa com a incorporação da gravidade nesse esquema, a quarta e (supostamente) última força fundamental. Infelizmente, como veremos na Parte III, as previsões principais das teorias de grande unificação ainda não foram verificadas. Para piorar as coisas, o modelo original de Guth também não funcionou conforme o plano: a expansão ultrarrápida nunca pararia, o que contraria as observações.

Felizmente, Guth e outros logo perceberam que as ideias básicas da cosmologia inflacionária (principalmente a expansão ultrarrápida) não funcionam apenas no contexto de um modelo de grande unificação.[14] Uma nova estratégia foi rapidamente desenvolvida, desconectando a inflação cosmológica dos modelos de unificação. A lógica é essencialmente a seguinte: "Deixemos de lado a motivação original de Guth, que ligava a cosmologia e a física de partículas. Visto que não sabemos nada do que ocorreu nessa era tão primordial, e que não temos qualquer indício experimental de que as teorias de grande unificação funcionam, vamos simplesmente *supor* que algum tipo de campo escalar, capaz de produzir a expansão ultrarrápida da teoria inflacionária, estava presente durante a infância cósmica. Afinal, a ideia de inflação é preciosa demais para ser abandonada; ela resolve muitos problemas de uma forma simples, indicando que algo nela deve estar correto. Os detalhes da teoria podem ser deixados para mais tarde, quando tivermos mais dados observacionais vindos tanto da cosmologia quanto da física de partículas."

Talvez seja mesmo melhor não amarrar a teoria de inflação cósmica a modelos de grande unificação, postulando apenas a existência de um campo escalar qualquer, e não a *do* campo escalar responsável pela unificação de três das quatro forças fundamentais da Natureza. Assim, se essas teorias de unificação falharem, o que não é de todo implausível, a teoria inflacionária pode ainda funcionar. O que esta estratégia abandona, claro, é a beleza e a elegância da ideia original, a unificação das forças que tantos acreditam deva ser o arcabouço da física que explica a infância cósmica.

Era ainda um principiante no curso de doutorado do King's College em Londres quando ouvi pela primeira vez que o modelo original de Guth não parecia funcionar e que, muito provavelmente, nenhum outro modelo de grande unificação funcionaria. Se o campo escalar responsável pela inflação cósmica era apenas um dentre muitos outros, sem um papel especial na teoria de unificação, o modelo perdia a sua ligação direta com a física de partículas, tornando-se ainda mais abstrato e vago. Por outro lado, a teoria inflacionária demonstrava a sua enorme versatilidade: para gerar o nosso Universo homogêneo, bastava que, numa região minúscula, num pequeno canto do cosmo, um campo escalar estivesse fora de sua posição de equilíbrio, feito uma bola no alto de uma ladeira. Não era necessário nada de grandioso ou único, só uma região do cosmo com um campo escalar desequilibrado. As equações da cosmologia mostram que, um campo escalar com pressão negativa e com uma certa quantidade mínima de energia, pode facilmente inflar uma pequena região do cosmo numa bolha gigante que engloba todo o nosso Universo. Na nova cosmologia, a inflação não depende de uma teoria de unificação. O que a formulação perde em elegância, ganha em generalidade. Para existir, nosso cosmo precisa de desequilíbrio, e não de perfeição.

Existe um ponto muito importante que ainda não abordei. Se a matéria que preenchia o Universo primordial inicialmente era principalmente composta de um campo escalar, de onde vêm os elétrons, fótons, neutrinos etc.? Essa questão, por sua vez, está relacionada com outra não menos importante: como que o Universo sai da expansão ultrarrápida da era inflacionária e inicia a expansão típica do modelo do Big Bang, que é bem mais lenta? Essa transição é assunto de muito debate. Como não sabemos os detalhes, o que podemos afirmar é que, à medida que o campo escalar vai retornando ao seu ponto de equilíbrio, sua energia vai sendo convertida em outras partículas: como o que ocorre durante um decaimento de um núcleo radioativo, em que uma partícula pode se transformar em duas ou mais, o campo escalar pode se transformar em outros tipos de matéria. Essas novas partículas podem, por sua vez, se transformar nas partículas mais familiares.

De acordo com essa hipótese, o campo escalar que alimentou a inflação cósmica foi, também, o primeiro antepassado da matéria, nosso ancestral comum. Essa noção, que estabelece uma linhagem material que vai da vida à infância cósmica, não é tão estranha quanto parece. As partículas de matéria transformam-se constantemente umas nas outras, consequência da relação $E = mc^2$ e de outras que abordaremos a seguir. No mundo subatômico, a instabilidade e a mudança são a regra. Um nêutron isolado, por exemplo, decai em um próton, um elétron e um antineutrino em aproximadamente dez minutos. (Em breve falaremos sobre antineutrinos.) De acordo com os modelos atuais, quando o período de inflação vai chegando ao fim, isto é, quando o campo escalar vai se aproximando do seu estado de equilíbrio, sua energia é explosivamente convertida em outras partículas de matéria. Como consequência, o cosmo é rapidamente preenchido com uma sopa de partículas a temperaturas altíssimas. Segundo a cosmologia moderna, é essa criação explosiva de matéria no final da inflação que associamos ao Big Bang: em outras palavras, *o Big Bang não é o começo de tudo*! No presente, os detalhes desse processo permanecem obscuros. Não sabemos com que partículas o campo escalar interagia, como que se transformou nelas, ou como, por sua vez, elas se transformaram nas partículas que conhecemos hoje. Quando a teoria da inflação cósmica perdeu a sua ligação com as teorias de grande unificação, nossa compreensão desses processos ficou bem mais vaga. No momento, o melhor a fazer é desenvolver vários modelos e estudar suas consequências, determinando assim a sua viabilidade.

A história da teoria da inflação cósmica, já com quase três décadas, revela algo de muito importante sobre como teorias físicas são desenvolvidas. A motivação original era bem clara: o modelo do Big Bang sofre de certas limitações, dentre elas a sua incapacidade de explicar por que o Universo é homogêneo e dotado de uma geometria plana. Motivado pela elegância das teorias de grande unificação, Alan Guth propôs uma solução simples e brilhante: o campo escalar responsável pela grande unificação seria o mesmo que geraria a expansão ultrarrápida da inflação, mostrando a profunda ligação entre a física das partículas elementares e o Universo primordial, ou seja, entre a física do muito pequeno e a do muito grande. Se confirmada, a teoria seria um passo decisivo em direção à Teoria Final. No entanto, logo ficou claro que a teoria de Guth, baseada no modelo original de grande unificação, não funcionava, gerando um universo que jamais sairia do período de expansão ultrarrápida.[15] Outros modelos de grande unificação não melhoravam muito as coisas. Como solução, os modelos inflacionários reverteram a versões mais simples, baseadas num campo escalar hipotético, deslocado de seu estado de equilíbrio, feito uma bola prestes a rolar ladeira abaixo. Basta que esse campo preencha uma região minúscula do cosmo primordial para ser capaz de inflá-la furiosamente, além do tamanho do nosso Universo visível. O que permanece da ideia original é sua simplicidade e generalidade. A natureza do campo escalar que serve de combustível para a inflação é ainda obscura. De qualquer modo, a ideia resolve tantos problemas, que é razoável supor que carregue consigo o germe da solução correta. Para nós, o importante é compreender que essa solução para os problemas da cosmologia não precisa ter qualquer relação com a noção de unificação, a versão científica da unidade de todas as coisas.

Aprendemos que é possível resolver muitos dos desafios do modelo do Big Bang usando um campo escalar hipotético, cuja origem permanece um mistério. Os Unificadores argumentariam que esse campo certamente deve ser parte de uma teoria de unificação ainda desconhecida. Afinal, teorias de supercordas, com sua pluralidade de campos, são perfeitamente capazes de produzir um ou mais campos escalares com as propriedades necessárias para a teoria inflacionária. Ou, talvez, as teorias de grande unificação funcionam, só não sabemos ainda como. Por outro lado, não temos qualquer evidência a favor de teorias de grande unificação, mesmo que sua primeira versão tenha sido proposta há mais de 35 anos. O mesmo ocorre com teorias de supercordas. Aliás, a situação ali é ainda pior, pois não sabemos nem como procurar por evidências que sejam claramente devidas à existência de supercordas, excluindo alguns raros exemplos. A inflação que fez com que uma região do cosmo crescesse para se tornar no Universo visível, pode ou não ter sido devida a um campo escalar. A menos que possamos detectar fósseis dessa era, e existem algumas possibilidades, nunca saberemos ao certo. Para complicar, mesmo se, um dia, obtivermos algum sinal experimental, não é óbvio que será suficiente para distinguirmos dentre os vários modelos plausíveis. Claro, devemos continuar tentando, e certamente obteremos muitos resultados interessantes. Porém, devemos também manter em mente que, muito possivelmente, permaneceremos permanentemente cegos com relação aos detalhes do nascimento cósmico. Talvez o Universo esteja nos dizendo algo sobre nossos sonhos de uma Teoria Final. Talvez a verdade seja bem mais simples e mundana, que vivemos num cosmo imperfeito, muito diferente das nossas expectativas de simetria e beleza. Talvez tudo venha mesmo de uma pequena região excêntrica do cosmo.

24
O cosmo às escuras

Revisitando o passado, podemos ver o quanto a nossa visão do Universo mudou nas últimas centenas de anos. Para Cabral, em 1500, a Terra era fixa no centro de tudo. O limite do cosmo, a fronteira mais distante, era a esfera das estrelas fixas, supostamente feita de um material cristalino. Deus reinava supremo sobre todos, uma presença constante na vida das pessoas. Na época de Tiradentes, na segunda metade do século XVIII, já era claro que o Sol era o centro do cosmo. Em 1781, o astrônomo William Herschel descobriu Urano e o número de planetas no sistema solar aumentou de seis para sete. Netuno ainda era desconhecido. Para muitos filósofos e pensadores da época, Deus era o criador do cosmo e das leis que regiam o seu comportamento, mas não interferia mais nos afazeres dos homens. Einstein, em 1917, usou a sua nova teoria da gravitação para propor o primeiro modelo cosmológico da era moderna. Na ausência de dados, usou a navalha de Occam e sugeriu um Universo esférico e estático. Mudou de ideia apenas em 1931, após saber da recessão das galáxias descoberta por Edwin Hubble, que indicava que o cosmo era uma entidade dinâmica e não estática. A essa altura, para Einstein e muitos outros, Deus era uma abstração, uma metáfora da ordem matemática da Natureza, acessível à razão humana através da ciência. O primeiro pouso lunar ocorreu num cosmo em expansão, com uma idade estimada entre alguns bilhões e vinte bilhões de anos. A composição química da matéria limitava-se aos 94 elementos da Tabela Periódica que ocorrem naturalmente, e mais os fótons e os neutrinos, ambas partículas que, na época, acreditava-se eram sem massa. Nas quatro décadas desde a caminhada épica de Neil Armstrong na Lua, nossa visão cósmica mudou radicalmente.

Já na década de 1930, havia indicações de que uma boa parte da matéria cósmica é invisível. Sua presença é inferida a partir da atração gravitacional que exerce sobre estrelas e galáxias, objetos que podemos ver com nossos telescópios. Da mesma forma que a força gravitacional do Sol faz com que os planetas girem a sua volta, as galáxias têm movimentos que só podem ser explicados se houver algum tipo de matéria invisível nos seus arredores.*

No início da década de 1970, os astrônomos Vera Rubin e W. K. Ford demonstraram que mesmo no movimento de rotação de galáxias individuais é possível detectar o efeito causado por essa matéria invisível: as galáxias giram mais rapidamente do que o esperado, como se estivessem envoltas em um véu de matéria.

A existência de matéria invisível não deveria, por si só, ser motivo de grande surpresa. Nós, por exemplo, somos matéria invisível: mesmo aqueles que são "brilhantes" não brilham de verdade. Num campo escuro, ninguém veria uma pessoa a olho nu. O mesmo ocorre com planetas e luas, pois não produzem sua própria luz, apenas refletindo aquela proveniente da sua estrela.[16] Por isso, os primeiros candidatos para explicar o movimento peculiar das galáxias foram estrelas de massa baixa, incapazes de iniciar o processo de fusão nuclear que geraria o seu brilho, ou grandes nuvens de hidrogênio salpicadas com alguns dos elementos químicos. Neutrinos também poderiam contribuir para a matéria invisível, já que tendem a se concentrar em torno das galáxias. Apesar disso, para a surpresa de muitos e o entusiasmo de outros, logo ficou claro que as coisas não eram assim tão simples.

A matéria invisível é conhecida como *matéria escura*. A surpresa não era a sua existência, mas a sua composição: a matéria escura não pode ser composta de matéria comum, ou seja, de estrelas ou planetas, ou de qualquer coisa feita de átomos. Simplesmente, não existe matéria em abundância suficiente para explicar a rotação anômala das galáxias, ou o seu comportamento quando em grupos, conhecidos como *aglomera-*

---

* Note que os planetas também exercem uma atração gravitacional sobre o Sol: a força gravitacional age em ambas as direções, como determina a terceira lei de Newton, que afirma que para cada ação existe uma reação de intensidade igual em sentido oposto. Entretanto, devido à massa do Sol, que é muito maior do que a de todos os planetas combinados, a nossa estrela mal se move devido à força que os planetas exercem sobre ela.

dos de galáxias. Se a matéria escura não é feita de elétrons e prótons, do *quê é*? Alguns físicos tentaram explicar esse dilema como sendo uma falha da teoria da gravidade, e não algum tipo novo de matéria. Talvez, imaginaram, a teoria da relatividade geral de Einstein e mesmo a teoria de Newton sofram modificações a grandes distâncias. Nesse caso, poderíamos manter a matéria comum e ter uma nova teoria da gravidade, que explicasse as observações. Muitas ideias foram propostas, sem que nenhuma seja convincente. Uma nova teoria da gravidade necessita de uma base conceitual sólida, que esses modelos não oferecem. Ademais, existe um efeito observacional causado pela matéria escura que não pode ser explicado por nenhuma modificação da gravidade proposta até o momento.

Como vimos, de acordo com a teoria da relatividade geral de Einstein, a matéria encurva o espaço. Portanto, se a luz de uma fonte distante passar através de uma região do espaço com curvatura pronunciada, sofrerá distorções semelhantes às que ocorrem quando a luz passa por uma lente. Esse fenômeno, conhecido como *lente gravitacional*, é uma belíssima consequência da teoria de Einstein. A distorção na propagação da luz pode ser associada diretamente à distribuição de massa no local por onde ela passa. Analisando a propagação da luz vinda de uma fonte distante ao passar por aglomerados de galáxias, astrônomos podem determinar a distribuição *total* de matéria nos aglomerados, tanto a luminosa quanto a escura. As observações não deixam dúvidas de que a quantidade total de matéria em aglomerados de galáxias é muito maior do que a matéria visível.[17] A estimativa atual da razão entre matéria luminosa e matéria escura é em torno de 1:6. Ou seja, existe aproximadamente seis vezes mais matéria escura do que matéria luminosa no Universo! O problema é que ninguém sabe do que esta matéria é feita.

Nas últimas três décadas, vários tipos de matéria exótica foram propostos para explicar a presença de matéria escura no Universo. Dentre eles, encontramos miniburacos negros, estrelas feitas de estados exóticos da matéria, ou, como eu e alguns colegas sugeriram, estrelas feitas de campos escalares, conhecidas como estrelas de bósons. Todos esses são exemplos de objetos astronômicos que, se existissem, poderiam constituir a matéria escura ou, pelo menos, uma fração dela. Até agora não temos qualquer indicação de que esses objetos existam, ou de que existam em números relevantes. Os candidatos mais populares não são astronômicos e sim subatômicos, partículas exóticas que só interagem com a matéria comum através da gravidade. (Portanto, não têm carga elétrica, como elétrons e prótons, e também não interagem através das forças nucleares forte e fraca. Ou, se interagem, o fazem muito fracamente.) Alguns extensões do Modelo Padrão preveem que essas partículas existam, embora até o momento nenhuma tenha sido detectada. Se a matéria escura é mesmo feita de partículas subatômicas, deveriam estar atravessando a Terra e mesmo os nossos corpos em números elevados. Nesse caso, com detectores adequados, poderiam ser encontradas. Dezenas de grupos no mundo inteiro estão à caça de partículas de matéria escura. Enquanto nenhuma for detectada, o tema vai inspirando vários livros de ficção, como a excelente trilogia de Philip Pullman, *Fronteiras do universo*.

A evidência observacional a favor da existência de algum tipo de matéria escura indica que a maior parte da matéria no Universo tem uma natureza completamente diferente da que compõe os nossos corpos. A expectativa da comunidade científica é de que dentro de uma ou duas décadas a composição da matéria escura seja finalmente revelada. Fico na torcida. Seja o que for, devemos nossa existência a ela. Sem ela, as primeiras estrelas e galáxias não teriam se formado durante a aurora da história cósmica. E, sem elas, não estaríamos aqui.

Existe uma ligação profunda entre a origem das galáxias, a matéria escura e a inflação. Como é o caso com qualquer campo, o que gerou a inflação também exibia pequenas flutuações quânticas. Portanto, podemos imaginar o campo escalar como uma espécie de gelatina, vibrando devido a incertezas inerentes ao mundo subatômico. Consequentemente, o seu valor em diferentes pontos do espaço flutuava em torno de um valor médio, como ondas na superfície de um lago. Durante a drástica expansão espacial da inflação cósmica, essas pequenas flutuações foram enormemente amplificadas, atingindo valores astronômicos em regiões diferentes do Universo: as marolas viraram ondas de maremoto. Como o campo carrega energia consigo, essas regiões do espaço, densas com o campo escalar, teriam um excesso de energia. Este excesso, por sua vez, atrairia as partículas de matéria escura, que se aglomerariam em torno delas em nuvens densas. De sua parte, a massa dessas nuvens de matéria escura, agindo conjuntamente com o campo escalar, encurvaria o espaço a sua volta. Como água da chuva, que flui na direção das depressões no chão para formar poças, a matéria comum, os prótons e os elétrons, seria coletada e condensada nessas regiões curvas, formando as primeiras estrelas e galáxias. Após queimar furiosamente por alguns milhões de anos, essas primeiras estrelas explodiram violentamente, provocando o nascimento de outras estrelas. Um bilhão de anos dentro desse épico de criação e destruição, uma nebulosa entrou em colapso, formando o nosso sistema solar. Podemos ser feitos de prótons e elétrons, mas nossa origem pode ser remontada diretamente à matéria escura e às flutuações quânticas que ocorreram durante a inflação.

Se tivesse escrito este livro há quinze anos, esta parte sobre cosmologia terminaria aqui. Porém, como que para provar mais uma vez a fluidez de nossa visão cósmica, tudo mudou no final da década de 1990. A grande surpresa? A matéria escura, exótica que é, não é a escuridão mais misteriosa que permeia o Universo. Tampouco é a mais importante.

25
O domínio da escuridão

Em 1998, uma nova descoberta sacudiu a comunidade astronômica. Duas equipes de observadores, uma liderada por Saul Permutter do Laboratório Lawrence Livermore, na Universidade da Califórnia, em Berkeley, e outra liderada por Adam Riess, então no Observatório de Monte Stromlo, na Austrália, focaram seus telescópios em supernovas localizadas em galáxias a bilhões de anos-luz de distância. Seu objetivo era usar a intensa luminosidade das supernovas — estrelas que explodem com enorme violência — para medir a distância até as galáxias. Os resultados foram completamente inesperados, indicando que o Universo está em expansão *acelerada*. Mais uma vez, tal como na inflação, algum tipo de pressão negativa está esticando a geometria do espaço mais rapidamente do que a velocidade da luz, carregando as galáxias consigo. Aumentando ainda mais o mistério, a aceleração parece ter começado em torno de cinco bilhões de anos atrás, quando o Sol e a Terra estavam para nascer.

Como tinha de ser, as observações foram inicialmente vistas com enorme ceticismo. Devo confessar que suspeitava que o efeito fosse apenas um erro observacional. Afinal, a história da ciência é repleta de alarmes falsos, grandes "descobertas" que não passam de erros (premeditados ou não), como, por exemplo, a fusão nuclear a baixas temperaturas. Um cosmo em expansão acelerada é bizarro demais, estranho demais, para ser real. Será que a Natureza é não só sutil como também maliciosa? Porém, passada uma década, a aceleração cósmica continua conosco, confirmada por intermédio de outras observações, que incluem seus efeitos na radiação cósmica de fundo. Sua causa é atribuída à presença de *energia escura*. A palavra "energia" a diferencia propositadamente da matéria escura, que é composta de objetos localizados, sejam eles partículas subatômicas ou corpos celestes exóticos. A energia escura está por toda a parte, presente em todo o espaço, uma entidade sem forma e de baixíssima densidade, uma nova espécie de éter. Nós passamos através dela como se não existisse, o sistema solar e a Via Láctea também, como se a energia escura fosse um fantasma. Porém, seus efeitos são perfeitamente naturais (e não sobrenaturais), ativos a grandes distâncias, influenciando o comportamento do Universo como um todo; sua presença afeta a expansão do Universo, mas não os objetos que existem nele.

Uma vez que aceitamos a existência da energia escura, uma miríade de questões emerge: qual a natureza dessa energia escura que causa a aceleração cósmica? O que determina o seu valor? Por que começou a agir em um determinado momento do passado? Não sabemos. Inspirados pelo outro período de expansão acelerada que supostamente ocorreu durante a história cósmica, alguns físicos afirmaram que a energia escura é uma espécie de campo escalar que, como o campo de Higgs, permeia todo o espaço. Em uma homenagem a Aristóteles, o campo ficou conhecido como *quintessência*, ou a quinta essência (um outro nome do éter dos gregos).* Outros afirmam que a energia escura resulta da agitação quântica que persiste mesmo no espaço vazio, as flutuações de energia a partir do "nada" (ou do vácuo), capazes de criar e destruir partículas continuamente, como previsto pela aplicação da teoria quântica aos campos que descrevem as partículas de matéria e as suas interações. Se esta explicação for a correta, e é bem possível que seja, fenômenos físicos nas menores escalas de distância afetam o próprio destino do Universo, uma belíssima expressão do casamento da física do muito pequeno com a do muito grande. Claro, tal como com a matéria escura, devemos também considerar a possibilidade de que o efeito seja apenas devido a limitações da teoria atual da gravitação, a teoria da relatividade geral de Einstein, e que, portanto, possa vir a ser explicado por

---

* Imagino que, no caso, as outras quatro essências sejam as quatro interações fundamentais: a gravidade, o eletromagnetismo, e as forças nucleares forte e fraca. O nome não é dos melhores, pois o campo escalar supostamente responsável pela aceleração cósmica não é uma força. Ademais, se forças são essências materiais, e a matéria? Talvez as outras quatro essências sejam os quatro tipos de matéria que preenchem o cosmo: a matéria escura, os fótons, os prótons e nêutrons (conhecidos coletivamente como bárions, como veremos na Parte III), e os elétrons e neutrinos (conhecidos coletivamente como léptons).

uma nova teoria. No momento, pouco podemos afirmar, se bem que as observações atuais favorecem a explicação baseada nas flutuações quânticas do vácuo. O que sabemos é que a energia escura toma em torno de 73% da energia total do Universo. O resto é composto de matéria escura (com 23%) e dos nossos humildes prótons e elétrons (com apenas 4%). Sendo assim, chegamos à revelação mais chocante da cosmologia moderna, que 96% da composição material do cosmo é desconhecida! Quanto mais aprendemos, mais temos para aprender.

Sendo um otimista, acredito que as trevas em que nos encontramos no presente sejam um prelúdio para uma nova era de grandes descobertas. Com o tempo conseguiremos resolver os mistérios da matéria e da energia escura. Talvez isso demore um pouco, especialmente no que tange à energia escura. O físico Leonard Susskind, da Universidade de Stanford, revelou recentemente a sua ansiedade (e a de muitos): "Nossas teorias cosmológicas poderão estar erradas por milhares de anos. Profundamente erradas."[18] Eu diria que estivemos *sempre* "errados", e que assim continuaremos indefinidamente. Não existe uma resposta final "certa", o fim do túnel, por assim dizer; apenas uma sequência de descrições cada vez mais precisas do Universo em que vivemos. Cada geração descreverá o cosmo ao seu modo, baseada no que pode medir e teorizar, muitas vezes contrariando radicalmente a visão de seus antecessores. Sem dúvida, cosmólogos do futuro verão nossas teorias atuais, imersas em misteriosos materiais escuros, com o mesmo senso de curiosidade histórica com que vemos o cosmo geocêntrico da época de Cabral. Espero que não se achem muito superiores a nós, apenas mais bem equipados com instrumentos e teorias. Se forem sábios, serão gratos pelos nossos esforços, mesmo que os julguem ingênuos e limitados.

As descobertas das últimas décadas confirmaram, mais uma vez, que nossa visão do cosmo está em permanente estado de fluxo. A esta altura, deveríamos já ter aprendido que é inútil nos prendermos à nossa descrição atual do Universo. Não há dúvida de que ela irá mudar. Novas tecnologias nos forçarão a olhar de modo diferente para o mundo. Nossa visão cósmica é um reflexo de quem somos. E "quem somos", isto é, o modo como nos olhamos dentro do contexto em que vivemos, depende intimamente dos instrumentos com que exploramos a realidade, seja ela externa ou interna a nós. Mesmo que o progresso da ciência leve a uma visão universal e imparcial do cosmo, em princípio livre de subjetividade e numa língua acessível a todos, o Universo será sempre uma construção humana. O Universo é o que vemos dele.

Por ora, vivemos num Universo em expansão acelerada, com seus três componentes materiais contribuindo na dose certa para produzir uma geometria plana. Esse equilíbrio é frágil, como uma agulha em pé por si mesma. Para explicar algumas das propriedades do cosmo, como a sua homogeneidade, supomos que, numa era distante, tenha havido um período de expansão acelerada. Na sua versão mais simples, a inflação cosmológica necessita apenas de uma região do Universo primordial onde a energia era dominada por um campo escalar. Basta isso e essa pequena região infla para tornar-se maior do que a porção visível do Universo. A motivação original da teoria — que o campo escalar responsável pela inflação era o mesmo que unificava três das quatro forças fundamentais — não funcionou. Não existe, ao menos no momento, qualquer correlação entre inflação e unificação. Inúmeros modelos foram propostos para explicar a origem do campo escalar, inclusive alguns baseados em teorias de supercordas. Infelizmente, mesmo estes perderam o seu apelo na vastidão da "paisagem", o conjunto absurdamente grande de possíveis soluções para a teoria, cada uma relacionada com um universo diverso. Em números tão elevados, tudo é possível, inclusive o nosso raro Universo, essa bolha improvável que emergiu do multiverso quântico dotada da quantidade certa de matéria escura e de energia escura e que foi capaz de desenvolver estruturas materiais gradualmente mais complexas que acabaram levando à formação de galáxias e estrelas.

Alguns de meus colegas protestam veementemente contra esse tipo de explicação probabilística. Ecoando o pensamento de Einstein, acreditam que exista uma ordem fundamental, uma explicação determinística por trás de tudo o que existe. Durante os vários anos que trabalhei em unificação, lutei muito contra o sentimento de impotência que sentimos quando encaramos a possibilidade de que nem tudo é compreensível pela mente humana. Porém, acredito que chega um momento em que temos que aprender a aceitar nossas limitações, conforme fizemos com a mecânica quântica. Do mesmo modo que a indeterminação quântica limita a nossa compreensão do mundo dos átomos e das partículas subatômicas, o nosso conhecimento limitado da realidade física proíbe a construção de uma Teoria Final. Mesmo a noção de que essa teoria possa existir é absurda, pois implicitamente supõe que nos é possível conhecer tudo o que existe e que, com esse conhecimento, poderemos construir uma teoria de unificação. Mas unificar o quê? Como jamais teremos um conhecimento completo da realidade física, sempre existirá um elemento de incerteza no nosso conhecimento da Natureza, além de onde podemos "enxergar". Vivemos envoltos numa escuridão perene. Não existe uma unificação final a ser obtida, apenas modelos que descrevem, de forma gradualmente mais precisa, o que podemos medir do mundo. Ao aprimorarmos os nossos instrumentos e, com eles, aprendermos mais sobre o mundo, aumentamos também a nossa ignorância: quanto mais longe enxergamos, mais existe para enxergar. Consequentemente, é impossível contemplar um momento no futuro quando conheceremos tudo o que existe para ser conhecido. A incerteza do conhecimento é tão permanente quanto a incerteza do mundo quântico. Mesmo que isso seja difícil de ser aceito, esta incerteza representa uma limitação fundamental do conhecimento humano. Apenas a nossa vaidade intelectual nos impede de aceitar esse fato e seguir adiante. O brilho da ciência, a sua mágica, não diminuirá se uma Teoria Final não existir.

Mesmo se, um dia, as teorias de supercordas sejam aceitas como uma descrição válida do mundo das partículas e da gravitação, não serão a última palavra no assunto. Nossas explicações dos mecanismos naturais nunca são finais — apenas tornam-se mais eficazes à medida que descrevemos dados cada vez mais precisos. São narrativas que construímos a partir da nossa fantástica capacidade de inventar instrumentos e de interpretar o que medimos com eles. Dadas as descobertas das últimas décadas, basta abrir os olhos para ver que estamos avançando numa nova direção, criando uma nova visão de mundo, em que a ênfase deixa de ser no cosmo e passa a ser em nós, humanos: o mistério não é que um Universo especial gerou criaturas mundanas, e sim que um Universo *mundano* gerou criaturas especiais.

O que estamos aprendendo é que não existe um grande plano cósmico, uma explicação-mãe para o que ocorre no nosso Universo. Nosso cosmo está aqui como poderia não estar, uma bolha que emergiu acidentalmente com os ingredientes certos para sobreviver ao seu próprio colapso e para promover, através das interações entre os seus componentes, uma complexificação gradual da matéria que acabou levando aos seres vivos. A ordem que tanto buscamos na Natureza não passa de um reflexo da ordem que tanto buscamos nas nossas vidas. O mundo só é belo porque somos nós que o olhamos.

PARTE III
A assimetria da matéria

26
Simetria e beleza

Pergunte a qualquer físico sobre simetria e a resposta será, na maioria dos casos, uma variação em torno do seguinte: "A Natureza é simétrica. Através da matemática, podemos revelar essas simetrias. Nossas teorias e equações são uma expressão da ordem inerente em todas as coisas. Simetria é beleza e beleza é sinônimo de verdade." Um Unificador acrescentaria que "existe uma simetria-mãe que engloba os fenômenos naturais ao seu nível mais fundamental: as partículas elementares da matéria e as suas interações são uma manifestação dessa simetria, expressa através da teoria unificada de campos. Quando for encontrada, esta teoria revelará os aspectos mais profundos da Natureza".

Não há dúvida de que adoramos simetria. Basta olhar em torno para confirmar que vivemos cercados de objetos simétricos: computadores, cadeiras, carros, pratos. Quando olhamos para alguém, instintivamente esperamos ver simetria: uma pessoa com um olho dois centímetros abaixo do outro seria considerada grotesca. Mesmo antes do surgimento das religiões monoteístas, nas culturas do mundo inteiro ordem e simetria eram já relacionadas com o divino. Na iconografia religiosa, deuses e anjos são sempre belos, suas faces perfeitamente simétricas, enquanto demônios são sempre horrendos, suas faces com traços exagerados e distorcidos. Mesmo no nosso dia a dia, um inofensivo sinal na pele, se grande o suficiente, tira o equilíbrio de um rosto, tornando-o "feio". Para os adolescentes, uma espinha pode causar surtos de desespero. Verrugas então, nem se fala.

Os canhotos, uma minoria de aproximadamente 10% da população, são considerados mais instáveis emocionalmente, sujeitos a crises nervosas e doenças mentais. A discriminação é geral. No Dicionário Aurélio, a segunda definição de canhoto é "inábil, desajeitado". Em italiano, por exemplo, a esquerda é "la sinistra", enquanto a direita é "la destra", o mesmo radical de destreza. No primário, tive uma professora, que, aliás, era a cara da bruxa malvada do oeste do filme *O mágico de Oz* (era até meio esverdeada), que me aterrorizou durante anos, insistindo que eu tinha que escrever com a mão direita: "Sua letra é horrível, Marcelo, anormal!" Devo dizer que, apesar da implicância dela, escrevo até hoje com a mão esquerda. (Mas que minha caligrafia é péssima, isto ela é.)

Através dos tempos, pessoas com deformidades físicas pronunciadas e animais com anomalias monstruosas eram considerados mensageiros do mal, muitas vezes torturados e aprisionados, exibidos nas cortes e nas feiras públicas como atrações, como desastres da Natureza, criaturas com um pé no mundo e outro no inferno. Na Idade Média, o nascimento de um bezerro com duas cabeças ou de gêmeos siameses, por exemplo, eram vistos como mau agouro. Se o evento ocorresse perto do fim do século era pior ainda, um sinal do apocalipse, do fim dos tempos conforme previsto nas Revelações de João, o último livro do Novo Testamento.

Milhões de anos de evolução nos programaram para procurar pelo belo, pelo bem proporcionado e harmônico. Mulheres com a proporção da cintura para o quadril de aproximadamente 70% tendem a ser as mais férteis, devido a um equilíbrio ideal de progesterona. As pequenas estatuetas conhecidas como Vênus do Paleolítico, esculpidas por volta de 28 mil anos atrás, as modelos gordinhas de Rubens, um dos grandes pintores da Renascença, e até mesmo a modelo magrela Twiggy, famosa na década de 1960, todas respeitam essa proporção e, na sua época, eram símbolos de beleza, altamente desejáveis.

Desde muito cedo na história da humanidade, ordem foi equacionada com segurança e simetria com o previsível e o confiável. Um caçador numa floresta precisa estar atento aos padrões espaciais a sua volta. Sua sobrevivência depende disso. Uma distorção dos padrões poderia significar a presença de um animal predador ou de um membro de uma tribo inimiga. Já o movimento periódico dos objetos celestes — do Sol, da Lua, dos planetas e das estrelas — ou o retorno das estações do ano, são fenômenos que ocorrem regularmente no tempo. As exceções a essa regularidade, como a aparição de um cometa, a ocorrência de um eclipse total do Sol, a queda de um meteorito e outras interrupções dos ciclos regulares dos céus, eram temidas por todos, interpretadas como mensagens negativas dos deuses, prestes a punir os mortais com grandes calamidades.

Na arte e na música, o moderno é, em geral, assimétrico. No início do século XX, pinturas consideradas revolucionárias, que rompiam com a arte clássica, quebravam explicitamente a ordem nos padrões da Natureza e na simetria da face e do corpo humano. Ainda hoje as mulheres cubistas de Picasso são consideradas "grotescas". Na música, o estilo atonal criou um novo tipo de composição que abandonava a velha estética da harmonia melódica. As obras de Arnold Schoenberg e de Alban Berg, por exemplo, são consideradas bizarras e, por muitos, insuportáveis. Por exemplo, a estréia da composição de Berg, *Cinco canções inspiradas nos textos de cartões-postais de Peter Altenberg*, que se deu em Viena em 1913 com Schoenberg como maestro, foi interrompida pelos protestos violentos da platéia. Outro compositor da época, Igor Stravinsky, também foi alvo de severas críticas por pecados bem menores.

A assimetria incomoda. Ela expõe medos profundos, alguns esquecidos há muito, suas raízes estendendo-se às origens da fé monoteísta. Um mundo assimétrico não pode ser obra de um Deus perfeito. O que Platão e Kepler diriam de um mundo que não reflete em sua estrutura as simetrias perfeitas da geometria? Que Deus geômetra seria esse? Se o mundo é assimétrico, Deus não pode estar presente. E se Deus não existe, estamos sós, sem uma força superior para nos ajudar a enfrentar nossos problemas, a lidar com nossos predadores e inimigos, como nossas escolhas e nossa dor. Um mundo assimétrico é atemorizante pois nos força a ser responsáveis pelos nossos atos.

Por volta de 580 a.C., o filósofo pré-socrático Anaximandro propôs o que é considerado o primeiro modelo mecânico do cosmo: a Terra no centro, e o Sol, a Lua e as estrelas presos a rodas circulares que giram a sua volta. Como vimos, o círculo dominou a astronomia até 1609, quando Kepler mostrou que a órbita de Marte é elíptica. A transição, mesmo para Kepler, não foi fácil. Durante anos, lutou contra si mesmo, tentando de alguma forma resgatar o círculo nos movimentos celestes. Kepler foi forçado a abandonar o círculo devido à precisão fenomenal dos dados de Tycho Brahe, nos quais confiava completamente. Mesmo assim, morreu convencido de que a perfeição geométrica do cosmo, refletindo a perfeição da mente de Deus, seria um dia revelada em toda a sua glória no código oculto da Natureza. Para achar esse tesouro, tínhamos apenas que cavar mais fundo.

Não é fácil para um cientista abandonar a simetria nos seus estudos dos fenômenos naturais e dos objetos do mundo. Existem pelo menos duas excelentes razões para isso. A primeira é que a simetria é uma ferramenta extremamente poderosa para descrever a Natureza. Da cosmologia à física de partículas, muito do que aprendemos depende, de alguma forma, da manifestação de tipos diversos de simetrias. Por exemplo, a estrutura cristalina dos sólidos, do sal de cozinha aos diamantes, é crítica para o estudo das suas propriedades. Sistemas que exibem simetrias são muito mais fáceis de ser analisados matematicamente; equações simétricas têm soluções mais simples. Às vezes, ao impormos um tipo especial de simetria num sistema físico, fazemos previsões que são confirmadas espetacularmente por experimentos. (Mais adiante veremos alguns exemplos disso.) É como se o pensamento humano pudesse antever os mecanismos da Natureza, apreender a estética que existe na ordem natural das coisas. Isso é particularmente verdade na química e na física de partículas. Impondo certos tipos de simetria nas teorias que descrevem como as partículas de matéria interagem entre si, físicos foram capazes de prever a existência de *novas* partículas, que ainda não eram conhecidas.

A outra razão para o nosso amor pela simetria é a sua beleza. É bem verdade que beleza não é fácil de ser definida, mesmo dentro de um contexto científico. Em geral, uma teoria considerada bela combina simplicidade e poder explanatório: baseada num número mínimo de suposições, é capaz de explicar uma grande variedade de fenômenos naturais. Uma teoria bela é, também, mais próxima de uma teoria perfeita: se uma das peças é removida, o edifício inteiro despenca. Como Weinberg escreveu em *Sonhos de uma teoria final*:

> A beleza que encontramos em teorias como a relatividade geral ou o Modelo Padrão [das partículas elementares] é como a beleza conferida a algumas obras de arte, que são ditas belas pelo senso de inevitabilidade que têm — o senso de que não é possível mudar sequer uma nota ou uma pincelada ou uma linha.[1]

É *muito* importante que o leitor compreenda que este livro *não* é um manifesto contra a simetria. Isso seria tanto tolo quanto errado. A simetria é, e continuará a ser, um ingrediente fundamental de nossas teorias. Ela simplifica as coisas e, ao menos no senso definido acima, nossas teorias físicas são belas também. Muitas estruturas na Natureza *são* simétricas. Basta olharmos para um girassol, uma formiga ou um cristal de quartzo para apreciarmos isso. O problema começa quando a noção de simetria é exagerada e entronizada como dogma. A simetria é bela mas, discordando do poeta John Keats, a beleza não é sinônimo de verdade. Ademais, sr. Keats, a verdade também não é necessariamente bela.

Vimos como o nosso Universo aparenta ser produto de uma flutuação aleatória que ocorreu no vácuo quântico em torno de 14 bilhões de anos atrás. Vimos também como estamos cercados por materiais escuros de natureza ainda misteriosa, e como estes materiais estão associados com o nascimento das galáxias e com o destino do Universo. Não sabemos ainda que materiais são esses ou por que aparecem na proporção que medimos. A energia escura, esse meio difuso que permeia todo o espaço, é particularmente bizarra e inesperada. Porém, querendo ou não, este é o nosso Universo, diferente do que era há 50 anos e do que será 50 anos no futuro. Certamente existe muita beleza nele. Mas é um tipo inesperado de beleza, vinda do devir e não do ser, de transformações e mudanças e não do equilíbrio, de imperfeições e não da perfeição. É necessária uma nova estética para a ciência, um novo tipo de beleza que substitua as antiquadas qualidades de ordem e simetria inspiradas na fé monoteísta. Essa nova estética tem um princípio básico: que a Natureza cria a partir do desequilíbrio.

27
Discurso breve sobre a simetria

O rosto humano, carros, cálices, bolas, CDs, todos exibem algum tipo de simetria. Cada uma dessas simetrias, todas *simetrias espaciais*, pode ser descrita matematicamente. Por serem simetrias espaciais, estão necessariamente relacionadas com a percepção espacial, isto é, com medidas de distância e suas proporções. Para entendermos o conceito de simetria, precisamos de dois ingredientes: primeiro, precisamos especificar qual a operação de simetria; segundo, o objeto sobre o qual ela atua. Uma bola, por exemplo, é altamente simétrica: após ser girada em qualquer direção em torno do seu centro, continua idêntica. Nesse caso, a bola é o objeto e a operação de simetria é a rotação da bola em torno do seu centro. A face humana exibe o que chamamos de simetria de reflexão: um lado é idêntico ao outro. Ou quase. A face humana é apenas aproximadamente simétrica; sabemos que os dois lados dos nossos rostos não são exatamente iguais. Algo sempre quebra a perfeição da simetria: uma cicatriz, um sinal, uma ruga, o cabelo repartido num lado. Um exemplo melhor de simetria de reflexão é uma bicicleta novinha, quando vista de frente. A operação de simetria leva um ponto de um lado da bicicleta exatamente ao seu oposto do outro lado. Se o objeto exibe simetria de reflexão, os dois lados serão idênticos.

Platão não acreditava em simetrias perfeitas no mundo real. Para ele, só na mente tal perfeição das formas era possível. Um círculo, por exemplo, só é perfeito enquanto ideia. Nenhuma representação concreta de um círculo, por mais precisa que seja, será tão perfeita quanto a ideia que temos em nossas mentes. Quando aliado ao misticismo matemático dos pitagóricos, o idealismo platônico chega a uma conclusão explosiva: os segredos mais profundos do mundo à nossa volta ocultam-se nas relações matemáticas entre as formas geométricas e os números. Em outras palavras, o código oculto da Natureza é escrito na linguagem das formas perfeitas. A senha para se entrar nesse mundo é "simetria". Essa ideia, ou melhor, ideal, está presente em todos os aspectos das ciências físicas. Todo aluno de química e física começa seus estudos examinando as propriedades de sistemas simétricos: cilindros, círculos, esferas. Quando o objeto que queremos descrever não é exatamente simétrico (por exemplo, uma molécula feita de dois ou mais átomos diferentes, ou um grupo de estrelas girando em torno de si mesmas), o primeiro passo é aproximá-lo como sendo simétrico. O segundo é estudarmos os efeitos de pequenas distorções (ou perturbações) em torno de sua forma simétrica, na esperança de que se assemelhem ao objeto que queremos estudar. Se os efeitos dessas distorções forem pequenos, a aproximação da forma simétrica adicionada de perturbações funciona. Caso contrário, temos que ir além da aproximação, o que, na prática, pode ser bem complicado.*

A física é a arte das aproximações. Apenas um número muito reduzido de problemas tem soluções simples devido ao seu alto nível de simetria. Sabemos resolver problemas que envolvem oscilação (quando elas são de pequena amplitude) e sabemos como usar a mecânica quântica para determinar os níveis de energia do átomo de hidrogênio.[2] Oscilações complexas (e nem tão complexas; mesmo o pêndulo simples não tem solução exata) e átomos com muitos elétrons são tratados (quando possível) através de métodos sofisticados baseados na maior parte em perturbações em torno de soluções simétricas. Claro, os computadores mudaram isso radicalmente. Problemas que, há apenas alguns anos, não podiam ser resolvidos pelos melhores matemáticos, hoje podem ser resolvidos em um laptop por alunos do primeiro ano (como é o caso do pêndulo). Em certas áreas de pesquisa, a destreza analítica, marca dos grandes físicos do passado, se transformou na destreza em programar computadores para resolver problemas complicados. Mesmo que a supermente de Laplace seja uma fantasia, nossos primos de silício vêm expandindo nossas mentes de forma considerável. Em princípio,

* Por exemplo, imagine um balão de festa esférico. Cutucando aqui e ali com pouca força, o balão oscila um pouco e volta à sua forma original. Essas são perturbações estáveis. Já uma cutucada muito forte e o balão estoura. Essa é uma perturbação (drasticamente) instável.

computadores podem resolver as equações de sistemas altamente assimétricos ou que estejam sujeitos a perturbações bem grandes. Na prática, mesmo os computadores (e seus programadores) têm limites. De qualquer forma, graças a eles, sistemas espacialmente assimétricos não representam mais barreiras intransponíveis. A assimetria entrou de vez na dança da ciência.

A seguir faremos referência frequente a simetrias "externas" e "internas". É bom, portanto, distingui-las explicitamente. As simetrias ditas externas se manifestam no espaço e no tempo. Anteriormente, mencionamos objetos que exibem simetrias espaciais, como bolas, bicicletas e CDs. Um quadrado também exibe simetrias espaciais. Se girado por 90 graus em torno de seu centro, permanecerá o mesmo. Este é um exemplo de *simetria rotacional*, um tipo muito comum de simetria espacial. Um quadrado também possui simetria de reflexão: se dividido ao meio, um lado é a imagem exata do outro. Podemos pensar em simetria como sendo uma transformação que não causa transformação: após a operação de simetria, o objeto permanece o mesmo, como se nada houvesse ocorrido.

Na física de partículas, as simetrias são mais sutis. Claro, existem também as simetrias externas, espaciais e temporais. Por exemplo, se um experimento for repetido sob as mesmas condições físicas (temperatura, pressão etc.), dará os mesmos resultados no Brasil ou nos EUA (simetria espacial), ou numa segunda-feira ou num sábado (simetria temporal). Também não é importante se o seu laboratório for orientado na direção sul-norte ou leste-oeste (simetria rotacional), a menos que o magnetismo terrestre afete os resultados. Uma das consequências mais profundas da existência de simetrias de qualquer tipo é a sua relação com leis de conservação. Toda simetria de um sistema físico — sejam bolas rolando num plano inclinado, carros viajando em estradas, planetas girando em torno do Sol, um fóton colidindo com um elétron, ou o Universo em expansão — está relacionada com uma quantidade conservada, isto é, uma quantidade que permanece a mesma no decorrer do tempo. Em particular, as simetrias externas espaciais e temporais estão relacionadas com a conservação de momento e energia, respectivamente: *a energia e o momento total de um sistema que exibe simetria espacial e temporal permanecem constantes.**

As partículas elementares da matéria vivem numa realidade muito diferente da nossa. A propriedade que melhor define o seu mundo é a transformação: partículas podem se transformar umas nas outras, mudando de identidade. Essas transformações podem ocorrer espontaneamente, como, por exemplo, quando um nêutron isolado se transforma num próton, num elétron e num antineutrino (mais adiante explico esse "anti"). Partículas também podem mudar de identidade quando colidem entre si, como é o caso de um próton oriundo do Sol que colide com as moléculas de ar da atmosfera terrestre provocando uma "chuva" de partículas, ou quando experimentos em aceleradores de partículas forçam a colisão entre dois prótons ou entre prótons e núcleos atômicos pesados. O objetivo da física de partículas é obter as regras que controlam essas transformações. Dito de outra forma, após mais de cem anos de pesquisa, ficou claro que as interações e as transformações entre as partículas são determinadas por um conjunto restrito de leis de conservação, cada uma delas relacionada com uma simetria externa (relacionada com o espaço e/ou com o tempo) ou com uma simetria "interna". Enquanto as simetrias externas ditam como a energia e o momento fluem durante as interações entre as partículas, as simetrias internas especificam como as partículas podem mudar de identidade. Uma partícula pode se transformar em várias outras, como se tivesse múltiplas personalidades. Qual delas se manifestará depende das circunstâncias particulares da situação em que se encontra. Por exemplo, vimos que um nêutron isolado pode decair num próton, num elétron e num an-

---

* Para aqueles que não usam esses conceitos cotidianamente, o momento (linear) de um objeto é dado pelo produto de sua massa com sua velocidade. Diferente da energia, que é uma quantidade escalar, ou seja, que independe da direção, o momento de um objeto é um vetor, tendo, portanto, uma direção, a mesma da sua velocidade. A energia pode mudar de natureza (por exemplo, de energia química à mecânica quando ligamos um motor a gasolina), enquanto o momento pode ser trocado entre objetos (por exemplo, durante uma colisão entre dois carros ou entre duas partículas). Porém, num sistema conservativo, o valor total da energia e do momento permanece inalterado, sendo uma *constante do movimento.*

tineutrino. Porém, quando o nêutron se encontra num núcleo atômico estável, isto é, quando interage com outros prótons e nêutrons num ambiente estável, retém a sua personalidade de nêutron e não decai. Um dos grandes triunfos da física de partículas do século XX foi ter descoberto as leis que regem as muitas metamorfoses sofridas pelas partículas e os princípios de simetria relacionados a elas. Uma das grandes surpresas foi a descoberta de que algumas dessas simetrias são violadas, e que essas violações têm consequências profundas não só para a compreensão dos processos que ocorrem no mundo subatômico, mas também para a nossa existência.

28
Quando a energia flui, a matéria dança

A história da física de partículas é cheia de revelações e surpresas. A primeira contrariou o que se acreditava desde a época dos gregos Leucipo e Demócrito, que viveram por volta de 400 a.C.: átomos não são indivisíveis, mas feitos de pedacinhos ainda menores de matéria. Em 1897, o físico inglês J. J. Thomson anunciou a descoberta da primeira partícula subatômica, o elétron. Thomson mostrou que elementos químicos diferentes contêm elétrons, que todos esses elétrons têm a mesma massa e carga elétrica negativa, e que são muito mais leves do que o mais leve dos elementos químicos, o hidrogênio. Com isso, conjecturou que os elétrons são constituintes de todos os átomos. Sendo esse o caso, surge uma questão. Se os elementos químicos são todos compostos de elétrons, como podem ter propriedades tão diferentes?

Na época de Thomson, já se sabia que cada elemento químico tinha um peso próprio. Três décadas antes de o elétron ser descoberto, em 1869, o russo Dimitri Mendeleiev propôs a sua versão da Tabela Periódica, arranjando os elementos químicos conhecidos então na ordem crescente do seu peso atômico. Mendeleiev mostrou que elementos com propriedades químicas semelhantes (como os metais e os gases nobres) caíam naturalmente em grupos periódicos que ficaram conhecidos como famílias. Sua fé na regularidade da Natureza acabou por torná-lo famoso. Percebendo que existiam "lacunas" na tabela, onde faltavam elementos com propriedades determinadas pelo arranjo periódico — como seu peso atômico e sua afinidade química — Mendeleiev sugeriu que tais elementos existiam e que, quando encontrados, teriam propriedades químicas semelhantes às dos outros integrantes de sua família. Em apenas alguns anos, os elementos germânio, gálio e escândio foram encontrados precisamente com as propriedades que Mendeleiev havia previsto baseado na periodicidade de sua tabela. Esse tipo de raciocínio por periodicidade tem um papel muito importante na nossa descrição das propriedades da matéria.*

A descoberta do elétron iniciou uma verdadeira revolução no estudo do átomo. Em 1918, Ernest Rutherford conjecturou que o núcleo do átomo de hidrogênio fosse feito de apenas uma partícula, o próton, com uma carga elétrica positiva exatamente igual e oposta à carga negativa do elétron, e com uma massa cerca de duas mil vezes maior. De acordo com este modelo, que está correto, átomos são eletricamente neutros e têm a maior parte de sua massa concentrada no núcleo. Em 1932, James Chadwick descobriu o nêutron, o terceiro e último integrante dos átomos. Essas descobertas levaram a uma profunda simplificação das propriedades químicas da matéria: todos os átomos, mais de cem deles, se incluirmos os que ocorrem naturalmente e os que são produzidos artificialmente em laboratórios, são combinações de apenas três partículas de matéria: prótons, nêutrons e elétrons.

A identidade de um elemento químico é determinada pelo número de prótons em seu núcleo. Variações conhecidas como *isótopos* ocorrem devido a possíveis arranjos com diferentes números de nêutrons. Por exemplo, o hidrogênio, tendo apenas um próton no núcleo, existe em três formas: a normal, e como os isótopos raros deutério e trítio. Todas as três têm apenas um próton no núcleo. Mas o deutério tem também um nêutron, e o trítio, dois.

Experimentos realizados durante as décadas de 1920 e 1930 demonstraram de modo incontroverso a natureza alquímica da matéria nuclear: elementos podem transformar-se uns nos outros tanto espontaneamente como através de colisões com outras partículas. As transformações espontâneas são o que chamamos de decaimento radioativo ou *radioatividade*, a emissão de partículas por um núcleo atômico. Quando o isótopo de urânio de ocorrência mais comum, U-238 (92 prótons e 146

---

* Estritamente falando, a ordem encontrada por Mendeleiev não está correta. Os elementos devem ser arranjados de acordo com o seu número atômico — igual ao número de prótons em seus núcleos — e não a sua massa atômica — igual à soma do número de prótons e de nêutrons. Os nêutrons pesam um pouco mais do que os prótons, o que causa problemas na determinação da ordem de alguns elementos.

nêutrons), emite uma partícula alfa (um núcleo do elemento hélio, com dois prótons e dois nêutrons), se transforma num isótopo do elemento tório, Th-234 (90 prótons e 144 nêutrons). Em símbolos, U-238 → Th-234 + partícula alfa. Essas transformações alquímicas naturais conservam tanto energia quanto momento. Conservam, também, carga elétrica: a carga elétrica antes e depois do decaimento permanece igual. (Compare o número de prótons à esquerda da reação com o da direita: 92 = 90 + 2.) A conservação da carga elétrica é um exemplo importante de simetria interna. Qualquer transformação nuclear que viole essas leis de conservação é "proibida", isto é, nunca foi observada. Após décadas de experimentos e um grande acúmulo de evidências, ficou claro que um pequeno número de leis de conservação rege as transformações entre matéria e energia. As leis passaram a ser mais importantes do que a matéria que descrevem.

Quatro anos antes da descoberta do nêutron, Dirac tentou casar a mecânica quântica com a teoria da relatividade especial. Ao orbitar o núcleo atômico, o elétron atingiria velocidades altas o suficiente para que as correções vindas da teoria da relatividade fossem importantes: bastava que suas velocidades chegassem a uma fração razoável da velocidade da luz. Ademais, a teoria de Schrödinger da mecânica quântica não incluía uma propriedade crucial do elétron, sua rotação intrínseca, ou *spin*, que tinha que ser adicionada à mão. Para sua surpresa, quando Dirac tentou resolver as equações de sua nova teoria, encontrou duas soluções. Uma descrevia o elétron, com carga elétrica negativa e spin. E a outra? Inicialmente, Dirac imaginou que descrevia o próton, pois tinha carga positiva. J. Robert Oppenheimer, que mais tarde iria chefiar o Projeto Manhattan onde a primeira bomba atômica foi criada, sugeriu que a solução positiva descrevia um "elétron positivo". A partícula ficou conhecida como *pósitron*. Em 1932, o mesmo ano em que Chadwick descobriu o nêutron, o americano Carl Anderson, aparentemente sem conhecer a teoria de Dirac e a interpretação de Oppenheimer, descobriu o tal "elétron" com carga elétrica positiva. Uma nova partícula elementar entrou na lista dos componentes fundamentais da matéria.

Logo ficou claro que pósitrons não ocorrem naturalmente na Terra: resultam de decaimentos e de colisões entre partículas mais comuns. Sua fonte principal é o Sol, ou melhor, os prótons que o Sol emite como parte da sua produção de energia. Após viajarem por 150 milhões de quilômetros, esses prótons, os componentes principais dos chamados *raios cósmicos*, chegam na parte superior da atmosfera terrestre. Inevitavelmente, muitos deles colidem com as moléculas de nitrogênio e oxigênio que compõem o ar. Essas colisões, por sua vez, produzem números enormes de partículas, que colidem com mais moléculas para produzir mais partículas e assim por diante. O resultado final é uma "chuva" de partículas, conforme mencionamos antes. Dentre elas, encontram-se os pósitrons que Anderson detectou. Essas reações em cadeia iniciadas pelos raios cósmicos são uma das expressões mais dramáticas da famosa equação $E = mc^2$: a enorme energia de movimento (ou *energia cinética*) dos prótons é literalmente transformada em novas partículas de matéria e em fótons. Quando a energia flui, a matéria dança.

Para se criar um pósitron, podemos, por exemplo, começar com um fóton altamente energético, pertencente aos raios gama, que colide com um próton. A energia do fóton é suficiente para dar um grande empurrão no próton e para criar matéria na forma de um par composto de um elétron e um pósitron. Em símbolos, podemos representar a reação do seguinte modo:

$$\text{fóton} + \text{próton} \leftrightarrow \text{elétron} + \text{pósitron} + \text{próton}$$

Vemos aqui a fluidez da matéria em toda a sua glória: radiação sem massa (o fóton) cria partículas com massa (o elétron e o pósitron). Energia eletromagnética vira matéria! A seta nas duas direções indica que o processo pode ocorrer tanto da esquerda para a direita quanto da direita para a esquerda: elétrons e pósitrons, ao colidir, se aniquilam em fótons de raios gama. Matéria via energia eletromagnética!* Vemos também por que, quando estudamos os processos que ocorrem no mundo das partículas subatômicas, as leis de conservação são tão importantes. Na reação acima, a energia é conservada. Se o fóton não tiver energia su-

---

* Quem leu o romance de Dan Brown, *Anjos e demônios*, sabe bem das possíveis consequências potencialmente catastróficas desse tipo de aniquilamento. Mesmo que uma bomba baseada nesse processo seja ficção, a ideia é válida.

ficiente (por exemplo, se pertencer à radiação ultravioleta), o próton sofre um empurrão, mas o par elétron-pósitron não é criado.* A conservação de momento determina a direção em que as partículas criadas viajam. Já a conservação da carga elétrica requer que os dois lados da reação tenham a mesma carga total. Como o lado esquerdo tem uma unidade positiva de carga elétrica (o próton), o lado direito também deve ter a mesma carga. Portanto, se um próton aparece do lado direito, as partículas produzidas desse lado *têm* que ter carga total nula. Isso é precisamente o que ocorre, já que elétrons e pósitrons têm cargas elétricas com a mesma magnitude e sinal oposto. Nunca houve um *único* exemplo de uma reação entre partículas que violasse a conservação de energia ou de carga elétrica. Dentro da precisão dos experimentos atuais, podemos afirmar que essas duas leis são leis da Natureza. Existe uma coreografia por trás das inúmeras transformações que ocorrem entre as partículas de matéria baseada nas leis de conservação. O *pas-de-deux* entre matéria e energia é bem menos aleatório do que aparenta.

* Como elétrons e pósitrons têm a mesma massa, o fóton tem que ter no mínimo energia equivalente a duas vezes a massa do elétron (multiplicada pela velocidade da luz ao quadrado) para criar o par de partículas. Essas energias correspondem à radiação gama.

29
Uma belíssima simetria é violada

O pósitron é a *antipartícula* do elétron, o primeiro exemplo de *antimatéria*. O próprio Dirac percebeu que a sua teoria unindo a mecânica quântica e a teoria da relatividade especial poderia ser usada para descrever também o próton e a sua antipartícula, o antipróton. As equações sempre têm duas soluções: uma representando uma partícula de matéria e a outra, uma de antimatéria. Tal como o pósitron, que tem carga elétrica oposta ao elétron, o antipróton tem carga elétrica oposta ao próton. Indo além, ficou claro que a existência de antimatéria é uma consequência inevitável do casamento da teoria quântica e da relatividade. Existem poucos exemplos tão impressionantes de uma estrutura matemática capaz de prever a existência de objetos que, mais tarde, são encontrados na Natureza. Não é à toa que Dirac afirmava que apenas as equações belas poderiam estar corretas. Certamente, sua equação descrevendo o elétron relativístico ilustrava isso.

O impacto da descoberta de Dirac foi profundo: toda partícula de matéria tem uma companheira de antimatéria, cujas propriedades são, na maioria, idênticas, como a massa e o spin. Se a partícula é estável, sua antipartícula também é. (Como o elétron e o pósitron.) Se for instável, como o nêutron, sua antipartícula também é. A *meia-vida* de uma partícula, o tempo aproximado que uma partícula (ou núcleo) instável leva para decair, é idêntica à da sua antipartícula. Podemos entender agora por que Dirac tentou tanto estabelecer a existência de monopolos magnéticos: queria trazer a teoria eletromagnética à sua simetria perfeita. Imagino que, ao menos em parte, acreditava que só assim a teoria de Maxwell manifestaria toda a sua beleza. Porém, a despeito de seus esforços, assim como os de muitos outros, as coisas não ocorreram conforme o plano. Como sempre, a Natureza é muito mais criativa do que nós.

E, ao que parece, tem também uma preferência muito clara: praticamente não existe antimatéria no Universo. Essa assimetria fundamental é um dos maiores mistérios da física moderna. Segundo a teoria, podemos pensar no mundo da antimatéria como sendo uma duplicata do mundo de matéria. Mas a cópia não é perfeita: por exemplo, as propriedades elétricas e magnéticas das partículas e das suas antipartículas são opostas. Outras propriedades, relacionadas com as interações das partículas e das antipartículas a distâncias subnucleares, também são opostas. De alguma forma, a solução do mistério se esconde por trás dessas diferenças. Mesmo que a matéria e a antimatéria apareçam de forma idêntica nas equações que descrevem as partículas relativísticas, sem qualquer preferência por uma ou outra, a antimatéria é muito rara. As partículas de antimatéria que encontramos são fabricadas durante colisões entre partículas de matéria em raios cósmicos ou em aceleradores de partículas como o LHC. Algumas podem ser geradas em eventos astrofísicos de enorme violência, como quando buracos negros engolem estrelas ou colidem entre si. Por algum motivo, ainda na sua infância, o Universo "escolheu" ter mais matéria do que antimatéria. *Nossa existência se deve a essa imperfeição.* Caso matéria e antimatéria tivessem coexistido em quantidades iguais durante a infância cósmica, teriam se aniquilado em radiação gama de forma tão eficiente que, hoje, o Universo consistiria principalmente em um banho de radiação. A vida, nesse caso, seria impossível.

Antes de explorarmos as raízes dessa assimetria fundamental da Natureza, devemos estabelecer que, de fato, é uma propriedade do cosmo como um todo e não apenas um efeito local. Será que outras regiões do Universo podem ser feitas de antimatéria? Será que existem galáxias feitas de antimatéria?

De acordo com a mecânica quântica, é perfeitamente possível que antiátomos existam e que, portanto, possam existir galáxias compostas de antimatéria. O anti-hidrogênio, por exemplo, já foi produzido no laboratório.* Por outro lado, sabemos que a Lua não é feita de antimatéria; caso fosse, Neil Armstrong e o módulo lunar teriam se desintegrado numa explosão gigantesca durante o pouso. Podemos afirmar o mesmo

* O átomo de anti-hidrogênio consiste em um antipróton no núcleo e um pósitron girando a sua volta. O de anti-hélio, que nunca foi detectado ou produzido, teria dois antiprótons e dois antinêutrons no núcleo e dois pósitrons em órbita.

dos outros planetas e luas do sistema solar que foram explorados por várias sondas. Nossa galáxia também é feita de matéria. Se existisse muita antimatéria, teríamos detectado um excesso de raios gama produzidos nas colisões entre estrelas e "antiestrelas", e da interação entre nuvens de "antipoeira" interestelar e nuvens normais.

Detectores de raios gama modernos estendem os limites do cosmo de matéria até pelo menos 65 milhões de anos-luz de distância, bem além da nossa vizinhança galáctica.* Na verdade, podemos ir além, até os confins do Universo visível. No final da década de 1980, durante meu pós-doutorado no Instituto de Física Teórica da Universidade da Califórnia em Santa Barbara, colaborei com David Cline da UCLA (Universidade da Califórnia em Los Angeles), Floyd Stecker do Centro de Pesquisas Goddard da NASA e com Y. Gao, então aluno de doutorado da UCLA, num projeto que visava responder à seguinte questão: será que poderiam existir enormes regiões de antimatéria no Universo? Em caso afirmativo, na fronteira entre essas regiões e as regiões contendo matéria comum, partículas de antimatéria colidiriam com partículas de matéria, contribuindo para a quantidade de raios gama encontrados nas regiões extragalácticas. Usando um modelo teórico, estimamos qual seria a produção de raios gama na fronteira entre as duas regiões, calculando como a sua intensidade variaria com o tamanho das bolhas de antimatéria e a espessura das regiões de aniquilação. Comparando nossos resultados com as observações, concluímos que, se essas regiões de antimatéria existissem, teriam já sido detectadas. Vivemos num cosmo composto preponderantemente de matéria.

O modelo do Big Bang confirma essa conclusão. O leitor deve lembrar que um dos triunfos do modelo é a previsão da abundância relativa dos núcleos atômicos mais leves, do hidrogênio ao lítio-7 (três prótons e quatro nêutrons). No modelo, esse resultado depende de apenas um parâmetro, a assimetria entre matéria e antimatéria. Especificamente, na época da *nucleossíntese primordial*, em torno de um segundo após o "bang", para cada um bilhão e uma partículas de matéria deveria haver

* Como comparação, a Via Láctea tem um diâmetro aproximado de 100 mil anos-luz. Já Andrômeda, nossa galáxia vizinha, está a 2,5 milhões de anos-luz daqui.

um bilhão de partículas de antimatéria. Esse excesso de uma partícula em um bilhão — responsável pela nossa existência — parece ser menor do que é. Pense que, num grama de matéria, existem em torno de um trilhão de trilhão de átomos.* Esse número é mil trilhões de vezes maior do que um bilhão! Portanto, a assimetria para gerar a matéria que vemos no nosso Universo requer que, numa amostra com um bilhão de antiátomos, existam um bilhão e um átomos; numa amostra com dez bilhões de antiátomos, existam dez bilhões e dez átomos; numa com cem bilhões de antiátomos existam cem bilhões e cem átomos, e assim por diante. Após a aniquilação completa de um grama de antiátomos (ou seja, 10^{24} antiátomos), ainda teremos mil trilhões de átomos (10^{15})!

De volta ao cosmo primordial, caso existissem quantidades comparáveis de matéria e antimatéria, a aniquilação entre as duas teria gerado uma profusão de raios gama. Apenas alguns prótons e antiprótons teriam sobrevivido, muito menos do que o necessário para gerar todas as estruturas que observamos no Universo.[3] O pequeno excesso de matéria na infância cósmica é suficiente para explicar o completo domínio da matéria sobre a antimatéria no Universo de hoje. Isso leva a uma conclusão extremamente importante para nós: a existência de matéria, da qual tudo o que existe é composto, depende de uma imperfeição primordial, a assimetria entre matéria e antimatéria.

Uma vez que a assimetria é estabelecida, o próximo passo é tentar explicá-la. Por que existiam um bilhão e uma partículas de matéria para cada bilhão de partículas de antimatéria? Que processos físicos no Universo primordial foram capazes de causar esse desequilíbrio? Para examinarmos as possíveis respostas a estas perguntas, precisamos antes explorar as simetrias e assimetrias da física de partículas. Elas são a essência do nosso cosmo imperfeito, responsáveis pela nossa existência. Se o leitor conhecer já os quarks, os léptons, os glúons e os três bósons de gauge das interações fracas, pode pular o próximo capítulo. Caso contrário, aperte o cinto e vamos explorar juntos o estranho mundo das partículas subatômicas e das suas interações.

---

* Mais precisamente, em 12 gramas de carbono-12, existem 6×10^{23} átomos, o famoso número de Avogadro.

30
O mundo material

Uma verdadeira revolução na nossa compreensão da matéria ocorreu durante as décadas que se seguiram à Segunda Guerra Mundial. Aceleradores de partículas, máquinas capazes de colidir núcleos contra núcleos, elétrons contra pósitrons, e prótons contra antiprótons a energias cada vez mais altas, revelaram uma estrutura incrivelmente rica e variada, muito diferente da que os patriarcas da era quântica haviam previsto. A dança da matéria parecia ter coreografias imprevisíveis.

Hoje sabemos que existem (ao menos) quatro forças com que as partículas de matéria interagem entre si. Conhecemos bem duas delas do nosso dia a dia: a gravidade e o eletromagnetismo. Essa familiaridade vem do fato de essas duas forças serem de longo alcance: a intensidade de ambas cai com o quadrado da distância. Por exemplo, se a distância entre a Terra e o Sol dobrasse, sua atração gravitacional mútua seria quatro vezes mais fraca. Das quatro forças, a gravidade é a única que é apenas atrativa. Um pedaço de matéria *sempre* exercerá uma atração gravitacional sobre outros pedaços de matéria. Essa atração não pode ser neutralizada contrapondo "cargas gravitacionais positivas" com "cargas gravitacionais negativas", como é o caso da eletricidade. Em outras palavras, não existe "massa negativa". É por isso que, em escalas cósmicas, a gravidade reina suprema; enquanto as outras forças podem ser neutralizadas, a gravidade sempre cresce, átomo por átomo.

As outras duas forças agem apenas em distâncias nucleares e subnucleares. A força nuclear forte é responsável por manter os prótons nos núcleos atômicos, a despeito da sua repulsão elétrica. Como vimos, é também responsável por manter os nêutrons nos núcleos, contribuindo para a sua estabilidade. Durante a década de 1950, experimentos detectaram um tal número de partículas interagindo através da força forte que os físicos começaram a se preocupar: como podemos achar os tijolos fundamentais da matéria se cada vez mais partículas "elementares" continuam a ser descobertas? A própria noção de que existem apenas algumas partículas responsáveis pela estrutura mais básica da matéria deixa de fazer sentido.

Como essa história já foi contada diversas vezes, serei breve.[4] Para simplificar um pouco as coisas, as partículas que interagem através da força forte foram batizadas de *hádrons*, do grego para maçudo. Existem dois tipos de hádrons: os *bárions*, que incluem os prótons e os nêutrons, e os *mésons*, que incluem o méson-pi (ou píon). Na década de 1930, o físico japonês Hideki Yukawa propôs que os píons fossem as partículas responsáveis pela estabilidade do núcleo: prótons e nêutrons interagem trocando píons, um pouco como crianças atirando bolas de areia umas nas outras na praia. Yukawa afirmou que o alcance da interação forte entre os prótons e os nêutrons era determinado pela massa dos píons. Quanto mais pesada a partícula sendo trocada, pensou, mais energia é necessária para lançá-la e, portanto, mais curto o alcance da interação. Como sabemos, bolas pesadas não voam muito longe.

A proliferação de hádrons causou um certo pânico na comunidade dos físicos. Será que a ideia de que existem tijolos fundamentais da matéria é apenas um sonho? Imagino que os físicos que conheciam um pouco da história da ciência tenham culpado Tales e os seus sucessores pela sua frustração. Seria o fim da era do Encantamento Iônico?

Entram em cena Murray Gell-Mann e George Zweig. Em 1964, os dois tiveram uma ideia brilhante. Se a Tabela Periódica, com sua quase uma centena de átomos, podia ser explicada através dos vários arranjos de apenas três partículas, talvez os hádrons pudessem também ser compostos por partículas ainda menores. Gell-Mann propôs que as novas partículas fossem chamadas de *quarks*, enquanto Zweig independentemente propôs o nome de *azes*. Os quarks ganharam. Alguns anos antes, Gell-Mann havia descoberto que muitos dos novos hádrons podiam ser organizados em grupos de oito (octetos) usando a sua carga elétrica e uma nova propriedade chamada "estranheza". Seguindo inspiração budista, batizou o esquema de "Caminho Óctuplo". Podemos associar a estranheza a um tipo de carga diferente da elétrica. Da mesma forma que temos vários documentos de identificação — carteira de identidade, CPF, carteira de motorista, passaporte etc. — as partículas também têm várias identidades, propriedades que são chamadas de números quânticos. O mais familiar deles é a carga elétrica, associada com a interação eletromagnética. A estranheza é apenas um outro tipo de carga.

O método de Gell-Mann teve tremendo sucesso. Ecoando o trabalho de Mendeleiev na Tabela Periódica, Gell-Mann percebeu que faltava uma partícula para completar um dos octetos. Quando a partícula Ômega-menos foi descoberta em 1964 com as propriedades previstas pela classificação de Gell-Mann, a propriedade da estranheza foi confirmada. Mais uma vez, a Natureza nos agraciou, saciando a nossa sede pela simetria.

Gell-Mann tem uma habilidade quase que mágica para encontrar padrões regulares obedecidos por partículas num mar de números e propriedades. Em 1969, recebeu o prêmio Nobel "pelas suas contribuições e descobertas sobre a classificação das partículas elementares e suas interações". Os quarks não são mencionados pois, na época, ainda não eram completamente aceitos. Suas propriedades eram estranhas demais. Como constituintes dos prótons, tinham que ter uma carga elétrica fracionária (e não um múltiplo inteiro da carga do elétron, a menor unidade de carga), algo que muitos viam com ceticismo. Ademais, ninguém havia detectado um quark livre; sempre apareciam dentro dos prótons, nêutrons e outros hádrons como numa prisão, incapazes de escapar. Em seu artigo clássico de 1964 (de apenas duas páginas!), Gell-Mann escreveu: "é divertido especular sobre como os quarks se comportariam se fossem partículas físicas de massa finita."[5] Isso sugere, ao contrário do que afirmam certos autores, que considerava os quarks como entidades que possivelmente existiam no mundo real, e não apenas como abstrações matemáticas. O artigo é especial por um outro motivo. Gell-Mann cita o romancista irlandês James Joyce e sua obra *Finnegan's Wake* como inspiração para a palavra quark. Poucos artigos científicos mencionam romances na lista de referências!

Resumindo uma longa história, hoje os quarks são aceitos como sendo as partículas constituintes dos hádrons. Bárions, como os prótons e nêutrons, são feitos de três quarks, enquanto os mésons são feitos de um quark e seu antiquark, a antipartícula dos quarks. Seis tipos de quarks são conhecidos, chamados de *sabores*: *up, down, strange, charm, beauty* e *top*. Um próton, por exemplo, é feito do tripleto uud ("u" de up e "d" de down), enquanto um nêutron é feito do tripleto udd. Portanto, podemos dizer que os núcleos atômicos são feitos de combinações de dois quarks, o up e o down. O píon neutro é feito de um quark up e um anti-up, ou um down e um antidown. *Todos* os bárions e os mésons são instáveis, isto é, decaem espontaneamente em outras partículas. A única exceção é o próton. A menos que as teorias de grande unificação estejam corretas, como veremos em breve. Nesse caso, nem mesmo o próton seria estável.

Ao nível dos quarks, a força nuclear forte é mediada por partículas chamadas *glúons*, do inglês "glue", cola. Como os elétrons e todas as partículas eletricamente carregadas, que trocam fótons em suas interações, os quarks trocam glúons. Porém, os glúons são sensíveis ao seu próprio tipo de carga, diferente da carga elétrica: à parte a sua carga elétrica fracionária, os quarks carregam uma carga conhecida como *cor*. A teoria que descreve como os quarks e os glúons interagem para compor todos os hádrons, uma belíssima ilustração do poder da simetria na descrição dos processos subnucleares, é conhecida como *cromodinâmica quântica*, ou simplesmente QCD. Existem três cores possíveis, vermelho, azul e verde. Da mesma forma que os átomos, com seus prótons e elétrons em números idênticos, são eletricamente neutros, os hádrons também são neutros no que diz respeito a sua cor: cada um dos três quarks que compõem os bárions possui uma cor diferente, de modo que a soma das três seja neutra (ou "branca"); já os mésons, formados de um quark e um antiquark, têm uma cor e sua anticor, que também resulta num arranjo neutro.

Se quarks existem, será que podem ser detectados como partículas livres, como é o caso dos elétrons e prótons, por exemplo? Aqui as coisas ficam mais interessantes. Inicialmente, Gell-Mann e outros pensavam que sim, e sugeriram que quarks livres pudessem ser detectados nos raios cósmicos. Logo ficou claro que esse não era o caso. Não só isso, parecia mesmo que os quarks são prisioneiros perpétuos dentro dos hádrons. Esse *confinamento* foi confirmado através de experimentos, e é uma das propriedades que definem os quarks: é impossível arrancar um quark de um próton, de um píon, ou de qualquer outro bárion ou méson. A energia usada para extrair a partícula acaba criando um par de quark e um antiquark, isto é, um méson. Esse processo é comparável ao que ocorre quando um ímã é quebrado em dois: ficamos com dois ímãs, cada um com os seus dois polos usuais. Quando tentamos separar dois quarks, a atração entre eles cresce, como se fossem ligados por um elástico. Esse "elástico" ligando os quarks é feito de glúons. Se continuarmos a adicionar mais energia, tentando aumentar a separação, o par acaba se rompendo e ficamos com dois pares.

No outro extremo, quando a distância entre dois quarks diminui, sua interação fica paradoxalmente cada vez mais fraca. A um certo ponto, eles passam a se ignorar, comportando-se como partículas livres. Como para se estudar processos a distâncias curtas são necessárias colisões com energias cada vez mais altas, essa propriedade dos quarks — de se comportarem como partículas livres a distâncias muito pequenas — só é observada em aceleradores de partículas bem poderosos. Em 2004, David Gross, David Politzer e Frank Wilczek receberam o prêmio Nobel pela teoria que explica essa propriedade bizarra dos quarks, conhecida como *liberdade assintótica*. Sem ela, seria muito difícil entender o que ocorria no Universo primordial. Lembre-se que, quando voltamos no tempo, o Universo encolhe. Consequentemente, a matéria, espremida num volume cada vez menor, fica sujeita a pressões cada vez mais altas, enquanto a sua temperatura vai subindo. Em tempos anteriores a um milionésimo de segundo após o "bang", a temperatura cósmica supera o valor equivalente ao das massas dos hádrons: nessa ebulição nuclear, quarks e antiquarks comportam-se como sendo livres, escapando de seu confinamento. Vemos que, durante esses tempos iniciais, a sopa de partículas tinha uma receita muito diferente da que nos é familiar, sendo composta de quarks e glúons, e não de prótons, nêutrons e outros hádrons.*

Agora passemos para a outra força ativa dentro do núcleo atômico, a força nuclear fraca. Ela é a responsável pela radioatividade, podendo,

* É bom lembrar que, em cosmologia, é comum equacionar temperatura e energia. A temperatura do Universo é, em geral, determinada pela dos fótons, que estão por toda a parte. Portanto, temperaturas altas (tempos cosmológicos no passado remoto) correspondem a altas energias e vice-versa.

por exemplo, converter um quark do tipo down num do tipo up, efetivamente transformando um nêutron (udd) em um próton (uud). Tal como as forças eletromagnética e a nuclear forte, também atua através da troca de partículas, no caso três. Suas massas, da ordem de 80 a 90 vezes maiores do que a do próton, determinam o alcance da força fraca, que é curtíssimo, restrito a distâncias subnucleares. As três partículas que transmitem a força fraca são conhecidas como W^+, W^-, e Z^0, ou "bósons de gauge", nomes não muito interessantes. Os índices indicam a sua carga elétrica. Sheldon Glashow, Abdus Salam e Steven Weinberg previram a sua existência na década de 1960. Sua descoberta em 1983 no acelerador do Centro Europeu de Pesquisas Nucleares (CERN) foi uma confirmação espetacular das teorias que descrevem as interações ocorrendo em nível subnuclear. Todas as três forças ativas no átomo e no núcleo atômico são descritas de forma semelhante, em termos de partículas que são trocadas durante a interação. A grande diferença entre elas — os fótons, os glúons e os três bósons de gauge — é que os fótons são as únicas que não interagem entre si. Essa propriedade torna as teorias que descrevem as forças nucleares forte e fraca muito mais complicadas e, consequentemente, mais ricas. Suas propriedades são ainda objeto de estudo ativo.

Completando este minicurso rápido sobre as partículas de matéria e suas interações, introduzimos os léptons, da palavra grega para "leve". Existem seis ao todo, o elétron sendo o mais famoso deles. Outros dois são o *múon* e o *tau*, que são os primos mais pesados do elétron. Completando os seis léptons, temos três neutrinos. Como Dom Quixote e seu fiel escudeiro Sancho Pança, o elétron, o múon e o tau, cada um tem o seu parceiro na forma de um neutrino. Quando o elétron interage através da interação fraca, seu neutrino está presente; quando é o múon que interage, o seu neutrino aparece. Cada um desses neutrinos tem carga elétrica nula, como o nome sugere: nêutron pequenino. Em 1936, Carl Anderson, o mesmo que quatro anos antes havia descoberto o pósitron, detectou o múon, também em raios cósmicos, mostrando que tem a mesma carga elétrica do elétron e uma massa 200 vezes maior. Ao contrário dos elétrons, os múons são instáveis, decaindo em apenas um milionésimo de segundo. Uma forma de decaimento comum é: múon → elétron + elétron-antineutrino + múon-neutrino. (Veja que a conservação da carga elétrica é satisfeita, já que os neutrinos são neutros.) O lépton do tipo tau vive ainda menos, em torno de um trilionésimo de segundo. E é bem pesado, com massa quase que duas vezes maior do que a do próton. De leve não tem nada.

Juntando toda essa informação, aprendemos que as partículas que compõem a matéria comum — os prótons, os nêutrons e os elétrons — são as únicas que são estáveis. (Ou ao menos vivem por um longo tempo. Lembre-se também que o nêutron é apenas estável enquanto parte do núcleo.) Por isso, não vemos objetos formados por outros hádrons e léptons, cuja existência efêmera pode apenas ser capturada através de instrumentos que ampliam enormemente a nossa percepção da realidade, os aceleradores e detectores de partículas.

Agora que temos alguma familiaridade com os quarks, os léptons e as suas interações, podemos explorar o que de fato nos importa: as simetrias e assimetrias da física de partículas e suas surpreendentes consequências.

31
Ciência das lacunas

O Modelo Padrão das partículas elementares resume tudo o que sabemos sobre as propriedades e interações dos componentes fundamentais da matéria. Por fundamentais queremos dizer que essas partículas não podem ser divididas em entidades ainda menores. De certa forma, os léptons (o elétron, o múon, o tau, e os seus três neutrinos) e os seis quarks são os "átomos" da nossa era, se por átomos entendemos os pedacinhos mais elementares de matéria, como haviam imaginado Leucipo e Demócrito por volta de 400 a.C. Esse modelo é uma das façanhas mais espetaculares do intelecto humano; não só porque explica uma miríade de observações, mas também pela invenção dos vários instrumentos que tornaram essas observações possíveis. Numa simplificação enorme, foi demonstrado que as centenas de partículas detectadas em experimentos são simplesmente combinações ou manifestações dessas doze (6 léptons e 6 quarks). Não é à toa que Weinberg, em seu livro *Sonhos de uma teoria final*, inclua um capítulo intitulado "Dois Vivas ao Reducionismo".

A busca pelos componentes mais elementares da matéria começou com a primeira pergunta feita por um filósofo ocidental e continua até hoje. Tales acreditava que tudo podia ser reduzido a uma única substância, a água. O importante aqui não é a resposta que deu, mas a natureza da sua pergunta, pois demonstra a sua fé num princípio unificador por trás da diversidade das coisas. Em outras palavras, o primeiro filósofo iônico foi um Unificador. E aqui estamos, 25 séculos mais tarde, atrás do mesmo objetivo. Será que devemos continuar a buscar por uma descrição unificada da matéria? Será que ela existe? Ou será que somos vítimas do poder sedutor do Encantamento Iônico, amplificado por milhares de anos de monoteísmo e pelo sucesso do reducionismo? Estaria na hora de ir além da crítica de Isaiah Berlin e rebatizar a "Falácia Iônica" de "Delírio Iônico"?

Uma resposta óbvia seria "bem, como não sabemos onde essa busca nos levará, temos que continuá-la". Não há dúvida de que devemos sim continuar procurando. O avanço do conhecimento depende da nossa curiosidade e do nosso espírito investigativo. Muitos estão fazendo exatamente isso, construindo teorias cada vez mais complexas em busca do objetivo final do reducionismo, o código oculto da Natureza. Precisamos de exploradores corajosos, capazes de arriscar tudo na sua busca. Mas quando que a certeza de que existe uma destinação final passa a ser um mito, um El Dorado? Quando que a dedicação à busca se transforma numa obsessão? Se a verdade "final", elusiva que é, está sempre além dos experimentos, essa busca não tem fim. A obsessão com a unificação pode tornar-se uma tragédia se nos recusarmos a aceitar — mesmo dentro do projeto reducionista da física de partículas — que a Teoria Final é uma impossibilidade, pois presume que somos capazes de obter conhecimento total do mundo natural nas menores escalas de distância. Sabemos apenas aquilo que medimos, e não podemos medir tudo. Parafraseando Einstein (que parafraseava Kant), teoria sem experimentos é cega, e experimentos sem teoria são aleijados.

Chegamos a um estágio peculiar na física, onde experimentos podem confirmar uma teoria, mas não refutá-la. Imagine que uma determinada teoria preveja a existência de uma nova partícula. Os detalhes da previsão dependem de um parâmetro que pode ser ajustado. (Por exemplo, o parâmetro pode ser a massa dessa partícula.) Argumentos razoáveis sugerem que a sua massa seja em torno de 100 vezes maior do que a de um próton. Se experimentos acham a partícula com a massa prevista, a teoria é confirmada. Mas caso isso não ocorra, nem tudo está perdido. Podemos sempre ajustar o parâmetro de modo a aumentar a massa da partícula, tornando-a pesada demais para ser detectada com os aceleradores atuais. Se novos experimentos procurando pela partícula mais pesada falham, podemos repetir a operação, *ad infinitum*. Como consequência, os físicos podem continuar a teorizar durante um longo tempo sem que sua teoria seja refutada por experimentos, algo que o físico e escritor David Lindley já havia mencionado em 1993.[6] Como decidir quando parar, isto é, quando parar de reajustar o parâmetro e admitir que a teoria está errada? Alguns cientistas argumentam que o que importa é a ciência que descobrimos durante nossas explorações, que um resultado negativo também é um resultado. Até certo ponto, eu concordo com isso. Basta pensarmos em Kepler, em tudo o que conseguiu enquanto buscava o seu mito de uma harmonia universal, incluindo as três leis de movimento planetário. No entanto, se, após um bom intervalo de tempo, os resultados se recusam a chegar e os ajustes são muitos, talvez seja sábio questionar as escolhas que fizemos. Analogias com exploradores do passado, viajando pelos mares em busca de novas terras, inspiram mas não funcionam. Se as Américas não existissem, os navios portugueses e espanhóis teriam circulado o globo e voltado para casa. *Quando zarparam de seus portos, sabiam perfeitamente que o globo era finito.*[7] Essa situação é *muito* diferente do que partir numa missão sem saber se existe um destino. Sim, é necessário que nossos navios partam rumo ao desconhecido, mesmo que os custos sejam altos. Por outro lado, devemos aceitar o fato de que a crença numa Teoria Final é cultural, sem qualquer evidência científica. (Esta questão será discutida em maior detalhe mais adiante.)

Atualmente, a teoria das supercordas é a única candidata viável para uma descrição unificada das partículas que inclui a gravidade e as três outras forças conhecidas (o eletromagnetismo e as forças nucleares forte e fraca). Dado isso, a teoria tem recebido tanto o apoio entusiástico quanto a crítica de muitos. Na minha modesta opinião, afirmar que a teoria das supercordas seja a Teoria Final (ou será, quando for compreendida em maior detalhe) expressa mais um dogma religioso do que uma asserção científica (pois nenhuma teoria unificada pode ser demonstrada como sendo a Teoria Final). Por outro lado, acredito que ainda temos muito o que aprender com ela. Do mesmo modo que não queremos perpetuar uma fantasia, também não queremos abandonar uma ideia promissora. É bom lembrar mais uma vez de Albert Michelson que, como vimos, em 1887 tentou detectar o éter e não conseguiu. Michelson nunca se convenceu de que seu experimento estivesse certo, ou de que a teoria da relatividade de Einstein fizesse sentido. Morreu em 1937, convencido de que o éter existia. Esse tipo de cegueira é trágico.

Meu objetivo aqui não é embarcar numa crítica técnica da teoria das supercordas, analisando o que tem de bom e o que tem de ruim. Tal como meus colegas que trabalham na área, considero a teoria como sendo uma obra em andamento. Mesmo que tenha muito a oferecer, especialmente no seu formalismo matemático, a teoria tem também enormes desafios conceituais. O mais urgente deles é encontrar uma solução (um vácuo) que corresponda ao mundo real, isto é, uma solução capaz de descrever as partículas do Modelo Padrão num universo em expansão compatível com o modelo do Big Bang.

Recentemente, dois livros criticaram as supercordas do ponto de vista técnico e até sociológico. Um, do físico Lee Smolin, *The Trouble with Physics*, e outro, do matemático Peter Woit, *Not Even Wrong*. Como não poderia deixar de ser, os livros despertaram muito interesse. Vários físicos renomados, que apoiam a teoria das supercordas, criticaram os livros e até a competência dos autores. Os debates que se seguiram não foram dos mais amigáveis. Da minha parte, acredito que esse tipo de duelo seja absolutamente inútil. As pessoas devem ter a liberdade de pesquisar o que bem entendem, embora devam também refletir criticamente sobre a concretude de seus objetivos.

Einstein dedicou as últimas décadas de sua vida buscando uma teoria unificada da gravitação e do eletromagnetismo. Muitos físicos o criticaram por isso, afirmando que perdia tempo. A crítica não era pela crença de Einstein numa Teoria Final, que muitos de seus críticos também mantinham, mas por ter limitado a sua teoria apenas à gravitação e ao eletromagnetismo, deixando de fora as forças nucleares forte e fraca. Em outras palavras, muitos dos críticos de Einstein acreditam que uma Teoria Final seja possível, contanto que as quatro interações conhecidas sejam incluídas. O número de interações ditas fundamentais mudou, mas a crença permanece a mesma. Acredito ser importante isolar as razões para essa crença tão constante numa Teoria Final, e o que ela diz sobre o modo como pensamos o mundo e o nosso lugar nele. Unificadores ou não, devemos refletir sobre a sabedoria dessa busca pela unidade de todas as coisas na ciência, e sobre quais foram os seus triunfos e desafios nos últimos cem anos.

Para começar, questiono a necessidade de termos um prêmio ao final da busca. Será que precisamos acreditar numa Verdade Final para explorarmos os segredos mais profundos da Natureza? Em caso afirmativo, será que isso está nos dizendo algo sobre a Natureza ou sobre nós mesmos? Será que o Universo precisa ser "belo" para que seja digno de estudo? Por que essa insistência em relacionar a unidade de todas as coisas com a beleza? Não seria hora de celebrarmos um tipo diferente de beleza, inspirado nas imperfeições da Natureza em vez das suas supostas perfeições? Citando Wilczek: "a fé na possibilidade de unificação nos remete a um estado em que nos recusamos a aceitar o que vemos... certamente, as aparências — ou melhor, nossa interpretação delas — devem estar nos enganando." Por outro lado, Wilczek afirma que a física moderna *está* apontando na direção da unificação, que as pistas estão aí e não estamos delirando. Em breve vamos explorar essas pistas. Mesmo que minha enorme admiração por físicos como Wilczek e Weinberg me faça afirmar isso com uma certa apreensão, não vejo essas "pistas" como sendo tão convincentes assim. Ambos falam muito em "esperança" em seus livros. "Espero que a teoria das supercordas venha a ser a base para a Teoria Final", escreveu Weinberg.* "Que sapatos [como os de cristal da Cinderela] a teoria de unificação incluindo a gravidade irá deixar cair? Algum que temos esperança de encontrar?", escreveu Wilczek.**

De minha parte, acho que a crença na unificação contribui para uma distorção da nossa percepção dos fatos. As pistas de que uma Teoria Final existe — que consistem principalmente em lacunas no nosso conhecimento atual que muitos esperam serão preenchidas uma vez que tenhamos a tão sonhada unificação das forças — não são tão óbvias quanto tantos acreditam. Digo isso com um pouco de tristeza. Quando trabalhava ativamente em unificação, qualquer mísera migalha de evidência era suficiente para me motivar a ir adiante. Mas o tempo foi pas-

* Como vemos da afirmação de Weinberg que uso como epígrafe deste livro, a situação parece estar começando a mudar e mesmo ele tem suas dúvidas quanto à teoria das supercordas, o que me muito me alegra.

** Devo deixar claro que, em seu livro *The Lightness of Being*, Wilczek foi extremamente cauteloso em separar fato de especulação. Entretanto, como me escreveu ao final de 2008, "Ficarei muito desapontado se a Mãe-Natureza estiver nos tentando de tal modo. Vamos ver o que acontecerá".

sando e as afirmações de que estávamos cada vez mais próximos de uma teoria das supercordas, ou de que em breve teríamos uma teoria de grande unificação, se provaram erradas ou um tanto exageradas. Para piorar ainda mais as coisas, as novas teorias que eram propostas estavam ainda mais distantes da realidade física. Mesmo que estivesse ciente de que a ciência avança a passos tortuosos, comecei a questionar, contra a minha vontade, essa crença inabalável na unificação. A coisa começou a parecer mais um artigo de fé do que um empreendimento científico.

Com grande ironia, a situação ecoa o argumento do "Deus das Lacunas", usado com frequência nos embates entre ciência e religião, que afirma que Deus começa onde a ciência termina. À medida que a ciência progride e aprendemos mais sobre a Natureza, Deus, para a sua humilhação, vai sendo espremido numa lacuna cada vez menor. Os que acreditam na presença de Deus no mundo estão convencidos de que a lacuna nunca se fechará por completo. Já os céticos acreditam que é apenas uma questão de tempo até que isso ocorra. Podemos construir um argumento equivalente para a unificação, a "Unificação das Lacunas": a unificação começa onde nossas teorias atuais terminam. O que não sabemos, a unificação explicará. À medida que a ciência avança e aprendemos mais sobre a Natureza e sobre a violação das simetrias, a unificação, para a sua humilhação, vai sendo espremida numa lacuna cada vez menor. Teorias são revisadas às pressas, parâmetros são reajustados e a missão da unificação é redefinida. Os que acreditam na unificação afirmam que a lacuna nunca se fechará por completo e a unificação um dia será demonstrada. Já os céticos acham que está na hora de deixar essa ideia para trás.

A descoberta da energia escura é um excelente exemplo desse mecanismo. Antes de 1998, as teorias de unificação tinham como objetivo principal cancelar as flutuações de energia que surgem no vácuo quântico, de modo a neutralizar o seu efeito cosmológico. Caso contrário, tal qual a constante cosmológica de Einstein (discutida na Parte II), a energia dessas flutuações provocaria uma expansão acelerada do cosmo, *que contrariava as observações da época*. Após a descoberta, em 1998, da expansão acelerada do Universo, uma constante cosmológica, ou outra forma de "energia escura", parece ser inevitável. Da noite para o dia, o valor dessa energia escura *tem* que ser explicado usando argumentos motivados por teorias de unificação. Alguns até invocam o princípio antrópico — que o Universo é do jeito que é porque nós estamos aqui — para justificar o valor observado da energia escura. Que reversão!

Não seria melhor admitir simplesmente que a nossa visão de mundo é uma obra permanentemente incompleta? Que como jamais poderemos obter toda a informação contida na Natureza, é *a priori* impossível determinar se chegamos na tal Verdade Final? Conforme mencionei antes, muitos Unificadores afirmam que o projeto de unificação de Einstein estava fadado a falhar porque deixou de fora a mecânica quântica e as forças nucleares forte e fraca, que não eram bem compreendidas quando morreu em 1955. Os mesmos críticos dizem que agora as coisas são diferentes, que sabemos muito melhor das coisas, e que estamos na reta final. E como podemos ter certeza de que sabemos o suficiente? Como podemos garantir que não existem outras forças para serem descobertas, talvez mesmo um novo nível de partículas ainda mais fundamental? Como podemos ter certeza de que não existirá sempre uma parte do mundo que jamais conheceremos, uma parte da realidade que permanecerá inacessível aos nossos detectores não importa quão sofisticados sejam no futuro, e que, por isso, nossas teorias de unificação serão sempre incompletas? Estamos envoltos numa ignorância perene. Não há dúvida de que teorias podem nos guiar em direção a avanços muitas vezes inesperados. Mas apenas experimentos podem decidir o que é real.*

Jamais poderemos saber tudo sobre o mundo. Qualquer afirmativa ao contrário demonstra apenas arrogância de nossa parte. Portanto, qualquer projeto de unificação total da Natureza — mesmo ao nível da física fundamental — está fadado ao fracasso. A unificação final, ou a Teoria Final, mesmo restrita apenas à física, é impossível. A crença de

* E mesmo aqui temos que ter muito cuidado. São os físicos que decidem quais quantidades devem ser medidas e como calibrar os seus filtros para que dados presumivelmente indesejados sejam jogados fora. E se jogarmos fora algo tão inesperado que nem poderíamos suspeitar que existia?

que o pensamento humano, limitado como é, pode vislumbrar a verdade final, vem de uma longa tradição religiosa que nutre nossos sonhos de sermos mais do que humanos, de sermos oniscientes como deuses, de podermos transcender a nossa limitação espaço-temporal. O melhor que podemos fazer, e que temos feito de forma excepcional nos últimos 400 anos, é coletar o que aprendemos sobre o mundo através de nossos instrumentos e de nossa criatividade, e organizar esta informação da melhor maneira possível em nossas teorias. Quando aceitamos esse fato, podemos admirar a Natureza pela sua beleza imperfeita, sempre criativa e surpreendente. Podemos olhar para o mundo com olhos humanos, sem a ansiedade de termos que encontrar verdades absolutas, Teorias Finais ou a mente de Deus. A ciência passa a ser uma exploração do mundo como ele é, e não como gostaríamos que fosse. Parafraseando Sócrates, quanto maior a sabedoria, mais óbvia deve ser a dimensão da nossa ignorância. Aceitar isso é olhar para o mundo como que pela primeira vez, com os olhos alertas de uma criança curiosa.

O que proponho aqui é uma mudança de foco, deixando de lado a busca por uma perfeição final. Temos muito o que aprender com as imperfeições do mundo natural. Como veremos, esse modo de pensar tem consequências que vão além da ciência básica. Simetrias são uma excelente ferramenta, mas não devem ser consideradas como dogmas. A Natureza é bela por ser imperfeita. Por trás da miríade de estruturas e de formas complexas que vemos na Natureza existe um mecanismo baseado em alguma forma de desequilíbrio. A imperfeição e o desequilíbrio são as sementes do devir. Uma Natureza perfeita seria inerte, sem estruturas, existindo apenas como uma abstração platônica, longe do mundo real. Mais uma vez, a energia escura serve de exemplo. É "feia" e inesperada; tudo nela contradiz o bom-senso. No entanto, a sua presença faz com que o cosmo tenha uma geometria plana e, com isso, seja capaz de gerar galáxias e, eventualmente, a vida.

Para sermos mais concretos sobre o papel da assimetria no mundo das partículas, temos que examinar com olhos críticos as ideias de unificação e as várias questões que permanecem em aberto.

32

Simetrias e assimetrias da matéria

A primeira unificação foi a da eletricidade com o magnetismo. As equações de Maxwell, descrevendo todos os fenômenos eletromagnéticos conhecidos, têm soluções que, na ausência de cargas e ímãs (ou, mais precisamente, de fontes dos dois campos), exibem uma belíssima simetria entre a eletricidade e o magnetismo: os dois campos, dando suporte um ao outro, propagam-se através do espaço vazio na velocidade da luz. Porém, uma vez que fontes estejam presentes, a simetria é imperfeita; os monopolos magnéticos, que seriam análogos a uma carga elétrica individual, não existem. Caso existam, certamente conseguiram driblar todos os nossos esforços de encontrá-los.[8]

Na física de partículas, encontramos já a assimetria entre matéria e antimatéria. Usando a linguagem de simetrias internas e externas, existe uma operação de simetria interna (que, na prática, não passa de uma operação matemática) que transforma uma partícula de matéria em uma de antimatéria.* A operação é chamada de *conjugação de carga*, e é representada pela letra C. O fato de existir uma assimetria na distribuição de matéria e antimatéria no Universo significa que a Natureza não obedece à simetria de conjugação de carga: em alguns casos, partículas e antipartículas não podem ser transformadas umas nas outras. Especificamente, a simetria-C é violada nas interações fracas. Os culpados são os neutrinos, as mais estranhas das partículas conhecidas. Está na hora de contar a sua história.

Logo antes da Primeira Guerra Mundial, um estranho resultado experimental contribuiu para os muitos pesadelos que roubavam o sono dos

---

* Uma operação matemática pode ser bem simples, como quando adicionamos o número 1 a qualquer outro número (uma operação aritmética), ou quando giramos um cubo em nossas mãos (uma operação geométrica). Embora as operações usadas na física de partículas sejam mais complexas do que nesses dois exemplos, elas também agem sobre números e objetos geométricos.

físicos que procuravam entender a física dos átomos. James Chadwick, o mesmo que em 1932 descobriu o nêutron, estava investigando as propriedades do decaimento "beta", que consiste em elétrons emitidos por núcleos radioativos como se fossem pequenas balas. Em geral, núcleos com muitos nêutrons podem melhorar a sua estabilidade convertendo alguns deles em prótons. Sabemos que, devido à conservação da carga elétrica, a carga positiva do próton tem que ser balanceada por uma carga negativa. Daí vem o elétron no decaimento, mantendo em xeque a lei de conservação da carga. O choque veio quando Chadwick testou a outra lei sagrada de conservação, a da energia. Se tudo corresse bem, os elétrons gerados durante o decaimento beta deveriam ter uma quantidade fixa de energia, dada pela diferença de massa entre um nêutron e um próton (o nêutron é um pouco mais pesado) multiplicada por c^2.* O problema é que não tinham. Suas energias exibiam enormes variações, o que é completamente incompatível com a lei de conservação da energia. Alguns elétrons voavam dos núcleos com altas velocidades; outros, com velocidades baixas. Ninguém sabia por quê. O tempo passou e nada. Em 1929, vários anos após a descoberta de Chadwick, Niels Bohr escreveu:

> Não temos qualquer razão para defender a validade da [lei de conservação da energia] no caso do decaimento beta. Os detalhes da estabilidade atômica responsáveis pela existência e propriedades dos núcleos atômicos talvez nos forcem a renunciar à própria ideia do balanço de energia.

Veja bem: o grande Niels Bohr estava pronto para desistir da lei de conservação da energia! A situação estava ficando desesperadora. Rutherford foi mais cauteloso e resolveu esperar para ver o que aconteceria. Já Dirac, conservador, declarou: "Prefiro manter a conservação rigorosa de energia a todo custo." E quem não concordaria com ele? Mas como?

No final de 1930, o físico austríaco Wolfgang Pauli teve uma ideia meio louca. Conforme escreveu em seu diário: "Hoje fiz algo terrível, ao

---

* Para ver isso, escreva o decaimento nuclear como núcleo-1 → núcleo-2 + elétron. Usando a relação $E = mc^2$, a conservação de energia diz que a energia total do elétron emitido (a energia da sua massa e do seu movimento) tem que ser igual à diferença entre as massas dos dois núcleos (multiplicada pela velocidade da luz ao quadrado).

propor uma partícula que não pode ser detectada; isto é algo que nenhum físico teórico deveria fazer." Pauli escreveu uma carta aos seus colegas físicos reunidos numa conferência em Tübingen, a cidade onde Kepler estudou na Alemanha: "Caros Senhores e Senhoras Radioativos. Encontrei uma saída desesperada. Especificamente, a possibilidade de que possam existir no núcleo partículas eletricamente neutras que chamarei de neutrinos..."[9] Os neutrinos poderiam ter energias variadas de modo que, quando adicionadas às do elétron emitido, o total seria idêntico à diferença de massa dos dois núcleos e tudo acabaria bem. A conservação de energia estaria salva.

Na verdade, o decaimento beta emite *anti*neutrinos e não neutrinos. A razão disso é uma outra simetria interna que é conservada nas interações fracas: o número leptônico.[10] Podemos associar o número leptônico a uma espécie de carga, como a carga elétrica. Todo lépton (como o elétron, por exemplo) tem uma unidade de carga leptônica; todo antilépton (como o pósitron, por exemplo) tem uma unidade negativa. Se o número leptônico é conservado no decaimento beta, o número leptônico do elétron (+1) deve ser cancelado pelo número leptônico do antineutrino (−1). Assim, o decaimento beta é escrito como

$$\text{nêutron} \rightarrow \text{próton} + \text{elétron} + \text{antineutrino.}$$

Como nêutrons e prótons são feitos de quarks e não de léptons, seu número leptônico é zero. A conta funciona bem: do lado esquerdo, o número leptônico total é zero (o solitário nêutron); do lado direito, o número leptônico também acaba sendo zero.

Os neutrinos, interagindo apenas através da força fraca, são extremamente difíceis de serem detectados. (Sua massa, minúscula, faz com que seus efeitos gravitacionais sejam muito pequenos.) São produzidos profusamente no interior do Sol, como parte da fusão nuclear hidrogênio em hélio. A cada segundo, trilhões desses neutrinos solares passam pelo seu corpo e você nem se dá conta disso! Nossa conexão com o Sol é muito mais complexa do que a luz e calor que recebemos dele.

Apesar de suas propriedades fantasmagóricas, com muito esforço os neutrinos podem ser detectados. Em 1956, 26 anos após a previsão de Pauli, os neutrinos do elétron foram encontrados. Essa demora entre teoria e experimento é frequentemente usada para ilustrar o fato de que, às vezes, temos que ser pacientes para que descobertas profundas sejam realizadas. A tecnologia, ao menos na física de altas energias e na cosmologia, não consegue manter-se a par com as ideias dos físicos teóricos; ideias são bem mais baratas do que máquinas. O bóson de Higgs, por exemplo, foi proposto há mais de 40 anos e ainda não foi descoberto. Talvez isso venha a acontecer no LHC; se não o Higgs, algo como ele, como vimos na Parte II. Mesmo assim, é bom ser cauteloso ao usar esse tipo de argumento como explicação para a terrível falta de dados que temos hoje com relação às teorias de unificação. Não podemos aprender física de partículas apenas estudando história. Como veremos, se os neutrinos provam algo é a profunda assimetria da Natureza. Eles são os porta-bandeiras do cosmo imperfeito. Para entendermos por quê, temos que introduzir um outro tipo de simetria espacial conhecido como *paridade*.

Matematicamente, a operação de paridade, representada pela letra P, transforma um objeto em sua imagem no espelho. Esse tipo de transformação não pode ser efetuado combinando translações e rotações. Se deixarmos de lado sinais, rugas e outras marcas assimétricas, nossos rostos são aproximadamente "invariantes por paridade" (assim é denotada a operação). Nossos corpos, por outro lado, não são: por exemplo, sua imagem no espelho tem o fígado do lado esquerdo e o estômago e o coração do lado direito.[11]

Como mencionamos anteriormente, as partículas têm spin: giram em torno delas mesmas feito piões. No entanto, partículas não são piões comuns. Sendo objetos quânticos, sua rotação também é quantizada, só podendo ocorrer em um número finito de direções e intensidades. Um pião, por outro lado, pode girar a qualquer número de rotações por minuto (rpm). Partículas com o spin quantizado lembram um pouco os discos antigos de vinil, de que os leitores mais velhos se lembram bem, que só podiam ser tocados em $33^{1/3}$, 45 ou 78 rpm.* Todas as partículas

---

* Temos que tomar muito cuidado com esse tipo de analogia. Apesar de tentador e, às vezes, bem útil, é incorreto visualizar partículas como pequenas bolas em rotação. Porém, dito isso, vamos adiante visualizando elas assim.

de matéria, isto é, os seis quarks e os seis léptons, só podem girar de dois modos. Dizemos que têm spin 1/2, a menor quantidade de rotação possível, o "quantum da rotação".[12] Para simplificar as coisas, imagine uma partícula girando com velocidade constante na vertical, feito um pião em pé. Ela pode girar tanto da direita para a esquerda ou da esquerda para a direita. (Vista de cima, dizemos que ela pode girar no sentido horário ou anti-horário.) O interessante é que os dois sentidos de rotação são a imagem no espelho um do outro. Por exemplo, se a partícula gira da direita para a esquerda, sua imagem no espelho, ou seja, a partícula após a aplicação da operação de paridade, gira da esquerda para a direita. O leitor pode verificar isso girando uma bola em frente a um espelho. Desse exemplo, aprendemos que a operação de paridade, quando aplicada a uma partícula que gira, pode inverter o sentido da sua rotação (ou, equivalentemente, o seu spin).

O decaimento beta, que nos trouxe os neutrinos, tinha um outro ás escondido na manga: foi usado para demonstrar que os neutrinos não são simétricos segundo a operação de paridade. O resultado deixou a comunidade de físicos boquiaberta: a Natureza tem uma orientação espacial preferida, não respeitando a paridade. É como se tivéssemos um pião que só pudesse girar da esquerda para a direita! Em 1956, dois cientistas chineses radicados nos EUA, T. D. Lee e C. N. Yang, previram teoricamente que a interação nuclear fraca podia violar a paridade. Em apenas alguns meses, a física conhecida como "madame" T. T. Wu e sua equipe demonstraram experimentalmente que seus colegas estavam certos. Neutrinos só existem (ou, mais cautelosamente, apenas interagem com a matéria) na sua forma "canhota": se imaginarmos os neutrinos como esferas em movimento vertical do sul ao norte, só giram do leste ao oeste. Por alguma razão, não podem girar no sentido contrário. Em contrapartida, os antineutrinos só giram do oeste ao leste. A Natureza tem uma óbvia preferência espacial.

Se neutrinos destros existem, nunca foram detectados. Isso significa que ou interagem muito fracamente com a matéria, ou são muito pesados. Em todo o caso, seriam totalmente diferentes dos seus primos canhotos, que estão por toda a parte e são extremamente leves. Existe uma clara assimetria espacial na física das partículas elementares que, como veremos, tem consequências extremamente importantes. E isso é apenas o começo.

Prosseguindo nessa excursão pelas simetrias da física de partículas, consideremos as operações C e P juntas. Aplicando a operação C a um neutrino canhoto, deveríamos obter um antineutrino canhoto. O problema é que não existem antineutrinos canhotos na Natureza. É por isso que dizemos que a interação nuclear fraca viola a operação de conjugação de carga. Agora tomemos outro passo e apliquemos tanto a operação C quanto a P num neutrino canhoto. Neste caso, deveríamos obter um antineutrino destro: C transforma neutrino em antineutrino e P transforma canhoto em destro. E, viva! Antineutrinos destros existem! Parece que estamos com sorte. Mesmo que a interação fraca viole as operações C e P separadamente, quando aplicadas conjuntamente, a simetria CP funciona. Os físicos respiraram aliviados. A interação fraca parecia respeitar a simetria CP. Na prática, isso significa que reações envolvendo partículas canhotas deveriam ocorrer na mesma razão que aquelas envolvendo antipartículas destras, sem qualquer diferença entre elas. Simetria é simetria. A esperança era de que isso fosse o caso em todas as interações; sendo assim, a Natureza obedecia à operação de CP e era fundamentalmente simétrica. A beleza da física de partículas estava de volta.

A festa durou pouco. Em 1964, James Cronin e Val Fitch descobriram uma pequena violação da simetria CP ocorrendo no decaimento de partículas chamadas káons neutros, representadas como K^0. Essencialmente, os K^0s e suas antipartículas não decaem na mesma razão, como deveria ser o caso se a simetria CP funcionasse. A comunidade ficou chocada. A bela simetria da física de partículas tinha ido embora. De novo.

A violação de CP tinha uma consequência ainda mais profunda e misteriosa: as partículas pareciam também escolher uma direção preferida do tempo. A assimetria do tempo, característica da expansão cósmica, se manifesta também ao nível submicroscópico! Precisamos de um parágrafo especial para tratar disso.

Que o tempo passa do passado ao futuro não é uma novidade. Nós fazemos omeletes começando com ovos; ninguém faz um ovo começando com um omelete. Um cubo de açúcar dissolvido numa xícara de café não retorna espontaneamente a sua forma inicial. As plantas não crescem das flores. Nós ficamos sempre mais velhos. Se filmarmos alguém cozinhando, ou uma planta crescendo, e passarmos o filme ao contrário, seria claro que a direção do tempo havia sido invertida. Entretanto, para sistemas simples, a distinção entre passado e futuro não é tão óbvia. Por exemplo, imagine um pêndulo que oscila da esquerda para a direita e da direita para a esquerda. (Na ausência de ar; senão o pêndulo acaba parando.) Se assistirmos a um filme desse movimento oscilatório, não poderemos determinar em que ordem está sendo passado. O mesmo é verdade quando duas bolas de bilhar colidem (a menos que batam na borda da mesa ou caiam no buraco), ou quando um fóton colide com um elétron. Sistemas desse tipo obedecem a uma simetria chamada *reversão temporal*: não exibem uma direção fixa no tempo, podendo evoluir nos dois sentidos sem qualquer diferença. Existe uma operação de simetria externa, a reversão temporal, representada pela letra T, que inverte a direção em que o tempo flui num sistema físico. Se uma bola está indo da esquerda para a direita, após aplicar T, ela irá da direita para a esquerda. Na Parte II, vimos que a expansão do Universo viola a reversão temporal ao nível astronômico: existe uma direção do tempo que relaciona a origem das galáxias e mesmo a nossa com a origem do Universo. No mundo subatômico, as coisas eram supostamente diferentes, devendo ser o mais simétricas possível. Pelo jeito, esse não é o caso. Como consequência, o Modelo Padrão da física de partículas tem que incorporar essas assimetrias para descrever a realidade que observamos.

Existe um outro modo de ver a conexão entre a violação de CP e a direção do tempo. As teorias da física de partículas *têm* que observar a simetria combinada CPT. (Sim, aplique as três em sequência: partícula para antipartícula, reflexão no espelho e inversão da passagem do tempo.) Abandonar essa simetria equivaleria a abandonar a teoria da relatividade especial de Einstein, a espinha dorsal das teorias que descrevem as interações das partículas de matéria. Dado o seu enorme sucesso, temos confiança de que a simetria CPT é válida. Pelo menos, até o momento, nenhum experimento a contrariou. Nesse caso, se CP é violada, então T também tem que ser violada, de modo que o produto das duas (CPT) permaneça invariante. Meio que como quando multiplicamos −1 com −1 e obtemos 1. Contanto que a simetria tripla CPT continue válida no futuro, a violação de CP implica uma direção fixa do tempo mesmo ao nível submicroscópico.

Hoje temos exemplos de violação de CP em uma outra família de partículas, os mésons B. A Natureza não escolhe apenas uma orientação espacial; escolhe também uma direção no tempo. Aparentemente essa violação só ocorre com a interação fraca. Ninguém sabe por quê. É natural esperar que o mesmo ocorra com a interação nuclear forte, mas não temos qualquer indicação disso. Várias explicações foram propostas para explicar essa ausência de violação de CP na interação forte. (É irônico, mas a simetria perfeita é a inesperada nesse caso.) A mais popular prevê a existência de uma nova partícula chamada *axion*. Até o momento, embora tenha havido uma grande caça, o axion ainda não foi detectado. O fato de que as interações eletromagnética e nuclear forte observam a simetria de CP mostra que são substancialmente diferentes da interação fraca. Qualquer teoria que tente unificar as três forças precisa encontrar modos de incorporar essas diferenças, o que não é nada fácil. Já aqui vemos que uma unificação dessas interações não é tão natural quanto se esperava.

33
A origem da matéria no Universo

Para nós, interessados nos efeitos das assimetrias na Natureza, a violação de CP na interação fraca é extremamente bem-vinda. Como veremos, podemos usá-la para propor um mecanismo explicando por que existe mais matéria do que antimatéria no Universo, a partir de uma situação em que ambas aparecem em quantidades iguais, ou praticamente iguais. Ou seja, podemos explicar a assimetria entre matéria e antimatéria como tendo evoluído de uma condição inicial simétrica, à medida que o Universo expande e suas condições mudam. A alternativa seria afirmar que a assimetria nasceu junto com o Universo, quando este surgiu da sopa quântica. Não só isso, mas a assimetria nasceu já com o valor correto para explicar o excesso de matéria que medimos hoje. Nesse caso, o fato de existirem um bilhão e uma partículas de matéria para cada bilhão de partículas de antimatéria na infância cósmica seria devido a uma coincidência inexplicável, algo de que nenhum físico gosta muito. Dada a chance, tentamos explicar como o excesso de uma quantidade pode ter surgido a partir de processos naturais, e não de condições iniciais vindas do nada. Se pudermos explicar o excesso de matéria, estaremos dando um passo crucial na compreensão da nossa origem.

O primeiro a propor uma conexão entre o excesso de matéria e a violação de CP foi o grande físico e pacifista russo Andrei Sakharov. Em 1967, apenas três anos após Cronin e Fitch terem descoberto a violação de CP no decaimento do K^0, Sakharov escreveu um artigo profético, onde propôs as três condições necessárias para que um excesso de matéria possa surgir gradualmente no universo primordial, a partir de condições iniciais simétricas. Para gerar o excesso de matéria, as interações entre as partículas elementares têm que produzir mais quarks do que antiquarks e esse excesso tem que ser preservado à medida que o Universo expande. Em detalhe:

1. *A conservação de número bariônico tem que ser violada.* Do mesmo modo que o elétron e os outros léptons têm um número leptônico, os bárions (formados de 3 quarks, como o próton e o nêutron) têm um número bariônico. O próton e o nêutron têm número bariônico +1. Suas antipartículas têm número bariônico −1. Para que as interações entre as partículas possam gerar mais bárions do que antibárions, elas têm que violar a conservação de número bariônico: o número de bárions e antibárions antes e depois da reação não pode ser o mesmo pois, nesse caso, teríamos tantos bárions quanto antibárions, ou seja, tanta matéria quanto antimatéria. Se o número bariônico aumenta durante a reação, criamos um excesso de bárions e, portanto, de matéria. Se diminui, criamos um excesso de antibárions e, portanto, de antimatéria.[13]

2. *A conservação da conjugação de carga e de* CP *tem que ser violada.* Porém, simplesmente criar um excesso de bárions ou de antibárions não é suficiente. Precisamos de uma tendência nas reações que favoreça a criação de mais bárions do que antibárions. Afinal, o Universo tem mais matéria do que antimatéria. Para tal, usamos a violação de C e CP. A quantidade dessa violação é crucial na determinação do excesso final de matéria sobre antimatéria.

3. *O equilíbrio térmico durante a geração do excesso de matéria tem que ser violado.* Na nossa discussão sobre as propriedades da radiação cósmica de fundo, vimos que, em equilíbrio térmico, tudo permanece o mesmo, ao menos em média. Portanto, se o Universo como um todo estivesse em equilíbrio térmico quando o excesso de bárions estivesse sendo gerado, o mesmo excesso de antibárions também seria gerado, mantendo os seus números (em média) idênticos. De forma a preservar o excesso de bárions gerado pelas duas condições acima, as reações que produzem mais matéria têm que ter ocorrido quando o Universo estava fora de equilíbrio térmico.

As três condições de Sakharov baseiam-se na violação de simetrias: num Universo perfeitamente simétrico e equilibrado, o excesso de matéria não seria gerado e nós não estaríamos aqui pensando sobre isso. Somos produto de uma criação imperfeita. Mas como satisfazer a condição de que o Universo esteve fora de equilíbrio térmico? Lembremos da discussão na Parte II sobre a origem da radiação cósmica de fundo e sobre o problema do horizonte no modelo do Big Bang: o equilíbrio térmico é sempre estabelecido através de colisões entre partículas. Em cosmologia, devido à expansão do Universo, o equilíbrio térmico é definido ao compararmos duas ou mais escalas de tempo. No caso, comparamos a escala de tempo da expansão cósmica (quão rápido ocorre em um determinado momento da história cósmica) e a escala de tempo em que as partículas que preenchem o cosmo interagem entre si (quanto tempo demora para que duas ou mais se encontrem, em média). Se a expansão do Universo for muito rápida, as partículas se afastam umas das outras e não conseguem interagir eficientemente entre si; sem interações, não poderão trocar informação e manter a mesma temperatura. Nesse caso, as reações entre as partículas ocorrem fora de equilíbrio térmico. No outro caso, quando as partículas interagem mais rapidamente do que o Universo expande, poderão manter o estado de equilíbrio.

Será que é possível satisfazer todas as três condições de Sakharov em algum momento da infância cósmica? A resposta que temos no momento é que possivelmente sim. Os primeiros modelos de *bariogênese*, que tentavam explicar a gênese de bárions, aplicaram as três condições de Sakharov no contexto das teorias de grande unificação (GUTs) propostas durante a década de 1970 para unificar as interações forte, fraca e eletromagnética. Como vimos, a interação forte explica as interações entre quarks através da troca de glúons, enquanto a interação fraca explica a radioatividade através da existência de processos que violam C e CP mediados pelos três bósons de gauge (W^+, W^-, Z^0). Unificar essas forças significa remover as diferenças entre quarks e léptons. Em outras palavras, em um mundo em que a grande unificação é válida, quarks podem se transformar em léptons e vice-versa. Uma das consequências mais surpreendentes desse tipo de transformação é que o próton, o tijolo básico dos átomos da Tabela Periódica, não é mais estável: segundo as teorias de grande unificação, os diamantes não são para sempre!

O modelo original de grande unificação, proposto em 1974 por Sheldon Glashow e Howard Georgi da Universidade de Harvard, previa que o próton decairia em aproximadamente 10^{30} anos, um tempo um trilhão de bilhão de vezes mais longo do que a idade do Universo. "Absurdo!", protesta o leitor. "Isso é o mesmo que dizer que o próton é estável." Na verdade, não é bem assim. Basta coletarmos um número gigantesco de prótons num volume suficientemente grande e esperar para ver se algum decai.*

Físicos experimentais, na tentativa de confirmar as teorias de grande unificação, coletaram enormes volumes de água ultrapura (dezenas de milhares de toneladas) em tanques escondidos em minas subterrâneas, cobertos com sensores capaz de detectar o raro decaimento de um próton. Vários grupos, dos EUA ao Japão, montaram os seus tanques. Mas o próton não decaiu. Rocky Kolb, que foi meu orientador de pós-doutorado no laboratório americano Fermilab e um dos pioneiros da pesquisa em bariogênese aplicada à cosmologia, confessou-me como ficou "arrasado quando foi demonstrado que o próton não decaía. Tínhamos certeza de que ia ocorrer..." Rapidamente, físicos teóricos revisaram os seus modelos de grande unificação, aumentando a previsão da vida média do próton, para torná-la consistente com os resultados experimentais. (Um resultado negativo também é um resultado.) Mas com o tempo, os detectores cresceram, os limites desses modelos revisados foram atingidos e o próton continuou a não decair. Todos os modelos de grande unificação mais simples falharam. Por algum motivo, a navalha de Occam não parece querer funcionar.

Alguns modelos de grande unificação permanecem ainda fora do alcance dos experimentos atuais. Para isso, têm que ser cada vez mais complexos. Por exemplo, os mais populares invocam uma nova simetria da Natureza conhecida como *supersimetria*. Essa simetria, como o nome já indica, é mesmo super. Transforma partículas de matéria (como os

---

* Lembre-se do número de Avogadro: em apenas 12 gramas de carbono existem cerca de 6×10^{23} átomos, ou seja, mais de um trilhão de trilhão de prótons. Se as teorias de grande unificação estiverem corretas, num volume com 10^{30} prótons podemos esperar que ao menos um decaia por ano.

quarks e os léptons) em partículas de força. Proposta também na década de 1970, é a mais fantástica das simetrias, conectando todo tipo possível de partícula. Devido ao seu apelo, os Unificadores adotaram com paixão a supersimetria, que é conhecida carinhosamente como SUSY. Segundo eles, a supersimetria é um componente essencial do código oculto da Natureza.[14]

As teorias supersimétricas (o "super" aqui é o mesmo da teoria das supercordas, que também exibe supersimetria) fazem uma série de previsões realmente espetaculares sobre a composição material do Universo. Segundo elas, cada partícula de matéria tem uma companheira supersimétrica: o fóton tem o "fotino", o glúon tem o "gluíno", o quark tem o "squark" e assim por diante. Se a SUSY for confirmada, o número de partículas elementares dobra automaticamente, de modo semelhante ao que ocorreu quando a antimatéria foi descoberta. Como, ao contrário do que ocorre com a antimatéria, nenhuma dessas partículas supersimétricas foi observada até agora, elas devem ser ou muito pesadas ou altamente instáveis. Se são muito pesadas, não podem ser produzidas nos aceleradores atualmente em operação. Se forem muito instáveis, podem decair antes de serem detectadas, se bem que o padrão do seu decaimento pode nos ajudar a vislumbrar algumas das suas propriedades. Se fosse apenas isso, nossa situação seria um tanto desesperadora. Afinal, ideias que não podem ser testadas não fazem muito sentido no contexto científico. Como determinar o que existe se não podemos encontrá-lo? Felizmente, muitos modelos preveem que a mais leve das partículas supersimétricas é estável. Esse peso-pena supersimétrico é, após o bóson de Higgs, o segundo na lista das partículas mais procuradas. Se for encontrado, provaria que a supersimetria é, afinal, uma simetria viável da Natureza, e possivelmente a solução de muitos problemas que ora afligem o Modelo Padrão das partículas. Em cosmologia, essa partícula é a candidata número um para a matéria escura. Até o momento, mesmo que caçada por dezenas de experimentos nos quatro cantos do mundo, nenhum sinal de supersimetria foi detectado, forçando os físicos teóricos a ajustar seus modelos várias vezes, aumentando o valor das massas das partículas supersimétricas e a intensidade de sua interação além do alcance das máquinas atuais.

Muitos acreditam que o LHC, o gigantesco acelerador europeu, encontrará alguma evidência de supersimetria. É difícil prever, já que a SUSY pode ser apenas a invenção dos físicos teóricos, famintos por uma simetria capaz de manter o sonho de uma Teoria Final vivo. O fato de que, até o momento, nenhum traço de uma partícula supersimétrica tenha sido detectado não inspira muita esperança.* Para piorar as coisas, resultados dos detectores Super-Kamiokande II, no Japão, e do Sudan II, nos Estados Unidos, já eliminaram todos os modelos de grande unificação supersimétricos simples, mais uma vez usando a longevidade do próton. Se a SUSY é uma simetria da Natureza, consegue esconder-se muito bem. Sabemos que é uma simetria violada (ou quebrada) nas energias que nossos aceleradores podem atingir; caso contrário, já a teríamos descoberto. Os detalhes de como essa quebra da supersimetria ocorre, que são desconhecidos, estão diretamente relacionados com as massas das partículas supersimétricas. Esse fato faz com que seja possível ajustar continuamente os modelos de modo que as partículas tenham massas acima da capacidade dos aceleradores, uma prática um tanto deselegante, indigna de uma simetria com tanto apelo estético.

Dadas as dificuldades com as teorias de grande unificação, devemos buscar outros mecanismos capazes de produzir o excesso de matéria no Universo primordial. Afinal, se estamos aqui é porque algo aconteceu para gerá-lo. Felizmente, existe um caminho alternativo. Em vez de usar uma teoria de grande unificação que, no momento, permanece uma hipótese, por que não usar o fato de que a interação fraca viola tanto C quanto CP (a condição 2 de Sakharov) e tentar gerar o excesso de matéria a energias bem mais baixas, onde podemos aplicar com confiança o que sabemos sobre o Modelo Padrão das partículas? Sem dúvida, uma estratégia bem mais razoável e concreta. Do ponto de vista cosmológico, o período de bariogênese mudaria de um trilionésimo de trilionésimo de trilionésimo de segundo após o "bang" (10^{-36} segundo) — quando presumivelmente a unificação do eletromagnetismo com as forças

---

* Nunca se sabe. Talvez apenas alguns anos após a publicação deste livro, a partícula supersimétrica mais leve venha a ser descoberta. Eu mantenho meu ceticismo.

fraca e forte valia — até um trilionésimo de segundo (10^{-12} segundo), quando a unificação do eletromagnetismo com a força fraca ainda era válida. O desafio é conseguir também satisfazer as condições 1 e 3 de Sakharov, isto é, encontrar um meio de violar o número bariônico no Modelo Padrão enquanto o Universo permanece fora de equilíbrio térmico. Precisamos de um novo capítulo para explorar como isso tudo poderia ter ocorrido.

34
Universo em transição

"Bariogênese durante a transição de fase eletrofraca" é uma expressão que não parece fazer muito sentido. Mas aprendemos já o suficiente neste livro para destrinchar o seu significado. *Bariogênese*: a produção de um excesso de bárions sobre antibárions, isto é, de mais matéria do que de antimatéria. *Transição de fase*: processos onde uma mudança nas condições externas leva a uma mudança qualitativa em um sistema. As transições de fase são bem familiares no nosso dia a dia. Por exemplo, quando a queda de temperatura (a condição externa) faz com que a água líquida congele. Veremos que processos análogos às transições de fase são capazes de descrever as mudanças qualitativas que ocorrem com as simetrias internas das partículas a energias diferentes. *Eletrofraca*: a força que resulta da unificação do eletromagnetismo com a força nuclear fraca, que discutiremos a seguir.

O Modelo Padrão engloba tudo o que foi descoberto até o momento na busca pela unificação das forças. (Não o que foi imaginado, mas o que foi medido.) Mencionei o trabalho de Glashow, Salam e Weinberg, que previu a existência das partículas W^+, W^- e Z^0, responsáveis pela interação fraca. Sua descoberta em 1983 inaugurou uma nova era da física de partículas, dando enorme credibilidade ao Modelo Padrão.

A teoria vai além da previsão de novas partículas. Descreve também um novo modo de se pensar sobre a massa. Como vimos, o modelo prevê a existência de uma outra partícula, o bóson de Higgs, a partícula responsável por dar massa a todas as partículas de matéria e de força. O campo associado ao bóson de Higgs, o campo de Higgs, está por toda parte, onipresente no cosmo. De acordo com o modelo, as partículas elementares podem existir em duas fases, determinadas pelo campo de Higgs. Se o valor do campo for zero, as partículas não têm massa. Se o valor do campo não for zero, todas as partículas ganham uma massa. Como hoje sabemos que os neutrinos têm massa, o fóton é a única exceção, a única partícula conhecida sem massa.[15] Segundo o Modelo Padrão, a massa de cada partícula (de cada quark, do W^+ etc.) é determinada pela intensidade com que interage com o Higgs: quanto mais forte a interação, maior a massa da partícula.

Como que uma mudança tão drástica nas propriedades das partículas elementares ("sem massa" para "com massa") pode ter ocorrido? A resposta foi inspirada pelas transições de fase familiares da cozinha. Vivemos na fase "congelada", onde o campo de Higgs tem um valor finito e as partículas têm as massas que medimos nos detectores. Essa é a fase de baixas energias. Tal como com a água, que descongela com o aumento de temperatura, as coisas mudam quando a energia aumenta. De acordo com estimativas atuais, a energias em torno de duzentas ou trezentas vezes maior do que a massa de um próton (multiplicada pelo quadrado da velocidade da luz), o campo de Higgs torna-se essencialmente invisível, transparente, como se não existisse para as outras partículas. Como são as interações entre o Higgs e as partículas que determinam as suas massas, na fase em que o Higgs é transparente (seu valor é zero), as partículas não têm massa. Essa é a fase de altas energias ("líquida").

Voltando à analogia entre a água líquida e congelada, note que a água e o gelo têm propriedades espaciais bem diferentes. Enquanto a água é homogênea, isto é, em média aparenta ser a mesma em todos os pontos do volume que ocupa, o gelo não tem essa simetria: ao congelarem, as moléculas de água adquirem um arranjo espacial bem específico, formando uma rede cristalina hexagonal, parecida com uma colmeia de abelhas. Átomos de oxigênio ocupam cada um dos seis vértices dos hexágonos, enquanto os dois átomos de hidrogênio alinham-se ao longo das conexões entre os vértices. Essa simetria em seis lados das redes cristalinas de gelo determina a belíssima simetria hexagonal dos flocos de neve, que são manifestações macroscópicas de uma simetria microscópica. Mesmo que os cristais tenham um alto grau de simetria, a água líquida é ainda mais simétrica, pois é a mesma em todas as direções: em média, a probabilidade de encontrarmos uma molécula de água em qualquer ponto do volume em que se encontra é a mesma. Portanto, quando a temperatura cai e a água muda de líquida para sólida, há uma redução de simetria. A transição de fase promulga um decréscimo na simetria do sistema.

Algo de semelhante ocorre com o campo de Higgs e as forças eletromagnética e fraca. Quando o Higgs está em sua fase transparente (a altas energias), os bósons de gauge da força fraca não têm massa e, portanto, comportam-se como o fóton: nessa fase, a interação fraca tem longo alcance (em vez do seu curto alcance usual) e age de modo semelhante ao eletromagnetismo. Por essa razão, dizemos que, a altas energias, as duas interações são unificadas em uma única força, a força *eletrofraca*. Já a baixas energias, o Higgs perde sua transparência e passa a interagir com as partículas de matéria e as de força, concedendo a elas as suas massas. A única exceção é o fóton, que permanece sem massa nas duas fases. Com os três bósons de gauge extremamente pesados, o alcance da interação fraca fica limitado a curtíssimas distâncias. Consequentemente, a baixas energias, como sabemos, as duas forças agem de forma bem diferente. Como com a água e o gelo, existe também aqui uma perda de simetria, ao compararmos a fase a energias altas com a fase a energias baixas. Como na fase a altas energias as duas forças agem de forma semelhante, a simetria lá é maior do que na fase a energias baixas, a realidade em que vivemos. A diferença essencial entre os dois sistemas é que, no caso da água, a simetria é externa, relacionada com o arranjo espacial das moléculas, enquanto, no caso das partículas, ela é uma simetria interna, relacionada com cargas especiais carregadas pelas partículas que interagem através das forças fraca e eletromagnética. Essa perda, ou quebra, de simetria é conhecida como *transição de fase eletrofraca*.

Em 1985, quando estava completando meu doutorado em Londres, três físicos russos publicaram um artigo excepcional.[16] A ideia deles, extremamente criativa, era usar a transição de fase eletrofraca como fonte da assimetria entre matéria e antimatéria. Para tal, retornaram à cosmologia, e usaram o fato de que, segundo o Big Bang, o Universo era quente durante a sua infância. Portanto, do mesmo modo que o gelo derrete quando aquecido, o campo de Higgs também seria aquecido no Universo primitivo. Em vez de derreter, o Higgs é forçado a entrar em sua fase transparente, a fase das energias (e temperaturas) altas. Com isso, vemos que, no cosmo primordial, antes de um trilionésimo de segundo, o Universo era quente o suficiente para que o Higgs estivesse em sua fase transparente: a simetria entre as interações fraca e eletromagnética é restaurada! Sabemos que o gelo derrete a zero grau centígrado. O Higgs fica transparente quando a energia é aproximadamente 200 vezes maior do que a massa do próton (multiplicada pelo quadrado da velocidade da luz). Se seguirmos o sentido normal do tempo começando do passado distante, no Universo primordial a simetria eletrofraca persistiu até que, com a expansão cósmica e a consequente queda de temperatura, o Higgs deixou de ser transparente e as duas forças se separaram. Essa separação é equivalente a uma transição de fase.

A transição de fase eletrofraca pode resolver a questão do excesso de matéria. Primeiro, porque provê um mecanismo para que o número bariônico seja violado (condição 1 de Sakharov), usando o fato de que o Universo primordial era extremamente quente. Em energias baixas, esse processo de violação é altamente limitado. Vejamos como visualizar isso através de uma analogia. Imagine que você trabalhe num escritório bem kafkiano, com cubículos e mais cubículos alinhados numa reta, separados por uma espessa parede de quatro metros de altura. Cada cubículo tem um número, que representa o número bariônico do seu "mundo". Cada número difere por três unidades dos de seus cubículos vizinhos. Para a direita, o número bariônico aumenta de três unidades; para a esquerda, diminui. A energias e temperaturas ordinárias, o único modo de se passar de um cubículo para outro (e, com isso, ganhar ou perder três unidades de número bariônico dependendo da direção que você tomar) é cavando um buraco na parede. Como você não tem pás ou picaretas, essa operação demoraria um tempo enorme, pois você teria que cavar o túnel com suas próprias mãos. Talvez tomasse décadas de sua vida, ou uma vida inteira. Não é impossível, mas bastante implausível (e doloroso).

Contemplando com um certo desespero a possibilidade de passar o resto da vida preso no seu cubículo, você se lembra que cada cubículo tem um banquinho montado sobre uma mola. Após um rápido exame, você descobre que a mola é ativada ao ser aquecida acima de uma certa temperatura. Ao se soltar, a mola impele o banco com violência para cima. O resto é fácil. Você faz uma grande pilha de papel, reunindo todos os seus cálculos errados, e começa uma fogueira. Enquanto o fogo vai aumentando, você pula no banquinho e fica esperando. Após alguns minutos, a mola se solta e você vai voando para o cubículo vizinho.

Os cubículos kafkianos capturam a essência do mecanismo de Kuzmin, Rubakov e Shaposhnikov. A temperaturas baixas, a violação de número bariônico no Modelo Padrão é irrelevante, praticamente nula. Mesmo que, em princípio, as paredes separando os "mundos" com diferentes números bariônicos possam ser atravessadas através de efeitos quânticos (de tunelamento), na prática isso não ocorre. Ainda bem, pois, caso contrário, o próton não seria estável e nós não estaríamos aqui. Já a temperaturas altas, os processos que violam o número bariônico não são mais tão supressos: é possível acessar "mundos" com número bariônico diferente sem grande dificuldade. A ideia genial do trio de Moscou foi ter sugerido que, no Universo primitivo, as temperaturas altas necessárias para promover esses saltos foram facilmente atingidas. Com isso, é simples satisfazer a primeira condição de Sakharov.

Se adicionarmos a violação de C e CP que ocorre na interação fraca, o mecanismo funciona ainda melhor. No mundo kafkiano da nossa analogia, o seu efeito é equivalente a inclinar a sequência de cubículos numa direção, como se tivessem sido construídos numa ladeira. Com isso, a direção que vai ladeira abaixo é favorecida e o número bariônico cresce, aumentando a eficiência na produção do excesso de matéria (lembre-se que o número bariônico conta quantos quarks existem no "mundo"). A segunda condição de Sakharov é satisfeita.

E como tratar da terceira condição de Sakharov, a que insiste que esses processos ocorram fora de equilíbrio térmico? A própria transição de fase eletrofraca cuida disso. Pense, mais uma vez, na água e no gelo. Inicialmente, a temperaturas acima de zero grau, a água é homogênea e não vemos qualquer sinal de cristais de gelo se formando. Quando a temperatura cai, começamos a perceber pequenas regiões onde a água começa a congelar. Os minúsculos cristais de gelo são as sementes, ou "pontos de nucleação", da transição de fase. Na prática, essas sementes surgem devido à presença de impurezas. É isso o que ocorre quando chove ou neva. O vapor d'água do ar resfriado vira uma gotícula líquida (se condensa) em torno de um grão de poeira. Se a condensação ocorre próxima ao solo, vemos gotas de orvalho nas plantas ou no chão. Se ocorre na atmosfera, a condensação forma nuvens. Quando a temperatura cai o suficiente, uma gotícula pode congelar, induzindo as gotículas vizinhas a fazer o mesmo. Como gelo é mais frio do que água, esse processo libera calor, ocorrendo fora de equilíbrio térmico. O equilíbrio só é restaurado quando todo o sistema é convertido para uma única fase. Como observamos nos nossos congeladores, uma vez que a água congela, nada de muito interessante ocorre; equilíbrio é a ausência de mudança.

De volta à transição eletrofraca: existem duas fases, a fase simétrica, realizada a altas temperaturas, e a fase assimétrica, realizada a baixas temperaturas. Na fase simétrica, as partículas não têm massa, enquanto na fase assimétrica ganham massa devido a suas interações com o campo de Higgs. É importante também lembrar que, na fase simétrica, o número bariônico pode ser violado: as paredes dos cubículos podem ser saltadas. Vamos, então, iniciar nossa narrativa no Universo primordial, quente e denso. O Higgs ainda era transparente, e o número bariônico era livremente violado nas reações entre as partículas. A violação de C e CP, por sua vez, garantia que um excesso de bárions estava sendo produzido. Enquanto isso, o Universo continuava a sua expansão e ia se resfriando aos poucos. Por fim, a temperatura caiu o suficiente para que o Higgs se condensasse, perdendo a sua transparência. A partir de então, pulos aos cubículos vizinhos passaram a ser extremamente raros: a transição para a fase assimétrica havia começado. Agora precisamos dos detalhes da transição, isto é, explorar como ela ocorreu em locais diferentes do espaço. Será que podemos continuar a usar a analogia com a condensação inicial da água em minúsculos cristais de gelo? A resposta depende da massa do bóson de Higgs, cujo valor ainda não conhecemos.

Comecei a trabalhar na questão da bariogênese meio tarde, em meados de 1990, quando fazia meu pós-doutorado no Instituto de Física Teórica da Universidade da Califórnia em Santa Barbara. (Antes disso, estava trabalhando nas consequências cosmológicas das supercordas, tema que passa por uma renascença esses dias.) Na época, todos acreditavam que o bóson de Higgs fosse relativamente leve, mais leve do que os bósons de gauge da interação fraca, com uma massa em torno de 40 ou 50 vezes maior do que a massa de um próton (multiplicada pelo quadrado da velocidade da luz, como sempre). Nesse caso, a transição da fase simétrica para a fase assimétrica seria de "primeira ordem", ou descontínua: num mar em que o Higgs era transparente e o número bariônico era violado constantemente, surge uma pequena bolha em cujo interior o Higgs encontra-se na fase assimétrica. (Equivalente aos minúsculos cristais de gelo que surgem na água líquida quando a temperatura cai, iniciando a transição.) A bolha, se grande o suficiente, cresceria e colidiria com outras bolhas semelhantes, "nucleadas" em outros pontos do espaço. Depois as bolhas se combinariam e preencheriam todo o espaço com a fase assimétrica, aquela em que o Higgs dá massa a todas as partículas com exceção do fóton. A transição de fase estaria completa.

O mecanismo capaz de gerar o excesso de matéria sobre antimatéria usa a existência dessas bolhas em expansão. Vamos analisar o que ocorria dentro e fora das bolhas. No exterior, na fase simétrica (ou "líquida"), o número bariônico está sendo violado e um excesso de partículas de matéria está sendo criado. No interior, na fase assimétrica de baixas energias, o número bariônico permanece o mesmo. Aqui entra o truque crucial: as paredes das bolhas não são totalmente impermeáveis. Como espermatozoides penetrando um óvulo, partículas de matéria e de antimatéria vindas do exterior conseguem atravessar a parede da bolha, entrando no mundo assimétrico. (Espero que essa analogia não seja facilmente esquecida.) Como existe um excesso de partículas no exterior (como se existissem mais espermas carregando genes masculinos do que femininos, feito na minha família), essas entrariam em maior número dentro da bolha, produzindo o excesso de matéria que observamos no mundo a nossa volta. Voilà! Este mecanismo explica, ao menos em princípio, o excesso de matéria no Universo!

Em 1993, escrevi um artigo com Rudnei Ramos, hoje professor da Universidade Estadual do Rio de Janeiro, prevendo que esse cenário baseado na nucleação de bolhas deixaria de funcionar caso a massa do Higgs fosse maior do que 70 vezes a do próton. Logo a seguir, Shaposhnikov (um dos três russos que sugeriram o mecanismo descrito acima) e seus colaboradores confirmaram nossos resultados (e foram bem além da nossa análise analítica) usando simulações em computadores paralelos para estudar os detalhes da transição de fase eletrofraca. Fiquei arrasado quando, alguns anos mais tarde, experimentos mostraram que o Higgs era pelo menos 105 vezes mais pesado do que o próton. O cenário usando bolhas não funcionava. Insisti, mostrando que mesmo se o Higgs tivesse essa massa, uma variação chamada *transição de primeira ordem fraca* poderia ainda funcionar. Mas a massa do Higgs continuou a subir, e mesmo esse cenário teve de ser deixado de lado. A conclusão desses estudos é bem provocadora: não podemos usar o Modelo Padrão em sua formulação atual para produzir o excesso de matéria no Universo durante a transição de fase eletrofraca. Claro, é sempre possível que alguém surja com uma nova ideia que acabe funcionando — e existem alguns modelos candidatos. No momento, a alternativa mais popular é baseada em extensões do Modelo Padrão que incluem supersimetria, o que não é surpreendente. Quando SUSY é incorporada ao Modelo Padrão, fica mais fácil produzir o excesso de matéria. Entretanto, mesmo nesse caso, os modelos mais simples falham. Eu tentei alguns deles com meu colega Mark Trodden em 2001. A verdade é que ainda não sabemos como explicar o excesso de matéria no Universo, embora suspeite que estejamos cada vez mais perto de uma resposta. Em todo caso, a busca tem sido fascinante.

35
Unificação: uma crítica

De Tales a Kepler e às supercordas, a busca por uma Teoria Final inspirou (e inspira) algumas das mentes mais brilhantes da história. Embora a teoria das supercordas seja ainda uma obra em andamento, a verdade é que, até o momento, a busca falhou. A teoria das supercordas pode continuar a ser trabalhada por séculos sem levar a alguma conclusão definitiva. Por outro lado, não há dúvida de que algumas unificações parciais foram obtidas. Mencionamos como a eletricidade e o magnetismo se comportam como uma onda eletromagnética que se propaga na velocidade da luz pelo espaço vazio. Mencionamos também como a ausência de monopolos magnéticos estraga a perfeição dessa unificação, mesmo que ainda seja possível tratar o eletromagnetismo como uma interação única. Vimos como a interação nuclear fraca viola uma série de simetrias internas: a conjugação de carga (C), a paridade (P), e até mesmo a combinação das duas (CP). As consequências dessas violações estão profundamente relacionadas com a nossa existência: são elas que determinam a direção do tempo no mundo microscópico, oferecendo um mecanismo viável para a produção do excesso de matéria sobre antimatéria. Sem essas assimetrias, o Universo consistiria em uma sopa de radiação eletromagnética e algumas partículas esparsas: não existiriam átomos, estrelas, e muito menos pessoas. A mensagem que a física de partículas e a cosmologia moderna nos ensinam é clara. Somos produtos de imperfeições da Natureza. Mesmo se, dentro da precisão de nossas medidas, algumas simetrias sejam respeitadas — como a conservação de carga e de energia, por exemplo — devemos encarar o fato de que muitas outras não são, ou que são apenas aproximações que usamos para descrever a realidade que nos cerca do melhor modo possível. A assimetria da Natureza nos conecta com as nossas origens.

Teorias de grande unificação (GUTs) fazem duas previsões muito importantes: o próton é uma partícula instável e deve decair, e devem existir outros tipos de monopolos magnéticos, primos mais pesados dos monopolos mais simples do eletromagnetismo. Após décadas de buscas em vários laboratórios espalhados pelo mundo, o próton ainda não decaiu e nenhum monopolo magnético foi encontrado. Claro, podemos sempre acreditar — meio como Cândido, o personagem eternamente otimista de Voltaire — que um dia serão, que nossos modelos são simplificados demais e que nossos detectores não são sensíveis o suficiente. É bem verdade que a inflação cósmica pode se livrar dos monopolos da GUT, essencialmente mantendo apenas um em todo o Universo observável. Foi inventada principalmente para isso. Mesmo assim, o tempo passa e experimentos cada vez mais precisos constringem os modelos, que ficam meio que estrangulados. É difícil evitar a suspeita de que algo de muito errado está acontecendo.

Temos, também, a unificação eletrofraca, nosso único modelo com confirmação experimental onde duas forças se comportam de modo semelhante acima de uma certa energia. Não há dúvida de que o Modelo Padrão é um grande triunfo da física moderna; já celebramos os seus feitos diversas vezes. Mas uma análise mais cuidadosa da teoria de unificação eletrofraca revela que não é uma unificação completa. Ao menos não no senso da grande unificação, que prevê que todas as forças (com exceção da gravidade) se transformem numa só. A teoria eletrofraca nunca se livra em definitivo da diferença entre o eletromagnetismo e a interação fraca. As partículas eletricamente neutras que transmitem a força eletrofraca e que, a baixas energias, identificamos com o fóton e com o pesado Z^0, são misturas dos bósons de gauge da teoria a altas energias.[17] Essa mistura, embora seja uma descrição efetiva do que ocorre, não é uma unificação. Ademais, o fato de que o neutrino apenas se manifesta como uma partícula canhota, desequilibra a formulação da teoria: para que seja consistente com os experimentos, as partículas destras têm que ser descritas de forma muito diferente das canhotas.

Longe de mim querer criticar o Modelo Padrão. Porém, acredito que não deva ser visto como um exemplo de unificação e sim como uma ilustração da imperfeição e das simetrias aproximadas que encontramos na Natureza. O que temos é uma descrição, uma narrativa incompleta, consistente com nossos experimentos atuais. Existem muitos problemas com o Modelo Padrão, propriedades que ainda não são compreendidas. As massas dos neutrinos são um exemplo; o bóson de Higgs é outro; a razão pela qual a massa do elétron é tão diferente da do próton, enquanto suas cargas elétricas são idênticas e opostas, é outro. Muitos acreditam que as soluções para esses desafios serão encontradas numa teoria mais profunda, mais próxima de uma verdadeira unificação (ver capítulo 31). A supersimetria é a solução mais popular, e precisamos esperar para ver se funcionará ou não. (Isso pode levar *muito* tempo, como mencionamos antes.) Se o LHC ou algum experimento que busca a matéria escura confirmar a existência de supersimetria dentro de alguns anos, a festa será grande, iniciando uma verdadeira revolução na nossa visão de mundo: o micro e o macro se unirão ainda mais; a possibilidade de uma grande unificação será bem mais tangível; os Unificadores ficarão extasiados. Todavia, mesmo se algum dia a supersimetria for confirmada, não podemos tomar como uma indicação de que existe uma Teoria Final. Como venho argumentando, a Teoria Final é uma construção da mente humana, um mito monoteísta que inspirou Tales, Kepler, Einstein e tantos outros até nossos dias, com pouca justificativa na realidade física que conhecemos. A alternativa — impensável e até ofensiva para muitos — é que jamais chegaremos a essas teorias, que esse tipo de unificação simplesmente não existe. O que podemos fazer é aprimorar a nossa narrativa e descrever a Natureza com nossas teorias incompletas, mergulhando cada vez mais profundamente em seus mistérios. O estudo da física fundamental continuará a ser altamente instigante sem que exista um Graal.

No início da minha carreira, quando era um Unificador devoto, Einstein era a minha inspiração principal, mas não a única. Outros pioneiros da física também buscaram a unificação, validando a minha escolha. Heisenberg, Pauli, Schrödinger... como esses gênios poderiam estar errados após estarem certos sobre tantas coisas? Impossível! Publiquei mais de 60 artigos em assuntos relacionados à unificação, fui a dezenas de conferências pelos quatro cantos do mundo, dei centenas de seminários e palestras. Dediquei uma década às teorias de unificação e à sua formulação em espaços com mais de três dimensões. Junto com meu orientador de doutorado, J. G. Taylor, até escrevi um dos primeiros artigos aplicando a teoria das supercordas ao Big Bang, ainda em 1985. Mesmo assim, apesar de toda essa atividade, no início da década de 1990 comecei a pensar de modo diferente dos meus colegas. Preocupava-me muito o fato de que a maioria das ideias que estávamos propondo eram tão remotas e abstratas que provavelmente jamais seriam testadas. Caso isso fosse verdade, como saber se faziam sentido? Será que evidência indireta é suficiente em física? Dedicar toda uma carreira a ideias que provavelmente nunca poderão ser validadas me parecia oposto ao ideal de ser físico. O cacife ficou alto demais. Por outro lado, o prêmio era tão valioso, a ideia tão instigante, que era perfeitamente compreensível que tantos seguissem por esse caminho. Será que eu devia ir junto?

Mesmo que, inicialmente, tenha evitado pensar no assunto, aos poucos a noção de que a Teoria Final era uma fantasia começou a tomar corpo. A virada deu-se em 2002, quando eu e minha esposa construímos uma casa no meio de um bosque situado a 25 quilômetros de Dartmouth, a universidade onde leciono nos Estados Unidos. Nenhum vizinho à vista, só o solene monte Ascutney a distância e o magnífico rio Connecticut, fluindo impérvio às nossas questões existenciais. A Natureza nos espiava constantemente pelas janelas exageradas da casa, impossível de ser ignorada. Pela primeira vez na vida, vislumbrei o mundo com os olhos bem abertos, sem uma teoria preconcebida para guiar meus pensamentos. Vi que as árvores nunca se bifurcam de forma perfeita, que as nuvens não são esféricas, e que as estrelas se distribuem no céu noturno sem qualquer padrão aparente. Entendi que a ordem que impomos na Natureza é a ordem que tanto queremos nas nossas vidas. O Deus de Spinoza e de Einstein; os sólidos de Kepler; a "mente de Deus" das teorias da física moderna. Certamente existem leis naturais que refletem padrões de comportamento organizado que observamos no mundo. Mas será que essas leis são mesmo o cerne da realidade física? Ou será que são descrições lógicas que *nós* criamos para representá-la da melhor forma possível? Recentemente, aprendemos muito sobre as nossas origens. Aprendemos que o Universo está em expansão acelerada, que o tempo teve um começo, que podemos traçar a nossa existência a uma assimetria essencial entre as partículas de matéria e de antimatéria, que apenas através de mutações genéticas a vida pode se adaptar e florescer. Aprendemos que, sem essas e outras imperfeições, átomos, galáxias e pessoas não existiriam. Mesmo assim, ainda que de posse de toda essa evidência, muitos dos meus colegas, enfeitiçados pelo Encantamento Iônico, continuam a acreditar na beleza abstrata da Teoria Final, na existência de uma verdade final que um dia nos será revelada em toda a sua glória, o êxtase do intelecto humano.

No inverno do mesmo ano em que nos mudamos para a casa no bosque, fui caminhar com minha filha sob a luz da Lua cheia. Poucas paisagens que tive o privilégio de ver na minha vida se equiparam ao esplendor do reflexo azulado da Lua nos campos nevados. Minha filha olhava, boquiaberta, para o céu e para a neve em seus pés. De repente, pegou um punhado de neve e fez a luz da Lua refletir em alguns flocos, como se fossem pequenos diamantes.

"Pai", ela disse, "por que dois flocos nunca são iguais mas todos têm seis pontas?" A questão não era nova, claro. O próprio Kepler, em 1611, havia ponderado sobre a belíssima simetria dos flocos de neve. Mas essa era a minha filha, então com seis anos, intuindo um fato essencial: simetrias podem se manifestar nas coisas que vemos, mas não explicam a incrível diversidade do mundo natural. Cada floco tem seis pontas, como vimos, devido às simetrias da molécula de água e seus arranjos cristalinos. Mas cada floco é uma obra de arte única, esculpido por condições fora de equilíbrio térmico.

"Os flocos de neve são como pessoas", respondi. "Mesmo que todo mundo tenha dois olhos, duas pernas e uma cabeça, somos todos diferentes, né? E são essas diferenças que tornam a vida interessante. Já pensou se todo mundo fosse idêntico? Se você tivesse a minha cara?"

"Eca, pai!"

"Pois é, achei que você não ia gostar muito".

Naquele inverno, ficou claro para mim que os que buscam a perfeição de modo geral estão cortejando a musa errada. Não é a simetria e a perfeição que deveriam estar nos guiando, como fizeram por milênios. Não precisamos buscar a mente de Deus na Natureza e expressá-la através de equações. A ciência que criamos é apenas isso, nossa criação. Mesmo que maravilhosa, será sempre limitada pelo que podemos conhecer do mundo. E como nunca poderemos conhecer tudo o que existe, nossa ciência será sempre incompleta. Podemos buscar descrições unificadas de fenômenos naturais e, no caminho, até encontrar algumas unificações parciais. Mas não devemos jamais esquecer que uma unificação final está fora de nosso alcance. Como um peixe, que não consegue conceber a totalidade do oceano, não somos capazes de conceber a totalidade da Natureza. A noção de que existe uma estrutura hipermatemática que determina tudo o que existe no cosmo é uma ilusão platônica (e spinoziana) que não tem qualquer relação com a realidade. É uma tentativa de encontrar Deus, mesmo que metaforicamente, através da lente da ciência.

Mesmo que, através da nossa inventividade, tenhamos aprendido tanto sobre o mundo, nossa descrição da realidade será sempre uma obra inacabada. Querer aprender sempre mais reflete a nossa curiosidade. Acreditar poder saber tudo reflete apenas uma ilusão.

PARTE IV
A assimetria da vida

36
Vida!

Ninguém testemunhou o que estava para acontecer.
A água e a terra já existiam;
Matéria inerte chovia dos céus.
O calor abrasava a terra, secava os mares.
O mundo ardia, coberto por nuvens de fumaça.
Que ar era esse? Que terra? Que mar?
Tremores sacudiam o solo, misturando seus ingredientes.
Ondas lambiam a terra, no ir e vir do mar.
Algumas coisas afundavam; outras borbulhavam.
De repente, um resfriamento; uma paz efêmera.
No lodo primordial, moléculas entraram em ação.
Formas acidentais; divisões espontâneas.
O devir experimentando ser.
Atrações e repulsões, mais moléculas formadas e destruídas.
Uma cresceu mais do que as outras,
engolfou as outras.
Enrolou-se num círculo, mordeu-se a si mesma e, vibrando,
dividiu-se em duas.
E assim foi.
Duas viraram quatro. Quatro, oito.
A vida, ou algo como ela, havia começado.
Não como eu e você. Mas também eu e você.

Este é o segundo mito de criação da nossa geração: a vida surgindo na Terra primordial, uma auto-organização de materiais inertes, catalisada pela ação da energia inquieta, típica de um sistema longe do equilíbrio térmico. Quando a vida surgiu? Como? E onde? Se surgiu aqui, será que surgiu também em outros lugares do cosmo? Existe vida extraterrestre? Se existir, será inteligente? Tal como com a origem do Universo, que apenas algumas décadas atrás era considerada uma questão além do alcance da ciência, a origem da vida — e sua possível existência em outros lugares do cosmo — é hoje foco da pesquisa de ponta.

Uma cadeia de eventos liga o surgimento da vida na Terra à história cósmica. Para que a vida tenha surgido, era necessário um planeta contendo os elementos químicos apropriados e a uma distância de sua estrela-mãe que permitisse que reações entre eles ocorressem. A estrela, por sua vez, surgiu de uma nuvem de hidrogênio, um elemento produzido quando os fótons da radiação cósmica de fundo começaram sua jornada através do espaço em torno de 400 mil anos após o "bang". O Universo tinha que estar expandindo na velocidade adequada para que a matéria — primeiro a escura e depois a normal — pudesse se concentrar em nuvens densas: se a expansão fosse muito rápida, a matéria se dissiparia pela vastidão cósmica; se fosse muito lenta, o Universo entraria em colapso e se fecharia sobre si mesmo. Uma vez formadas, as nuvens de matéria escura tinham que atrair a matéria comum, induzindo-a a condensar-se nas primeiras estrelas e galáxias. Antes disso, tinha que haver um excesso de matéria sobre antimatéria. Ainda antes, o cosmo-bebê precisou passar por uma fase de expansão ultrarrápida para que as minúsculas flutuações quânticas do campo escalar pudessem ter crescido o suficiente para atrair partículas de matéria escura, afunilando-as em nuvens. Essa inflação cósmica começou de alguma forma, borbulhando de uma flutuação de energia que, talvez, tenha surgido do multiverso. Essa é uma história de instabilidades e imperfeições que acabaram moldando a matéria nas estruturas e formas da vida primitiva: a ciência moderna nos ensina que a assimetria do tempo e a assimetria da matéria são precondições para a origem da vida.

A partir do momento em que a vida surgiu há aproximadamente quatro bilhões de anos, sua história e a da Terra tornaram-se uma só. Sem um plano ou um planejador, o processo de seleção natural ditou a evolução das espécies. A passagem do tempo, a química, a geologia e a luta pela autopreservação orquestravam os eventos. Dos seres unicelulares aos multicelulares, a vida surgiu simples e tornou-se mais complexa, passando por uma tremenda diversificação. Genes se combinaram, sofreram mutações e a vida evoluiu. E continua a evoluir. A vida e a Terra são uma só. Disso nunca devemos nos esquecer.

Eis uma breve história da origem da Terra, conforme o conhecimento atual. O Universo tinha cerca de nove bilhões de anos. Nossa galáxia, a Via Láctea, ou partes dela, já existia há uns oito bilhões de anos, quase tão velha quanto o próprio cosmo. Uma profusão de estrelas nasciam e morriam. No meio da confusão, uma nuvem de gás gigantesca, consistindo principalmente em hidrogênio e hélio, flutuava pelo vazio do espaço, girando em torno de si mesma. De repente, uma estrela vizinha chegou ao fim da sua vida normal. Nos seus estertores, passou a fundir os elementos químicos mais pesados da Tabela Periódica a um ritmo frenético. Pulsou dramaticamente algumas vezes até finalmente explodir com enorme violência, uma supernova, jorrando suas entranhas pelas distâncias siderais. A onda de choque colidiu com a nuvem de hidrogênio, semeando-a com a química da vida — carbono, nitrogênio, oxigênio, sódio, ferro... e causando o seu colapso. A própria gravidade da nuvem forçou-a a contrair-se, enquanto continuava a girar em torno de si mesma. Aos poucos, foi alongando-se no equador e achatando-se nos polos, tomando a forma de um disco, enquanto a maior parte do material foi concentrando-se no centro. Com o acúmulo de matéria na região central, o hidrogênio lá foi espremido e sua temperatura e pressão aumentaram. Quando a temperatura atingiu 15 milhões de graus, a fusão nuclear de hidrogênio em hélio começou, liberando uma enorme quantidade de energia em radiação e neutrinos. Essa energia contrabalançou a implosão gravitacional da massa: desse equilíbrio entre implosão e explosão nasceu uma estrela, o nosso Sol.

Em torno dela, dispersada no plano do disco como uma espécie de pizza cósmica, a matéria foi se concentrando em pequenos bólidos, os ancestrais dos planetas. Aqueles mais distantes do centro, onde era mais frio, coletaram fragmentos de gases congelados que existiam em abundância e cresceram mais rapidamente: Netuno, Urano, Saturno, Júpiter. Os mais perto do centro formaram-se principalmente de material rochoso, já que os gases evaporavam: Marte, Terra, Vênus, Mercúrio. O material que não foi coletado nos planetoides acabou por acumularse na forma de cinturões circundando o Sol. Entre Marte e Júpiter, encontra-se o cinturão de asteroides, a fronteira entre os planetas rochosos e os gigantes gasosos; além de Netuno, encontram-se as bolas de gelo e poeira do cinturão de Kuiper, a casa de alguns cometas de período curto e de Plutão, que hoje é considerado um planeta anão; mais distante ainda, encontra-se a "nuvem de Oort", a casa de trilhões de bolas de gelo e poeira, o berçário dos cometas. A Terra, a "terceira pedra em torno do Sol", tinha uma posição privilegiada: se fosse um pouco mais longe, seria fria demais; um pouco mais próxima, quente demais. As condições eram perfeitas para que existisse água líquida em abundância, permitindo que a química da vida pudesse começar.

A origem da vida é uma questão complexa, multifacetada. Temos que dividi-la em várias partes, cada uma exibindo uma riqueza inimaginável de ideias e possibilidades. Como veremos, a presença de toda uma gama de imperfeições terá um papel crucial na origem e na evolução da vida. Porém, como na cosmologia, a maior dificuldade é a ausência de testemunhas diretas: ninguém estava presente para nos contar o que aconteceu. Temos que procurar por fósseis, por pistas capazes de iluminar o que ocorreu num passado distante. Temos que reconstruir uma história sabendo que é impossível fazê-lo perfeitamente: nunca saberemos *exatamente* o que ocorreu há quatro bilhões de anos no nosso planeta. Como argumentamos antes, sabemos apenas o que podemos medir, e o que podemos medir é limitado.

Por outro lado, graças à inventividade humana, aprendemos já muito sobre as nossas origens. Com esse conhecimento, podemos construir hipóteses viáveis do que deve ter ocorrido para que a vida surgisse aqui. Usando análises químicas altamente sensíveis de amostras de rochas ancestrais, juntamente com estudos dos possíveis caminhos bioquímicos conduzindo à origem do metabolismo e da genética, cientistas em diversas áreas vêm trabalhando juntos para construir uma narrativa da nossa criação. Observações astronômicas revelam mundos inesperadamente variados, cheios de possibilidades que, até recentemente, eram inimagináveis. Mesmo que não possamos voltar diretamente à infância terrestre, podemos ver o nascimento de novas estrelas e planetas com nossos telescópios, de certa forma revivendo o nosso próprio passado. Podemos detectar planetas *extrassolares*, isto é, planetas que giram em torno de outras estrelas e, com isso, estudar as suas propriedades. Até mesmo a composição química de suas atmosferas será objeto de estudo num futuro bem próximo. Com isso, poderemos buscar sinais de vida, ao menos de vida familiar, em mundos situados a dezenas de anos-luz de distância, mundos que certamente não iremos visitar por muito tempo.

A busca por outras Terras é uma busca por nossas próprias origens. Ao olharmos para o Universo, descobrimos quem somos. Aprendemos muito nos últimos anos, o suficiente para transformar por completo o modo como pensamos sobre nós mesmos e sobre a nossa casa planetária.

37
A centelha da vida

Luigi Galvani gostava de eletrocutar sapos. Não porque fosse sádico, mas porque queria saciar sua curiosidade científica. Os sapos já estavam mortos e dissecados, com seus músculos e nervos expostos. Durante a década de 1780, em seu laboratório na Universidade de Bolonha, Galvani e seus assistentes realizaram uma série de experimentos investigando o papel da eletricidade na contração muscular. Na época, tanto na Europa quanto na América, o fascínio com as propriedades da eletricidade crescia a passos rápidos. Em 1767, o físico inglês Joseph Priestley publicou *The History and Present State of Electricity*, descrevendo tudo o que se sabia do assunto até então. Dentre vários experimentos, Priestley detalhou um estudo dos efeitos dos choques elétricos em camundongos, gatos, sapos e outros animais, onde testou a tolerância e a capacidade de recuperação das diversas espécies a choques de intensidade e duração variável. O livro também incluía a primeira descrição detalhada do famoso experimento de Benjamin Franklin com a pipa, onde sugeriu que relâmpagos são simplesmente descargas elétricas de enorme potência. É bem possível que as experiências de Priestley tenham influenciado Galvani.

Já se sabia que não era apenas durante tempestades que os efeitos da eletricidade se faziam presentes. Por exemplo, ao esfregar a pele de animais ou o cabelo humano com pedaços de âmbar ou de outros materiais resinosos, era possível eletrificá-los, isto é, dar-lhes uma carga elétrica, que parecia surgir misteriosamente dos confins microscópicos da matéria. Era necessário apenas um desequilíbrio, algum mecanismo que pudesse gerar um excesso de carga numa região, e a eletricidade fluía até que o equilíbrio fosse mais uma vez restabelecido. Esse tipo de eletricidade podia ser armazenado em objetos chamados jarras de Leiden, os precursores dos capacitores que aparecem aos milhares em circuitos elétricos modernos. Duas folhas metálicas forravam o interior e o exterior de uma jarra de vidro. Usando máquinas eletrostáticas (capazes de criar faíscas elétricas por fricção), carga elétrica era transferida para as folhas metálicas, onde ficava "armazenada". Quando as duas folhas eram conectadas por um fio, uma descarga elétrica era liberada, cuja intensidade dependia da quantidade de carga armazenada. Essa descarga era, então, usada em experimentos diversos. A misteriosa origem da eletricidade e seu potencial letal fascinavam tanto os filósofos naturais quanto o público. Era comum, em festas, entreter os convidados com demonstrações de crianças e cachorros recebendo enormes choques criados pelas jarras de Leiden. Certamente, as festas mudaram muito de lá para cá.[1]

Em um de seus experimentos, Galvani observou que se um bisturi tocasse o nervo ciático de um sapo enquanto uma máquina eletrostática produzia faíscas a distância, a perna do sapo se mexia a cada vez que uma faísca escapava. Quando as faíscas eram produzidas ritmicamente, a perna do sapo dançava no mesmo ritmo. Empolgado, Galvani usou um gancho de cobre para erguer um sapo morto pela espinha e pendurá-lo num fio de ferro. Quando os dois metais se tocavam, o sapo dançava como se estivesse vivo. Empolgado, Galvani ampliou seu experimento. Durante uma tempestade elétrica, enfileirou vários sapos mortos num fio de ferro. A cada relâmpago, o grupo dançava junto numa coreografia macabra. Galvani concluiu que tanto as faíscas "naturais" (produzidas por relâmpagos) quanto as "artificiais" (produzidas por máquinas), assim como a junção de dois metais, ativavam uma espécie de "eletricidade animal" inata, que residia no tecido animal. Conjecturou que os nervos eram os condutores dessa forma de eletricidade, que era a responsável pelo movimento dos músculos. A descoberta de Galvani provocou um turbilhão de experimentos. A eletricidade passou a ser vista como a essência da vida. Estar vivo significava estar num estado de desequilíbrio elétrico. Só na morte a atividade elétrica cessava por completo.

Curas milagrosas, baseadas em choques elétricos, passaram a ser o tratamento mais visado por paralíticos.[2] Alessandro Volta criou a palavra "galvanismo", usada até hoje para descrever manifestações elétricas em tecidos animais. Volta era contemporâneo de Galvani e seu adversário acadêmico. Embora tenham se tratado com a devida deferência, discordavam veementemente sobre a interpretação dos impulsos elétricos que fluíam nos nervos. Contrariando Galvani, Volta corretamente deduziu que os nervos conduziam eletricidade comum, a única que existia, conforme Franklin havia estabelecido. Não existia uma "eletricidade animal", apenas o "fluido elétrico" que viajava pelos nervos. (Como vimos, os elétrons — que são os integrantes das correntes elétricas — foram descobertos bem mais tarde, em 1897.)

Volta usou um dos resultados de Galvani, que dois metais adjacentes criavam uma corrente, para inventar a pilha elétrica. Alternando discos de cobre e zinco numa pilha vertical, separados por um pedaço de pano molhado com água salgada, Volta pôde produzir uma corrente elétrica que fluía em um fio que conectava o topo e a base da pilha (daí o nome popular para baterias). A invenção revolucionária de Volta, que ficou conhecida como célula voltaica, supria pela primeira vez uma corrente elétrica constante, que muito facilitou a pesquisa em eletricidade, inaugurando um novo campo de pesquisa para os filósofos naturais interessados nas misteriosas propriedades elétricas da matéria. As perguntas fascinavam tanto cientistas quanto o público leigo. Que segredos escondiam-se na estrutura microscópica da matéria? Qual a relação da eletricidade com a vida e a morte? Seria a vida um estado de desequilíbrio elétrico? Como o cérebro criava eletricidade?

O medo de poderes ocultos misturava-se com a promessa de grandes descobertas. Será que cientistas deveriam estudar a fronteira entre a vida e a morte? Seria possível conquistar a imortalidade? Ou será que certas questões deveriam permanecer além dos limites da curiosidade humana?

No dia 6 de março de 1815, Mary Godwin, então com 17 anos, perdeu sua filha, que havia nascido prematura poucas semanas antes. Nos meses que se seguiram à tragédia, Mary foi vítima de visões terríveis, que a deixaram à beira de um colapso nervoso. Em um sonho, sua filha voltou a viver após ter sido massageada vigorosamente em frente à lareira. Na época, Mary vivia ilicitamente com o poeta Percy Shelley, que não só era casado como tinha acabado de ter um filho com sua esposa oficial. Mesmo assim, Mary insistiu e, um ano mais tarde, teve um filho com Shelley. O casal resolveu então passar o verão numa casa junto à de seu amigo, o famoso poeta Lord Byron, às margens do lago Genebra, na Suíça. Infelizmente, o clima não cooperou; uma chuva incessante confinou os jovens dentro de casa por dias. Sem muito o que fazer, falaram sobre galvanismo e sobre a lenda que corria nos círculos intelectuais da Inglaterra, de que Erasmus Darwin (o avô de Charles) havia reanimado matéria já morta. Como passatempo, Byron sugeriu que cada um deles escrevesse uma história de terror. Anos mais tarde, Mary relataria como se dedicou à tarefa: "Preocupei-me antes em *pensar uma história*... que tratasse dos temores que sentimos perante a nossa própria natureza, e que despertasse paroxismos de pavor." Apesar do esforço, os dias passavam e Mary não conseguia pensar em nada de interessante. Uma noite, deitada insone na cama, teve uma visão:

> Vi o pálido estudante das artes insólitas ajoelhado perante a coisa que havia criado. Vi o fantasma hediondo deitado e, após a ação de algum motor poderoso, mostrar alguns sinais de vida, movendo-se com dificuldade, como se estivesse apenas semivivo. A história tem que aterrorizar, pois supremamente terrível tem que ser o efeito de qualquer atividade humana que tente zombar do estupendo mecanismo do Criador deste mundo. O artista se apavoraria com o próprio sucesso; abandonaria sua criação medonha, esperando que, se deixada sozinha, a pequena centelha de vida que lhe dera se apagaria.[3]

Assim nasceu um dos grandes clássicos da literatura, *Frankenstein: ou o Prometeu moderno*, publicado em 1818. O romance é muito diferente do filme de 1931, com Boris Karloff no papel da "criatura". O "fantasma hediondo" não era um assassino retardado. Mesmo que, como no filme, fosse formado de partes de cadáveres diversos e animado pela "centelha da vida", no romance o monstro era uma criatura refinada, um autodidata que aprendeu a ler e a escrever sozinho. Queria apenas que seu criador lhe desse uma companheira:

> Eu exijo uma criatura do sexo oposto, hedionda como eu... É verdade que seremos monstros, isolados do resto do mundo; mas por isso mesmo seremos ainda mais unidos um ao outro. Não seremos felizes, mas nossas vidas serão inofensivas e ao menos livres da dor que sinto agora. Oh! Meu criador, faça-me feliz... não negue o meu pedido!

Aterrorizado, imaginando que criaria uma raça de monstros, Victor Frankenstein se recusa. A história, como seu subtítulo já diz, é trágica. Na mitologia grega, o imortal Prometeu roubou o fogo de Zeus e deu aos mortais. Pelo seu crime, foi acorrentado a um penhasco, onde uma águia lhe devorava o fígado continuamente por toda a eternidade. O romance de Mary Shelley é um conto caucionário, talvez o primeiro romance de ficção científica, que ressoa com o debate que ocorre hoje sobre as consequências éticas da engenharia genética, a versão atual da ciência de ponta que tem (potencialmente) o poder de controlar a vida.

Tinha quatorze anos quando li *Frankenstein* pela primeira vez. Ainda posso sentir minha frustração quando entendi que o médico abandonaria sua criatura. O monstro não pediu para ser criado, para ter um aspecto horrendo. Um cientista não deve jamais abandonar a sua criação, estando preparado para encarar as consequências morais e éticas do seu trabalho, sejam elas boas ou más. Os usos e abusos da energia nuclear — esta sim uma fagulha extremamente perigosa — são o exemplo mais óbvio. Como muito já foi escrito sobre esse assunto, não nos deteremos nele aqui. Porém, é importante ter em mente que não é a ciência que cria e destrói, e sim a sociedade, através das escolhas que faz.

Ler *Frankenstein* ainda adolescente instigou ainda mais minha fantasia de ser um filósofo natural vitoriano perdido no final do século XX. Quando ingressei no curso de física da PUC do Rio de Janeiro em 1979, era a encarnação perfeita do cientista romântico, com barba, cachimbo e tudo. Lembro-me, com um certo embaraço, do meu experimento para "investigar a existência da alma". Se a alma existia, pensei, tem que ter uma natureza ao menos em parte eletromagnética, de modo a poder animar o cérebro. E se eu convencesse algum hospital a dar-me acesso a um paciente em coma, já prestes a morrer? Assim, poderia circundá-lo com instrumentos capazes de detectar atividade eletromagnética, voltímetros, magnetômetros etc. Se estivesse certo, talvez pudesse detectar a cessação do desequilíbrio elétrico que caracteriza a vida, a chegada do equilíbrio final que marca a morte. Os instrumentos tinham que ser extremamente sensíveis, para poderem acusar mudanças minúsculas no campo eletromagnético bem no momento da morte. Por via das dúvidas, o paciente deveria também estar deitado sobre uma balança bem precisa, caso a alma tivesse peso. Lembro-me de que expliquei essa ideia a algum professor meu, talvez até o professor Carneiro, o que havia sugerido que eu lesse *Os três primeiros minutos*, de Weinberg. Apesar de não me lembrar exatamente do que disse, ainda posso ver o sorriso incrédulo estampado em seu rosto.

Na verdade, minha incursão no terreno da "teologia experimental" era mais uma brincadeira do que algo que levei a sério. Porém, minha metade vitoriana charlatã, devo dizer, tinha ao menos um predecessor. Em 1907, um certo dr. Duncan MagDougall de Haverhill, em Massachusetts, conduziu uma série de experimentos para medir o peso da alma. Embora sua metodologia fosse altamente duvidosa, seus resultados foram mencionados no prestigioso jornal *New York Times*: "Médico crê que a alma tem peso", afirmou a manchete. O peso era em torno de 21,3 gramas, se bem que houve algumas variações entre os poucos pacientes investigados. Como grupo de controle, o médico pesou quinze cães, mostrando que nossos amigos caninos não sofriam qualquer mudança de peso quando morriam. O resultado não o surpreendeu, pois suspeitava que apenas os humanos têm almas.[4] O leitor que teve a oportunidade de ler o livro de Dan Brown, *O símbolo perdido*, sabe que lá, também, o mesmo experimento é sugerido. No caso, graças ao poder da ficção, a heroína Katherine Solomon teve sucesso, demonstrando que a alma tem peso! Talvez eu devesse ter levado minha ideia mais a sério...

38
A vida a partir da não vida: primeiros passos

Frankenstein combina, de forma brilhante, nosso medo da morte com a crença bastante generalizada de que a ciência, ao desvendar um número cada vez maior de mistérios, acabará levando ao fim da religião. Embora não conheça experimentos que tenham tentado seriamente usar a eletricidade para trazer os mortos de volta à vida, imagino que houve alguns, mesmo que não tenham sido documentados. Na verdade, a cada vez que uma descarga elétrica faz com que um coração volte a bater após uma parada cardíaca, ouvimos ecos do galvanismo em ação.

Apesar de não haver dúvida de que a eletricidade e a vida estão intimamente relacionadas, é no início da vida e não no seu final que vemos isso de forma ainda mais marcante. Em 1952, um estudante de pós-graduação em química da Universidade de Chicago pediu permissão ao seu orientador para montar um experimento um tanto ambicioso: Stanley Miller queria reproduzir a atmosfera da Terra pré-biótica (antes de a vida existir) e atiçá-la com faíscas elétricas. As centelhas visavam simular a atividade elétrica que devia estar presente então, através de relâmpagos intensos durante tempestades e erupções vulcânicas, muito frequentes nessa época. No vasilhame de vidro, Miller adicionou compostos químicos que seu orientador, o prêmio Nobel Harold Urey, acreditava estarem presentes na atmosfera da Terra primitiva: água, amônia, metano e hidrogênio.* Após alguns dias, Miller notou que uma mistura pegajosa de cor alaranjada havia se acumulado no fundo do vasilhame. Ao analisar o conteúdo químico da mistura, verificou que entre 10-15% do carbono original vindo do metano pertencia agora a *compostos orgânicos*, isto é, compostos químicos que contêm carbono e que formam a

* Lembre-se da composição química dessas moléculas: água (H_2O) é feita de hidrogênio e oxigênio; amônia (NH_3), de nitrogênio e hidrogênio; metano (CH_4), de carbono e hidrogênio.

maior parte das criaturas vivas. Dentre eles, Miller constatou a presença de aminoácidos, os tijolos essenciais das proteínas. Portanto, ao passar eletricidade por uma mistura de compostos inorgânicos, Urey e Miller criaram algumas das moléculas da vida. Não haviam criado a vida no laboratório, certamente, mas ao menos os compostos que tornavam a vida possível. Definitivamente, um passo na direção certa.

O experimento inspirou vários outros, todos com implicações importantes para a nossa compreensão da origem da vida. À medida que a pesquisa foi ficando mais sofisticada e novas descobertas levaram a mudanças nas condições que se acredita serem prevalecentes na Terra primitiva, os compostos que simulavam a atmosfera foram mudando: em algumas versões, saíam o metano e a amônia, ambos compostos que doam energia, e entravam o gás carbônico e o nitrogênio puro. Nesse caso, os resultados foram negativos. Em outras, foram adicionados compostos sulfúricos, liberados em profusão durante erupções vulcânicas, e vários tipos de aminoácidos foram sintetizados. Quando as faíscas elétricas eram substituídas por radiação ultravioleta, aminoácidos e outros compostos orgânicos também apareciam, embora com abundâncias (ou concentrações) diferentes.[5]

Tomados conjuntamente, esses experimentos levaram a uma importante conclusão: é perfeitamente possível que compostos inorgânicos produzam compostos orgânicos, o primeiro passo na complexa transição da matéria inanimada à matéria viva. Esse processo é chamado de *abiogênese*, a vida a partir da não vida. Deixando de lado influências sobrenaturais, não existe outra alternativa. Sabemos hoje que a cadeia de eventos que levou à origem da vida começou no espaço: os elementos químicos fundidos em explosões estelares combinaram-se em moléculas inorgânicas que sintetizaram, com a ajuda da radiação eletromagnética e de descargas elétricas, moléculas orgânicas. Estando essas moléculas orgânicas num ambiente planetário propício, puderam crescer em complexidade até que algumas passaram a trabalhar juntas para formar uma entidade viva, capaz de metabolizar energia e de se reproduzir. Por trás de cada transição nessa longa cadeia de eventos, o ímpeto é o desequilíbrio: as interações atômicas e moleculares, assim como a complexidade crescente da matéria, resultam da tentativa de neutralização de assimetrias na distribuição de cargas elétricas. Em outras palavras, a atividade química é, em grande parte, consequência do desequilíbrio elétrico que existe em átomos e moléculas. Num mundo eletricamente balanceado, não existiria química.

Como e onde essa transição da não vida à vida ocorreu? Será que se repetiu em outros pontos do Universo? Ou será que a Terra é especial? Sabemos que moléculas orgânicas existem em relativa profusão no espaço sideral: dezenas de aminoácidos foram encontrados em meteoritos que caíram na Terra; cerca de 140 moléculas orgânicas foram detectadas flutuando pelo espaço interestelar, presumivelmente sintetizadas pela radiação ultravioleta produzida por estrelas jovens. Os precursores da vida estão por toda a parte. Portanto, devemos considerar a possibilidade — bastante plausível — de que os tijolos fundamentais da vida, especialmente os aminoácidos, caíram dos céus. Obviamente, se a vida teve sucesso aqui, a partir desses pedaços de matéria orgânica vindos do céu (e outros sintetizados aqui mesmo), poderia também ter tido sucesso em outras partes do cosmo. Propostas mais radicais sugerem que entidades já *vivas* podem ter vindo dos céus. Essa hipótese, conhecida como *panspermia*, sugere que a vida primitiva e/ou os seus precursores viajam pelo cosmo como sementes sopradas ao vento. Se as sementes (às vezes chamadas de esporos) caírem acidentalmente em um mundo que ofereça as condições certas, poderiam germinar. Será, então, que o Universo está repleto de vida? Ou será que estamos sós, isolados num raro planeta perdido na imensidão do espaço? A resposta é surpreendente e, como veremos, tem repercussões profundas. Para entendermos por quê, vamos começar do início, contando a história da infância terrestre.

39
Vida primitiva: "quando" surgiu?

Não é nada fácil datar exatamente quando a vida surgiu pela primeira vez na Terra. Infelizmente, a matéria orgânica tem a propriedade de se decompor rapidamente após a morte. Não é à toa que enterramos ou queimamos os mortos. Os fósseis de animais pré-históricos, que são restos petrificados de material orgânico ou impressões deixadas em rochas, precisam sobreviver a bilhões de anos de erosão e atividades sísmicas para serem úteis. Como a geologia nos diz que a história da juventude terrestre está gravada nas rochas, é nos estratos rochosos que temos que buscar as pistas do que ocorreu no passado distante. Esse método funciona bem quando queremos estudar a vida relativamente recente, digamos, com menos de meio bilhão de anos.*

O problema é que a Terra, especialmente durante o seu primeiro meio bilhão de anos, era um verdadeiro inferno. A formação de um planeta não é um dos processos naturais mais calmos: o sistema solar estava repleto de restos de material, pedaços de rochas e de gases congelados que não foram incorporados nos planetas, com tamanhos variando de alguns quilômetros de diâmetro até miniplanetas. Como as crateras na superfície da Lua e de Mercúrio nos mostram, bombardeios eram de praxe. Aliás, a teoria mais bem aceita da origem da Lua baseia-se numa gigantesca colisão com um planetoide do tamanho de Marte que ocorreu logo no início da formação da Terra, por volta de 4,5 bilhões de anos atrás. O impacto deu-se meio de lado e deslocou uma quantidade enorme de matéria terrestre, que acabou se reorganizando num disco em torno da Terra, feito os anéis de Saturno. Com o passar do tempo, as partículas no disco se aglomeraram e acabaram por formar a Lua. Apesar da enorme violência, existe um certo lirismo em imaginarmos que a Lua é filha da Terra, misturada com os restos do planetoide que colidiu

---

* Lembre-se que a idade da Terra é de aproximadamente 4,6 bilhões de anos.

conosco nos primórdios do tempo. Quem gosta de analogias bíblicas pode até dizer que a Lua é a costela da Terra.[6]

Como resultado dessas colisões violentas, a crosta terrestre mantinha-se quase que permanentemente incandescente e liquidificada. Rochas e metais não conseguiam permanecer sólidos por muito tempo; assim que um período de relativa calma permitisse que parte da crosta se resfriasse e se solidificasse, um ou mais impactos em sequência transformavam o planeta inteiro, ou boa parte dele, numa bolha de lava borbulhante. A cada impacto de repercussão global, a água, que já devia estar presente nos rasos oceanos primitivos, era continuamente evaporada de volta à atmosfera. Nessas condições, a vida, ou pelo menos a vida com uma certa continuidade, era impossível. Mesmo que, durante os períodos mais tranquilos, aglomerados moleculares pudessem se mover na direção de uma maior complexidade orgânica, seus esforços não duravam muito. Tornando esse período da história terrestre ainda mais impenetrável, as rochas que existiam não eram capazes de registrar nada por muito tempo. Os detalhes do que ocorreu, inclusive a possibilidade de que a vida possa ter surgido várias vezes sob essas circunstâncias, provavelmente permanecerão desconhecidos.

Aos poucos esse furor planetário tinha que se acalmar. Embora os detalhes de quando o bombardeio cósmico finalmente diminuiu de intensidade não sejam ainda conhecidos, podemos afirmar que, ao menos a partir de 3,9 bilhões de anos atrás, houve uma mudança marcante no nível de atividade.* A Terra resfriou, as rochas se solidificaram em

* Estudos recentes, baseados na análise de rochas lunares e de modelos de formação do sistema solar, sugerem que um último período de bombardeio intenso ocorreu cerca de 3,9 bilhões de anos atrás. Se confirmado, esse bombardeio faria com que a existência de vida logo após o seu término fosse extremamente interessante. (A vida apareceria rápido, sendo relativamente "fácil" de ocorrer.) Claro, se as coisas estavam calmas antes do bombardeio e a água existia em abundância, é possível que a vida tivesse surgido antes e, embora não muito provável, sobrevivido ao caos. Nesse caso, a vida seria ainda mais antiga do que pensamos. Outra possibilidade é de que a vida tenha surgido e se extinguido diversas vezes, até finalmente se firmar por volta de 3,8 bilhões de anos atrás. De qualquer forma, independentemente de quando a vida se formou, temos que entender *como* ela se formou.

certos lugares, a água, os minerais e alguns compostos orgânicos simples concentraram-se em poças rasas, e a sopa pré-biótica começou a fermentar. Moléculas reagiam umas com as outras, numa dança elétrica de atração e repulsão: a coreografia da vida entrava em ação. As superfícies argilosas, o ir e vir das marés nas áreas mais rasas, os cones vulcânicos submarinos, todos são locais onde as reações que levaram à vida podem ter ocorrido. (Mais adiante examinaremos a questão de "onde" a vida pode ter surgido.) Quanto tempo demorou para que a vida surgisse dessa sopa pré-biótica? Como o grande bioquímico Leslie Orgel, um dos pioneiros da pesquisa sobre a origem da vida, me disse uma vez, "Essa não é a pergunta certa. A pergunta certa é: Quando, na história da Terra, a vida se firmou?" Portanto, a pergunta de quando surgiu a vida na Terra pode ser reformulada: quando, a partir do último período de bombardeios, podemos encontrar os primeiros sinais persistentes de vida?

Iniciando com evidência acima de qualquer suspeita, sinais de vida são já encontrados há 2,8 bilhões de anos em colônias de estromatólitos, estruturas na forma de cogumelos agigantados de cor marrom constituídas dos restos fossilizados de micro-organismos que aparecem em águas rasas. As colônias foram formadas principalmente por cianobactérias capazes de produzir oxigênio através da fotossíntese. O aparecimento desses organismos unicelulares mudou profundamente o nosso planeta: foram eles que transformaram a composição química da atmosfera, que passou a ser rica em oxigênio (hoje com 20,9%), um elemento com enorme capacidade de combinação com outros, isto é, altamente reativo. Como veremos a seguir, foi esse aumento na concentração atmosférica de oxigênio que levou ao surgimento da vida complexa na Terra. Porém, no momento, queremos ir ainda mais para trás no tempo. Estromatólitos encontrados na Austrália e datados de 3,5 bilhões de anos atrás são aceitos pela maior parte dos geoquímicos como tendo assinaturas relacionadas com seres vivos. Originalmente, se pensava que eram também restos de cianobactérias, se bem que hoje considera-se mais provável que sejam relacionados com algum tipo de micróbio primitivo que vivia perto de ventas hidrotérmicas. De qualquer forma, a evidência atual é de que a vida existia na Terra já há 3,5 bilhões de anos atrás. Será que podemos recuar ainda mais no tempo?

Recentemente, alguns cientistas afirmaram que rochas da ilha de Akilia, no oeste da Groenlândia, datadas de 3,85 bilhões de anos atrás, exibem sinais de vida. A evidência aqui é baseada em dois isótopos do carbono, C-12 e C-13. (Logo, um com seis e o outro com sete nêutrons no núcleo.) Um excesso de C-12 sobre C-13, que é mais pesado, em geral indica a presença de atividade biológica: processos bioquímicos gastam o mínimo possível de energia e tendem a usar o mais leve dos isótopos. Justamente esse excesso foi medido nas amostras da Groenlândia. Porém, como existem outras explicações para o excesso independentes da presença de vida, não existe ainda um consenso. Caso a evidência seja comprovada, as rochas da Groenlândia colocariam os primeiros sinais de vida na Terra quase que ao final do último bombardeio cósmico, reforçando o argumento segundo o qual a vida surge assim que pode. Nesse caso, a expectativa é de que a vida é comum no cosmo.

Em 2008, alguns cientistas argumentaram ter encontrado sinais ainda mais primitivos de vida. As amostras, vindas da Austrália, são de uma era tão antiga que rochas nem existiam ainda. Um excesso isotópico de carbono, semelhante ao que mencionamos acima, foi encontrado em minúsculos pedaços de grafite e de diamante enclausurados dentro de cristais extremamente duros de zircônio, datados de 4,25 bilhões de anos atrás. Como nas amostras da Groenlândia, existem outras explicações abiológicas para o excesso de C-13. Por ora, o melhor é não considerar esses argumentos como definitivos e afirmar apenas que a vida existia na Terra *pelo menos* desde 3,5 bilhões de anos atrás. Ela pode ter surgido antes disso, mas no momento não temos certeza. Pode até ter surgido e desaparecido várias vezes, sem ter deixado qualquer traço detectável. Provavelmente, jamais saberemos *exatamente* o que ocorreu naqueles tempos primitivos. Essas são as limitações da ciência: sabemos apenas aquilo que podemos medir. De qualquer forma, com ou sem o último bombardeio cósmico, a evidência indica que a vida surgiu algumas centenas de milhões de anos após um período de calma relativa, se não antes, o que não é muito se comparado com a idade da Terra de 4,54 bilhões de anos. A vida, versátil que é, não demorou muito para surgir.

40
Vida primitiva: "onde" surgiu?

Quando eu tinha 15 anos, meu irmão mais velho Luiz levou-me ao seu santuário natural, a ilha de Itacuruçá, que fica a uns 90 minutos ao sul do Rio. A ilha é uma dentre as centenas que agraciam a costa entre Rio e São Paulo, na região do Trópico de Capricórnio. O jovem Charles Darwin capturou de forma comovente a mágica que encontrou na região no texto de 8 de abril de 1832 do seu *A viagem do Beagle:*

> A vista que descortinávamos, na travessia das montanhas atrás da Praia Grande, era a mais bela: cores intensas, com o azul-escuro como matiz predominante; o céu e as águas calmas da baía competiam, entre si, em esplendor. Depois de passar por algumas terras cultivadas, entramos na floresta, cuja grandiosidade — em tudo — não podia ser maior.

"A mais bela", "esplendor" e "grandiosidade" são as palavras exatas para expressar a confluência espetacular das águas tropicais com a floresta luxuriante que existe (ainda) por aquela região. A vida explode de todos os lugares: árvores magníficas decoradas com orquídeas e trepadeiras, seus galhos envergados com flores e frutas exóticas; pássaros de todos os tamanhos e cores, enchendo o ar com seus gorjeios; uma profusão de aranhas e besouros, de formigas com cabeças vermelhas enormes e outras minúsculas; de peixes, camarões e caranguejos os mais diversos nas águas esverdeadas. À noite, o misterioso brilho prateado da "argentia", um tipo de plâncton luminescente, anima o ir e vir das ondas, fazendo o mar inteiro respirar como uma gigantesca criatura.

"Aqui, Marcelo. Sente nesta pedra e medite um pouco. Feche os olhos, abra a alma. Sinta a vida!", disse Luiz. Lembro-me perfeitamente daquele momento, mesmo que retorne a Itacuruçá frequentemente. Quisera ter sido ontem. A Pedra da Baleia tem uns cinco metros de altura e fica logo à beira d'água, de frente para dezenas de ilhas ao longe. Uma acácia fazia sombra com suas flores amarelas. Um cardume de robalos passou na distância, atrás de camarões, arrepiando a superfície do mar. Um bem-te-vi chamava pelos seus companheiros perdidos na floresta. Após alguns momentos de contemplação, senti-me esvair, misturando-me com o cenário à minha volta. Entrei numa espécie de transe. A força da vida vibrava em cada fibra do meu corpo, ressoando com as batidas do meu coração. Perdi a dimensão de quem era. Nesse momento mágico, experimentei um encontro sagrado com a realidade, um senso de comunhão profunda com a vida que transcendia a dimensão humana. Mesmo hoje, décadas após essa breve incursão mística, sinto ainda calafrios quando fecho os olhos e tento recriar a emoção que senti. Naquele dia, aprendi que a vida é a celebração máxima do culto à Natureza. Aprendi também que a ciência é uma porta que leva ao coração do templo.

Meu irmão trouxe-me de volta ao mundo. "Marcelo, chega disso. Vamos dar uma volta." Pegamos uma trilha que circundava a ilha, ziguezagueando por praias e floresta, e admiramos paisagens não muito diferentes das que Darwin havia vislumbrado no passado distante. No meio do caminho, paramos em frente a uma poça cheia de uma substância gelatinosa amarelada. "Isso aqui", disse Luiz, "é a essência da vida. Tudo que é vivo veio de algo assim." Peguei um galho e cutuquei a lama, tentando imaginar as moléculas se agrupando para formar uma entidade viva. "Como você sabe quando uma coisa está viva?", perguntei. "Boa pergunta", meu irmão respondeu. "Talvez um dia você encontre a resposta." Passaram-se muitos anos, irmão, mas aqui estou, tentando fazer exatamente isso.

Qualquer discussão sobre a origem da vida precisa de uma definição do que é vida, o que não é nada fácil. Vida é uma dessas coisas mais fáceis de se identificar do que de se definir. Por incrível que pareça, não existe uma definição de vida universalmente aceita pelos cientistas. Portanto, o que se faz é criar uma definição operacional, que funciona dentro de certos limites. Por exemplo, "vida é um conjunto de reações químicas que absorvem energia do ambiente externo e que se reproduz". Certamente, as coisas vivas absorvem energia do ambiente externo. Mas muitas coisas não vivas também, como pedras ou a água de um lago que se aquecem passivamente ao Sol. Talvez "extraem energia do ambiente externo" funcione melhor, pois dá uma ideia de interação ativa. Reprodução também faz parte da vida, sem dúvida. Mas bebês e pessoas idosas estão vivas e não se reproduzem. E o fogo, que não está vivo, também absorve energia e se reproduz... Como disse, definir a vida não é fácil. Vamos então refinar um pouco nossa definição, sabendo que será incompleta: *a vida é um sistema de reações químicas autônomas que extrai sua subsistência do ambiente externo e é dotado da capacidade de se reproduzir.* Os vírus e as bizarras proteínas conhecidas como príons não se incluem nessa definição, pois são meros *replicadores*, capazes de se reproduzir quando se apossam dos materiais de replicação de células ou de proteínas, respectivamente. Estão vivos apenas dentro de coisas vivas. Parto do ponto de vista lógico de que, ao examinar a questão da origem da vida, devemos focar nossa atenção nos hospedeiros e não nos parasitas, já que estes precisam de hospedeiros para existir. Poderíamos adicionar a palavra "geneticamente" ao final da definição, o que eliminaria o fogo, por exemplo. Porém, especialmente no início da vida, não está claro que a reprodução ocorreu geneticamente. Outros mecanismos de duplicação mais simples podem ter iniciado o que chamamos de vida.

A definição acima implica que a vida é um sistema que deve satisfazer a uma série de vínculos e restrições, mesmo quando explorada no limite dos processos bioquímicos que são considerados plausíveis. Em primeiro lugar, a vida precisa de elementos químicos apropriados. Para entendermos a origem da vida, precisamos saber quais são esses elementos e de onde vieram. Essa parte do problema será abordada no próximo capítulo, quando trataremos da questão de "como" a vida começou. Em segundo lugar, para que a vida surja, são necessárias certas condições ambientais. Especificamente, a vida, ao menos como a conhecemos, precisa de água líquida e de calor. Reações químicas ocorrem quando os vários átomos e moléculas se difundem e se encontram. Podemos imaginar átomos e moléculas como sendo pedaços minúsculos de matéria onde cargas elétricas não estão sempre distribuídas uniformemente; na maioria dos casos, existem excessos de carga positiva e negativa em locais diferentes dos átomos e das moléculas. Dada a oportunidade, essas entidades tentam minimizar essas assimetrias interagindo entre si. A água é o meio material — o solvente universal — que melhor permite que esses encontros atômicos e moleculares ocorram. Como a água é apenas líquida dentro de certos limites de temperatura e pressão (entre 0 e 100 graus ao nível do mar), a vida também só é possível aproximadamente dentro do mesmo limite. Algumas bactérias podem sobreviver e até se reproduzir a temperaturas abaixo de zero grau, enquanto aquelas conhecidas como "termofílicas extremas" podem sobreviver em temperaturas de até 85 graus. Em rochas bem profundas, ou nas profundezas dos oceanos, onde a pressão é bem mais elevada do que na superfície, bactérias podem viver a temperaturas acima de 100 graus. De qualquer forma, nada parece sobreviver acima de 115 graus. Temperaturas muito altas tendem a quebrar as ligações moleculares que tornam a vida possível: os átomos acabam por serem liberados e a matéria retorna a sua forma inerte.

É concebível que a vida possa existir sem a água como solvente, ou mesmo sem uma química baseada no carbono: a vida como não a conhecemos. Talvez o solvente seja a amônia e o elemento básico seja o silício. Porém, mesmo nesse caso, a faixa de temperatura para a vida não seria muito diferente do que a com água e carbono.*

Esses argumentos simplificam um pouco a questão de "onde" a vida começou. Mesmo levando em conta os extremófilos, micro-organismos que sobrevivem sob condições extremas de temperatura, acidez, alcalinidade e pressão, as primeiras formas de vida precisavam de água líquida. Por outro lado, muita água dilui as concentrações dos compostos químicos, dificultando as suas reações: as moléculas acabam por não se encontrar. Talvez, nas poças mais rasas, as concentrações fossem tais que reações ocorriam com a frequência necessária para gerar um sistema au-

---

* Como a amônia ferve a –33,34 graus centígrados, para que permaneça líquida as temperaturas têm que ser bem baixas e/ou as pressões bem altas. O silício, como o carbono, forma quatro ligações com outros átomos. Porém, sendo maior, o átomo de silício é mais vulnerável ao ataque de outros compostos químicos. Consequentemente, uma bioquímica baseada no silício seria muito mais pobre do que a familiar, baseada no carbono. Se esse tipo de vida existir, certamente não será muito complexa.

tônomo, capaz de extrair energia do ambiente externo para manter-se reativo. Em um determinado momento, uma membrana circundou um grupo de reagentes, criando uma protocélula, uma célula primitiva. Parcialmente isolados do exterior, os compostos químicos reagiram entre si de forma ainda mais eficiente. Por fim surgiu o primeiro procariota, o primeiro organismo unicelular.[7]

Em 2009, num artigo em coautoria com minha então estudante de doutorado Sara Walker, mostramos que é possível, pelo menos em princípio e usando apenas sistemas de reações químicas simples, partir da química pura e criar um sistema reativo separado do exterior por uma membrana primitiva. Embora nosso modelo teórico esteja longe de criar uma célula viva a partir da química, representa ao menos alguns dos passos que levam do inanimado ao animado, da química à biologia, um enfoque que vai do "simples ao complexo" para explicar a origem da vida. Como, em seu nível mais fundamental, a biologia é "química viva", em algum ponto da evolução que levou aos primeiros seres vivos, sistemas químicos autônomos devem ter desenvolvido — após várias tentativas fracassadas — membranas que os protegessem de ataques externos, permitindo ainda que extraíssem nutrientes e energia. Um castelo com muros muito espessos, mas sem janelas e portas, é uma excelente fortaleza contra ataques externos. Porém, seus moradores não sobreviveriam por muito tempo. Já outro com muros frágeis seria destruído rapidamente. Os melhores castelos têm uma arquitetura que permite um equilíbrio entre defesa e acesso. As membranas celulares funcionam de modo semelhante.

Durante as últimas décadas, cientistas sugeriram vários locais onde reações primitivas poderiam ter levado ao surgimento da vida. Argilas eram provavelmente abundantes na Terra primitiva e podem ter servido para conduzir as reações, facilitando certos tipos de ligações químicas devido a sua estrutura. Podemos imaginar lagunas rasas, repletas de moléculas orgânicas que, no decorrer do dia, evaporavam, deixando concentrações altas de material orgânico nos seus fundos argilosos. O ir e vir das marés também contribuía para enriquecer a complexidade das reações, alternando regularmente períodos úmidos e secos. Porém, é equivocado imaginar as marés da Terra primitiva como processos dóceis. Na verdade, eram extremamente drásticos, muito mais do que são hoje. Lembre-se de que as marés são causadas pela atração gravitacional mútua exercida entre a Terra, a Lua e o Sol. Como a intensidade da força da gravidade cai com o quadrado da distância, e como a Lua, no início, estava bem mais próxima da Terra do que hoje, sabemos que as marés então eram muito mais fortes.*

Se imaginarmos a Terra como uma esfera coberta de água, o lado de frente para a Lua, estando mais próximo do nosso satélite, sofre uma atração gravitacional maior do que o centro da Terra ou o seu lado oposto. Mesmo que a água, sendo mais maleável, sofra uma maior deformação, a superfície da Terra também é puxada na direção da Lua. Atualmente, como a Lua está mais longe e a Terra é mais rígida, a crosta é deformada por uns 20 centímetros, enquanto as marés são em média de 75 centímetros. Mas durante as primeiras centenas de milhões de anos após a formação da Terra e da Lua, a crosta terrestre pulsava ritmicamente, elevando-se por até 60 metros a cada maré alta, enquanto os oceanos (quando presentes) podiam subir 200 metros! Com o passar do tempo, a Lua foi se afastando e a Terra se resfriou e endureceu.[8] Na época em que esperamos que a vida tenha se firmado de vez na Terra, entre 3,8 e 3,5 bilhões de anos atrás, as marés alcançavam ainda metros de altura. Ilhas de baixo relevo eram periodicamente submersas.

Enquanto isso, nas profundezas dos oceanos, ventas hidrotérmicas exalavam material do interior da Terra. Hoje sabemos que a vida é abundante em torno desses pequenos cones vulcânicos, mesmo na mais completa escuridão e na ausência total de oxigênio. Essa descoberta demonstrou que a vida é muito mais resistente do que imaginávamos, dando uma nova dimensão aos estudos sobre a origem da vida. Muitos consi-

---

* É interessante mencionar que o movimento das marés e as deformações que causaram dissiparam uma grande parte da energia de rotação que existia inicialmente no sistema Terra-Lua. Pense na Terra e na Lua como duas bolas de massinha, que se deformavam à medida que giravam em torno do seu centro de massa. Como resultado, a rotação da Terra em torno de si mesma diminuiu gradualmente de velocidade, chegando ao valor atual de uma revolução a cada 24 horas (um pouco menos do que isso), enquanto a Lua, com massa menor, parou por completo e vem nos mostrando a mesma face desde então.

deram que a vida possa ter surgido num desses ambientes extremos. Para que isso tenha ocorrido, é necessário que os compostos químicos necessários estivessem presentes em concentrações suficientemente altas. A ideia é muito sugestiva. Mesmo que não tenha sido esse o caminho que levou à origem da vida na Terra — e existem certas dificuldades práticas, que incluem atingir concentrações suficientemente elevadas de reagentes — talvez ela tenha surgido desta forma em algum outro local do cosmo.

O fato de a vida ser extremamente resistente e criativa, capaz de existir em locais extremamente quentes na ausência de luz e de oxigênio, abre a possibilidade de que talvez seja mais universal do que suspeitávamos mesmo há apenas algumas décadas. Embora as "pequenas poças mornas" de Darwin sejam ainda os locais mais simples onde a vida possa ter surgido, a pesquisa atual sugere que devemos manter a mente aberta. Muito possivelmente, a vida surgiu em lugares diferentes sob condições diferentes. Se a vida existe em outros locais do Universo, onde as condições são necessariamente diversas das encontradas aqui, esse enfoque variado é muito relevante. Devemos tomar os vários locais sugeridos como berços da vida aqui na Terra — praias de águas mornas, argilas, ventas hidrotérmicas, regiões onde se forma o gelo marinho — como laboratórios para os tipos de vida que possivelmente existem em outros lugares. Não existe *uma* origem da vida, mas *muitas* origens da vida, todas plausíveis.

Deixamos a questão de "onde" a vida surgiu com alguns versos de um poema de Erasmus Darwin, "O Jardim Botânico", publicado em 1791. Certamente, o jovem Charles leu o famoso poema do seu avô, publicado dezessete anos antes do seu nascimento:

Vida orgânica sob as ondas sem praia,
Nasceu e nutriu-se nas cavernas cor de pérola dos oceanos;
Primeiro, formas diminutas, invisíveis aos vidros esféricos,
Moveram-se na lama, ou através da massa de água;
Lá, enquanto gerações se sucediam,
E novos poderes adquiriam, com membros cada vez maiores,
Incontáveis grupos de vegetação surgiram,
E entidades com barbatanas, pés e asas respiraram.

41
Vida primitiva: "como" surgiu?

A vida é uma excelente ilustração das limitações do reducionismo. Embora seja verdade que, em última instância, todo ser vivo seja uma coleção de átomos interagindo quimicamente entre si, a vida parece desafiar esse tipo de explicação. Insistir nisso, e afirmar que a vida é redutível às partículas elementares da matéria interagindo de acordo com as quatro forças fundamentais, beira o ridículo. A Teoria Final que os Unificadores tanto buscam não tem nada a dizer sobre os mecanismos da vida, como certamente a maioria deles concordaria. A estrada que vai das partículas aos átomos e às moléculas até as gigantescas biomoléculas responsáveis pelos processos metabólicos e reprodutivos dos seres vivos é altamente descontínua, algo que os físicos Philip Anderson e Ylia Prigogine, ambos vencedores do prêmio Nobel, o biólogo Stuart Kauffman e muitos outros, vêm enfatizando há anos. As técnicas usadas na mecânica quântica, que têm tanto sucesso ao descrever o comportamento de elétrons em átomos e íons simples, não funcionam quando tratamos de átomos muito grandes ou de macromoléculas.*

Como vimos, átomos e moléculas interagem eletricamente entre si. Alguns têm carga para dar ou dividir (os doadores), enquanto outros precisam de carga (os receptores). As ligações entre eles atenuam o desequilíbrio na sua distribuição de carga elétrica, diminuindo a energia do sistema: é energeticamente mais favorável estar junto do que à parte. Como vimos, podemos dizer que a química descreve a tendência da matéria a interagir de modo a diminuir as assimetrias nas distribuições de

---

* A culpa não é inteiramente da mecânica quântica. Como alguns de meus leitores com formação mais técnica sabem, mesmo na mecânica clássica não conseguimos resolver de forma exata o movimento de três corpos interagindo entre si. Isso significa que átomos com dois ou mais elétrons têm que ser estudados usando métodos de aproximação.

carga dos átomos e das moléculas. A vida é uma manifestação extremamente complexa dessa tendência, um desequilíbrio capaz de se recriar.

Na Natureza, as coisas mudam para não mudar. De um modo ou de outro, tudo que ocorre é uma busca pelo equilíbrio: um sistema em equilíbrio, onde atrações e repulsões estão balanceadas, não muda. Mesmo que sofra flutuações locais, mudando um pouquinho aqui e ali, em média permanece o mesmo. (Como a temperatura da água numa banheira, por exemplo, que não é exatamente a mesma em todos os lugares.) Você pode ficar irrequieto quando estiver lendo este livro, mas a menos que decida se levantar, ficará no mesmo lugar, pois o seu ponto de equilíbrio é a sua cadeira. Mais precisamente, um sistema em equilíbrio estável é imune a pequenos distúrbios: quando perturbado, retorna sempre a sua posição estável. (Com a ajuda da fricção. Caso contrário, continuaria a oscilar em torno da posição de equilíbrio indefinidamente.) Imagine uma bola de gude oscilando no fundo de uma sopeira. Após um tempo, a bola irá parar no fundo da sopeira, seu ponto de equilíbrio.

Já no caso de uma situação que envolve um estado de equilíbrio instável, a coisa é bem diferente: pequenos distúrbios podem causar grandes mudanças. Se a bola de gude estiver no topo de um escorrega, com o menor toque irá rolar para longe. Também é possível induzir mudanças quando forçamos um sistema em equilíbrio a ficar fora de equilíbrio. Por exemplo, se jogarmos um balde de água fria numa banheira quente, a temperatura da água irá cair, até chegar a um novo ponto de equilíbrio. Em ambos os casos, começando em uma situação de equilíbrio instável ou forçando um sistema em equilíbrio a uma situação fora de equilíbrio, é o desequilíbrio que leva a mudanças. Alguns sistemas, como o clima da Terra ou o mercado de capitais, estão sempre fora de equilíbrio: o clima está sempre mudando, e os valores das ações estão sempre mudando, criando e destruindo riqueza. Seres vivos também são sistemas em permanente desequilíbrio. Para continuar a viver, organismos precisam absorver nutrientes e energia do ambiente externo, descartando os seus restos degradados. Para a vida, equilíbrio é sinônimo de morte.

Uma das descobertas mais surpreendentes da ciência moderna é que muitos dos padrões complexos que observamos na Natureza — galáxias, furacões, correntes oceânicas, seres vivos — são mecanismos que surgem para compensar o desequilíbrio. Na jornada do desequilíbrio ao equilíbrio, toda uma gama de coisas fabulosas (e algumas terríveis) podem ocorrer. Por exemplo, ao cair num lago, uma pedra transfere sua energia de movimento para a água. Rapidamente, ondas concêntricas surgem do ponto de impacto, dissipando para longe o excesso de energia. As ondas são estruturas macroscópicas coerentes (mantêm aproximadamente o seu perfil espacial), cuja função é restabelecer o equilíbrio do sistema, no caso, a água. Em geral, quando um sistema se encontra numa situação de desequilíbrio, suas várias partes trabalham juntas de modo a restabelecer o equilíbrio. Esse é o caso quando diferenças de pressão e temperatura na atmosfera geram ventos e furacões, ou quando um grupo de estrelas se auto-organiza numa galáxia, ou quando excessos na concentração de compostos químicos numa solução induzem reações capazes de manter a vida. Em outras palavras, o desequilíbrio leva a mudanças que levam ao surgimento de formas complexas que levam ao equilíbrio. Essa é a essência do ciclo de criação da Natureza: qualquer transformação é induzida por alguma imperfeição.

Segundo esse ponto de vista, uma célula é um reator químico complexo, parcialmente isolado, cuja função principal é degradar energia. De modo a funcionar, as células absorvem energia de alta qualidade do meio ambiente e devolvem produtos degradados de baixa utilidade. (Fazemos o mesmo quando comemos e produzimos dejetos.) Portanto, quanto mais células houver, ou seja, quanto mais eficiente for a sua reprodução, maior a sua capacidade coletiva de degradar energia. (Do mesmo modo, quanto mais gente no mundo, mais comida e energia são consumidas e mais lixo é produzido.) Consequentemente, a reprodução tem um objetivo bem claro: a vida cria mais vida para degradar energia de forma cada vez mais eficiente. Dito de outra forma, a vida é um mecanismo para atenuar o desequilíbrio na distribuição de energia, uma espécie de niveladora dos excessos de energia que existem pelo mundo.*

---

* E que excessos são esses? Essencialmente, a energia que vem do Sol e que aquece a Terra. Quando a Terra absorve fótons vindos do Sol no visível e os emite de volta ao espaço no infravermelho (numa razão aproximada de um para vinte), está ex-

Não se deixe desencorajar por essa perspectiva mecanicista da vida. A beleza da vida está tanto na sua função — através dos seus geniais mecanismos bioquímicos — quanto na sua forma, através da sua incrível diversidade. Como escreveu Darwin no último parágrafo do famoso *Origem das espécies*: "... de um começo tão simples, formas as mais belas e maravilhosas evoluíram e continuam a evoluir." A incrível diversidade e criatividade da vida deveria ser venerada e celebrada por todos.

Para compreendermos o início da vida, temos que começar investigando a química pré-biótica, em particular, analisando quais os ingredientes que existiam na Terra primitiva. Quais os compostos químicos que interagiram na sopa primordial para formar a primeira criatura viva? Como a não vida tornou-se viva? Como passar da química à biologia? Ainda não sabemos como responder a essas perguntas. Conhecemos pouco das condições ambientais prevalentes na infância terrestre; experimentos do tipo Urey-Miller usam receitas diversas para a composição química da atmosfera e para a fonte de energia que deu início às reações. Porém, mesmo tendo em consideração a variedade de escolhas, as interações químicas e a mixagem de várias combinações de ingredientes básicos invariavelmente levam à produção de alguns dos compostos cruciais para a evolução da vida, incluindo vários aminoácidos.* Tal como com os modelos de inflação em cosmologia, podemos não ter os detalhes mas sabemos o suficiente para dar os primeiros passos.

Uma visão alternativa é de que a Terra não foi o berço dos ingredientes fundamentais à vida: talvez tenham literalmente chovido dos céus, tanto através de deposição direta — já que a gravidade terrestre pode capturar moléculas que passem perto, vindas dos confins do espaço interestelar — como de carona, em asteroides e cometas que caiam aqui. A descoberta de vários aminoácidos em alguns meteoritos, principal-

---

portando energia degradada. A diferença de energia durante o processo de degradação (ou, mais tecnicamente, o aumento de entropia) é usada para alimentar várias estruturas complexas que existem na Terra, dos furacões à vida.

* Isso é verdade contanto que a atmosfera primordial contenha gases capazes de doar elétrons (ou redutores). Caso contrário, os produtos não incluem aminoácidos.

mente naquele que caiu em Murchison, na Austrália, em 1969, mostra definitivamente que os ingredientes básicos da vida são também sintetizados no espaço: de fato, a lista de compostos orgânicos relacionados (ou não) com a vida é bastante extensa.

No início de 2006, entrevistei Stanley Miller para uma série que fiz no *Fantástico* da TV Globo, *Poeira das Estrelas*. (Leitores interessados podem consultar o livro homônimo. Infelizmente, não foi produzido um DVD da série.) Fomos até o seu laboratório em La Jolla, na Califórnia. Miller estava se recuperando de um derrame e tinha dificuldade de se comunicar. Confesso minha excitação em conversar com o grande homem, bem em frente ao aparato que o tornou famoso. A substância pegajosa amarelada ainda era perfeitamente visível no fundo do vasilhame. Provavelmente, não era o mesmo vasilhame, mas Miller continuou a realizar experimentos semelhantes até a sua morte em 2007. Acredito que essa tenha sido a sua última entrevista. Miller apertou um botão e fagulhas voaram dos eletrodos. Foi difícil não pensar no laboratório do dr. Frankenstein... Enquanto tentava afastar a imagem, perguntei a Miller o que ele achava da ideia de panspermia. "Não faz o menor sentido!", exclamou, bastante agitado. "Tudo começou aqui na Terra."

Uma das dificuldades com os cenários que defendem a geração externa dos ingredientes da vida é que moléculas orgânicas tendem a ser bem frágeis. Lembre-se de como as espaçonaves brilham como bolas de fogo ao reentrar na atmosfera. Se as moléculas entrarem a altas velocidades, certamente serão destruídas, se bem que podem também cair docilmente, como uma chuva cósmica, e assim serem preservadas. Se fossem transportadas por meteoritos, seriam destruídas na entrada ou no impacto. Porém, os que defendem a hipótese das sementes alienígenas argumentam que amostras encontradas no meteorito de Murchison e outros provam que ao menos alguns compostos sobrevivem à entrada e ao impacto com o solo. Não há como negar isso. Ademais, estudos recentes mostram que, no interior dos meteoritos, as temperaturas nunca sobem muito. Portanto, se as moléculas que vieram de carona estavam alojadas no interior das rochas, podem ter sobrevivido ao impacto. Claro, tinham que encontrar um jeito de sair das suas cápsulas, um problema nada trivial para quem é inanimado. Como com a questão de "onde" a vida surgiu, o melhor é manter a mente aberta e considerar ambos os mecanismos para a produção dos primeiros compostos orgânicos — produzidos aqui ou vindos do espaço sideral — como sendo viáveis. Talvez ambos tenham contribuído para enriquecer a sopa pré-biótica. De qualquer forma, como em toda receita, os ingredientes são apenas a primeira parte. A questão de "como" a vida surgiu tem vários estágios.

42
Vida primitiva: as partes que formam um todo

Vamos retornar à época em que a vida se firmou de vez na Terra. Cerca de 3,6 bilhões de anos atrás, possivelmente numa lagoa ressecada, um grupo de compostos orgânicos, incluindo aminoácidos, passou a reagir com maior intensidade na tentativa de minimizar as assimetrias na distribuição de carga elétrica em suas estruturas. Aos poucos foram criando cadeias moleculares cada vez mais longas. Essas cadeias, por sua vez, foram se combinando e se auto-organizando em estruturas de complexidade crescente. Possivelmente alguns carboidratos (alimentos) apareceram também. A um certo ponto, essas cadeias moleculares começaram a se dividir, copiando-se de forma imperfeita. Nunca saberemos ao certo que moléculas eram essas ou como se transformaram em entidades capazes de se autorreplicar. Tudo o que podemos fazer é usar o que conhecemos da vida hoje e caminhar para trás, criando cenários plausíveis de como esses processos ocorreram. Mesmo que nosso primeiro ancestral comum, o primeiro ser vivo, não nos tenha deixado qualquer traço de sua existência, podemos aprender muito com o que sabemos agora e, com isso, recuar até o passado distante pelo caminho que leva às primeiras formas vivas.

A unidade mais simples da vida, a coisa mais simples capaz de viver, é a célula. Como sabemos, existe um número enorme de células, que perfazem funções diferentes. Certamente elas evoluíram com o tempo, já que, no início da vida, não existiam seres multicelulares. Uma célula típica tem um diâmetro de um décimo de milésimo de metro (dez mícrons), equivalente a aproximadamente um décimo da espessura de um cabelo humano (fino). Algumas células são bem maiores, a maior delas sendo um ovo não fertilizado de avestruz. As cianobactérias que encontramos antes, e muitas outras bactérias, são procariotas, células primitivas onde o material genético, o DNA usado na sua reprodução, aparece enrolado em torno de si mesmo sem uma membrana separando-o do resto da célula. Nas células eucariotas, que são mais sofisticadas, o material genético aparece no interior de um núcleo isolado do resto da célula. Este é o caso das células que constituem o nosso organismo.

Ao examinarmos a história da vida na Terra, aprendemos que os seres unicelulares foram, de longe, a presença mais marcante. De 3,6 bilhões de anos atrás, quando a vida começou, até 1,6 bilhão de anos, só existiam seres unicelulares. Ou seja, por aproximadamente dois bilhões de anos ou ainda mais do que isso, a vida na Terra consistia *apenas* em seres unicelulares, embora alguns se organizassem em colônias. Traços de células eucariotas aparecem ao final desse período, coincidindo com a maior abundância de oxigênio na atmosfera, graças à ação conjunta das cianobactérias e da sua capacidade fotossintética.*

Vale a pena refletirmos sobre isso. No estudo das origens da vida, podemos esquecer por completo a existência de seres multicelulares. As estrelas são os procariotas. A transição crucial de seres unicelulares a seres multicelulares, "de amebas a esponjas", ocorreu devido a uma série de fatores improváveis. Dentre eles, o mais importante é o aumento na concentração atmosférica de oxigênio entre 2,7 e 2,2 bilhões de anos atrás. Outra consequência desse aumento é a produção paralela de ozônio, devido à ação da radiação ultravioleta vinda do Sol sobre o oxigênio atmosférico. Esse ozônio criou uma camada protetora que filtrou a radiação ultravioleta, permitindo que formas de vida mais complexas pudessem se desenvolver. Nós não estaríamos aqui sem ela. Quando, mais adiante, considerarmos a possibilidade de vida em outros locais do cosmo, esses fatores (e muitos outros) serão cruciais.

De volta à nossa poça morna, que compostos promoveram o pulo em direção à vida? A verdade é que ninguém sabe. Existem dois pontos

* Essas datas são aproximadas. A questão da origem dos seres multicelulares — distinguidos dos seres unicelulares vivendo em colônias — é bem complexa. Mesmo assim, sabemos que seres multicelulares estavam presentes em massa pelo menos há 550 milhões de anos, durante a "explosão cambriana", um período em que a diversificação da vida passou por uma inflação desenfreada. Existem indicações de que esponjas — os primeiros seres multicelulares — existiam já há 1,8 bilhão de anos. Seres gelatinosos são bem mais difíceis de serem identificados, pois não deixam traços tão claros quanto aqueles com esqueletos.

de vista. Um, defendido por Alexander Oparin, pioneiro dos estudos sobre a origem da vida, e, mais recentemente, pelo físico Freeman Dyson dentre muitos outros, afirma que primeiro veio o metabolismo. O outro, mais popular, defende que a genética veio antes do metabolismo. Vamos dar uma breve olhada em ambos, pois são importantes na nossa discussão do papel das assimetrias na origem da vida.

Em seu livro *A origem da vida*, publicado em 1924, Oparin notou que gotas de líquidos oleosos não se misturam bem com a água, formando pequenas bolhas. Quem já tentou fazer molho de salada misturando azeite e vinagre sabe bem disso. De acordo com Oparin, essas gotículas oleosas seriam um excelente meio para proteger as moléculas pré-bióticas do ambiente externo, aumentando a intensidade das suas reações. Ocasionalmente, após várias tentativas, algumas moléculas produziriam mais compostos e reagiriam entre si dentro das bolhas, aumentando em complexidade. A um certo nível crítico, as moléculas seriam capazes de fazer cópias de si mesmas, criando um sistema autossustentável: as gotículas de gordura com suas moléculas enclausuradas seriam as primeiras protocélulas. Em contraste com a reprodução em sistemas genéticos mais sofisticados, a reprodução aqui seria inicialmente aleatória, auxiliada por condições externas turbulentas que poderiam causar a divisão das bolhas. (Novamente, a mistura de molho de salada demonstra isso.) Em alguns casos raros, as "células-filhas" conteriam os compostos necessários para manter reações autossustentáveis. Como resultado, a população de protocélulas com químicas semelhantes começaria a crescer. Doron Lancet e seus colaboradores no Instituto Weitzman em Israel criaram simulações em computadores desse "mundo de lipídios", mostrando que, quando uma célula produz mais de uma célula-filha, uma reação em cadeia pode ser iniciada, dando origem a uma espécie de vida primitiva. A genética surgiria mais tarde, à medida que o processo de reprodução celular se aperfeiçoasse no decorrer de várias "gerações", seguindo uma espécie de seleção natural pré-biótica: é razoável supor que as protocélulas capazes de extrair energia do meio ambiente e de metabolizá-la com mais eficiência teriam uma vantagem sobre as outras e, aos poucos, dominariam a população.

O outro ponto de vista afirma que a genética veio antes: a duplicação celular precedeu o metabolismo. A hipótese mais popular é a do "mundo do RNA". Das duas macromoléculas capazes de carregar informação genética, DNA e RNA, o RNA é a única capaz de iniciar o processo de duplicação por si só. Ao contrário do DNA, o RNA pode funcionar como uma enzima e, portanto, catalisar (acelerar) tanto a sua própria polimerização (isto é, o encadeamento de moléculas menores em maiores, como pérolas formando um colar) quanto a sua duplicação. Se presumirmos, como devemos, que a vida começou simples, é razoável que tenha usado um replicador autossuficiente, feito o RNA.[9]

Como Tom Fenchel argumentou em seu livro *The Origin and Early Evolution of Life*, a vantagem real do cenário envolvendo o RNA é que pode ser estudado em detalhe no laboratório. Muitos experimentos notáveis, dentre eles os de Manfred Eigen e Leslie Orgel e, mais recentemente, os de Gerald Joyce e seu grupo no Instituto de Pesquisas Scripps, em San Diego, clarificaram enormemente a relação entre a genética e a seleção natural ao nível molecular através da manipulação direta de DNA e RNA, iluminando a conexão entre a química e a biologia. Todavia, do ponto de vista da origem da vida, deve estar claro que, para que uma macromolécula complicada como o RNA existisse, muitas reações e sínteses extremamente complexas deveriam já ter ocorrido. Como Fenchel escreveu, "é óbvio que o mundo do RNA não começou a partir do nada".[10]

Uma dificuldade, por exemplo, é que experimentos do tipo Urey-Miller até agora não foram capazes de produzir os nucleosídeos, as bases químicas como a adenosina e a citosina que formam a espinha dorsal do RNA e DNA. Sem os tijolos é impossível construir um prédio. Mas a situação pode estar mudando. Em maio de 2009, três químicos britânicos da Universidade de Manchester anunciaram um enorme avanço em direção ao mundo do RNA. Usando uma sequência inovadora de reações químicas, o trio foi capaz de sintetizar dois dos quatro nucleosídeos, evitando muitas das dificuldades encontradas por outros grupos nos últimos vinte anos. De quebra, usaram radiação ultravioleta — abundante na Terra primitiva — para catalisar a síntese. Ademais, suas reações operavam melhor a temperaturas elevadas, em torno de

60 graus centígrados, que eram facilmente atingidas então. A descoberta foi rapidamente celebrada como um passo importante na compreensão de como a vida surgiu na Terra. Mesmo assim, precisamos ser muito cautelosos: o fato de cientistas conseguirem sintetizar nucleosídeos no laboratório seguindo uma determinada sequência de reações não significa de forma alguma que foi esse o caminho usado pela Natureza.

Algumas propostas sugerem que moléculas mais simples, como os peptídeos (compostos formados por dois ou mais aminoácidos alinhados em cadeias e ligados por tipos particulares de interação), iniciaram o processo de replicação. Infelizmente, ainda não sabemos ao certo como a Natureza atravessou a barreira da química inorgânica à química dos seres vivos. Possivelmente, como Freeman Dyson afirmou em seu livro *As origens da vida*, ambos os cenários trabalharam para gerar a primeira criatura que podemos chamar de "viva". Em algum momento, protocélulas com um metabolismo primitivo e membranas lipídicas simples — o hardware da célula — foram invadidas ou absorveram os precursores da replicação genética — o software da célula — como parasitas que invadem o seu hospedeiro. Após muitas tentativas fracassadas, uma fusão simbiótica finalmente obteve sucesso, criando uma célula capaz de se reproduzir.

Embora a busca pelo primeiro replicador seja um tema fascinante, nosso interesse aqui reside nas assimetrias e imperfeições responsáveis pelas formas complexas que vemos na Natureza. Discutimos como a assimetria do tempo está intimamente relacionada com a assimetria da matéria, e como as estruturas que povoam o cosmo, o jardim luxuriante de galáxias e seus aglomerados, são consequência de sementes plantadas durante o período de inflação primordial. Agora que examinamos várias das questões e desafios relacionados com o estudo da origem da vida, podemos finalmente estender a nossa exploração à essência da própria vida. Como veremos, assimetrias ao nível molecular têm um papel absolutamente fundamental na origem e evolução dos seres vivos. Das macromoléculas orgânicas à reprodução celular, a vida seria impossível sem a imperfeição.

43
O homem que matou a força vital

Toda vez que você beber leite pasteurizado, agradeça a Louis Pasteur pela sua tenacidade e mente brilhante. Agradeça-o, também, por ter sido o pioneiro no desenvolvimento das vacinas e por ter entendido como os germes causam doenças. Através da sua pesquisa, Pasteur compreendeu que a fermentação, como a que ocorre na produção da cerveja e do vinho, é um processo biológico devido à presença de micro-organismos. Ninguém melhor do que um químico francês para investigar a ciência da produção de vinho.

A origem da vida sempre foi um mistério. Desde a época de Aristóteles, a teoria mais conhecida era a da *geração espontânea*, que afirmava que a vida surgia espontaneamente da matéria morta, através de um processo essencialmente sobrenatural. Se a noção de que ratos podem surgir magicamente de trigo mofado, moscas de carne apodrecida, e sapos e salamandras do lodo soa ridícula nos dias de hoje, este não era o caso para a maioria das pessoas até pelo menos 1750. Receitas populares explicavam como produzir abelhas enterrando um bezerro com os chifres saindo da terra, ou como ratos emergiam de um pote contendo trapos molhados e grãos de trigo.

Em 1668, o médico italiano Francesco Redi publicou os resultados de seus experimentos, que marcaram o início do estudo científico da origem da vida. Redi pôs carne em diversos potes, deixando alguns abertos e fechando outros. Obviamente, vermes e moscas surgiram apenas nos potes abertos. Redi concluiu, corretamente, que os vermes e as moscas não surgiram espontaneamente na carne podre, mas que foram transportados pelo ar. A situação parecia estar sob controle. Todavia, com a invenção do microscópio por volta da mesma época, ficou claro que existiam criaturas vivas completamente invisíveis a olho nu. Os defensores da geração espontânea — em sua maioria homens religiosos que queriam manter a geração da vida envolta em mistério — não perderam tempo. Talvez as bactérias estivessem aparecendo do nada, e o processo de geração espontânea fosse invisível aos olhos. A discussão continuou por décadas a fio.

Por volta de 1750, o cônego escocês John Needham afirmou que o ar continha uma "força da vida", um élan vital, capaz de gerar bactérias. Em seus experimentos, viu micro-organismos surgirem como que "do nada" em potes de sopa que deixou abertos por um tempo. Viu até micro-organismos em potes de sopa que havia fervido por alguns instantes e posto em frascos supostamente limpos e fechados com rolhas. Será que existia de fato uma misteriosa força vital oculta numa realidade invisível aos olhos? Mais uma vez, um italiano restituiu a sanidade. Em meados da década de 1760, Lazzaro Spallanzani demonstrou que os micro-organismos de Needham desapareciam quando a sopa era fervida por um período suficientemente longo. Mostrou também que as rolhas não isolavam a sopa completamente, permitindo que algum ar e micro-organismos entrassem. Sem se dar por vencido, Needham contra-argumentou afirmando que Spallanzani ferveu a sopa por tanto tempo que acabou "matando" a força vital. A situação continuou incerta.

A confusão era tanta que, em 1860, quase um século após o debate entre Needham e Spallanzani e dois após os experimentos de Redi, a Academia de Ciências de Paris ofereceu um prêmio a quem resolvesse a disputa de uma vez por todas. Pasteur recebeu o prêmio em 1864. Sua solução foi de uma simplicidade e elegância únicas. Criou frascos de vidro com pescoços bem longos na forma de S (às vezes chamados de pescoço de ganso) e ferveu sopa dentro deles, deixando-os abertos. Como comparação, usou frascos com pescoços de vários comprimentos, tapando alguns com pedaços de algodão. Pasteur queria também demonstrar que o algodão poderia deter os micro-organismos vindos do exterior. Um exame rápido mostrou que a sopa nos frascos de pescoço longo permaneceu esterilizada: as bactérias carregadas pelo ar ficavam detidas na região próxima à boca do frasco e não conseguiam chegar até a sopa. Como tinha de ser, os frascos tapados com algodão também permaneceram esterilizados. A conclusão de Pasteur foi clara e decisiva: não existe uma força vital escondida misteriosamente no ar. A vida vem da vida.

Ironicamente, ao examinarmos as teorias modernas que visam explicar a origem da vida, a geração espontânea reaparece. Não, claro, como consequência de poderes misteriosos ocultos no ar, mas da síntese de compostos orgânicos a partir de compostos inorgânicos. O termo *abiogênese*, como esse fenômeno é conhecido hoje, é bem mais apropriado do que "geração espontânea", que soa como algo mágico e inexplicável. Afinal, quaisquer que sejam os detalhes dos processos químicos que criaram a primeira entidade viva, resultaram da complexificação gradual da matéria inanimada à matéria viva: a menos que um ser vivo tenha surgido já pronto do nada — uma proposta não muito científica — a vida só pode ter surgido da não vida. Embora os detalhes permaneçam obscuros, o próprio Pasteur fez uma descoberta decisiva, que mudou nossa compreensão de como a vida pode ter surgido da não vida, ao mostrar que a vida só é possível quando construída a partir de pedaços assimétricos.

44
L'Univers est dissymétrique!

Em 1849, bem antes de receber o prêmio da Academia de Ciências por resolver a questão da geração espontânea, Pasteur, então com 26 anos, fazia seu doutoramento na École Normale Supérieure em Paris. Tinha acabado de se casar e precisava firmar-se profissionalmente.

Seus estudos tratavam das propriedades do ácido tartárico, um composto orgânico cristalino comum em uvas ainda não maduras, que pode também ser produzido quimicamente em laboratório. Pasteur sabia que o ácido produzido no laboratório e aquele extraído das uvas tinham propriedades óticas diferentes, isto é, interagiam de forma diferente com a luz. Neste fato aparentemente inofensivo oculta-se uma propriedade essencial da vida, talvez até mesmo a chave para a sua origem e evolução.

Mas antes, precisamos investigar brevemente as propriedades óticas que são relevantes no estudo de Pasteur, em particular as características da luz polarizada. Como vimos, a luz é uma onda composta por campos elétricos e magnéticos oscilando através do espaço. É uma *onda transversa*, onde os dois campos oscilam ao longo do plano perpendicular à sua direção de propagação. Por exemplo, imagine que os campos oscilem ao longo do plano definido pelas páginas deste livro: sobem e descem a página ou vão de um lado para o outro continuamente. Nesse caso, a onda estaria espiralando verticalmente na sua direção.

Os dois campos têm uma outra propriedade interessante: sempre oscilam a noventa graus (perpendicularmente) um do outro, feito as lâminas de uma hélice de ventilador: ✖. Aqui, se o campo elétrico oscila num vai e vem da direita inferior até a esquerda superior, o campo magnético oscila da direita superior até a esquerda inferior. Em geral, os campos podem oscilar ao longo de qualquer direção do plano, e podem até girar enquanto oscilam, feito as lâminas de um ventilador ligado. Numa onda de *luz linearmente polarizada*, os campos elétrico e magnético limitam-se a oscilar numa direção fixa, como quando o ventilador está desligado. Dentro dessa analogia, quando afirmamos que a "direção de polarização da luz" pode mudar ao passar por uma substância, queremos dizer que a orientação das "lâminas do ventilador" (a direção de oscilação dos campos) pode girar da esquerda para a direita ou vice-versa por um determinado ângulo.

Em 1815, o físico e químico francês Jean-Baptiste Biot descobriu que quando a luz linearmente polarizada passava através de soluções líquidas extraídas de compostos orgânicos naturais, sua direção de polarização era afetada. Voltando à analogia das lâminas do ventilador, essas substâncias tinham a capacidade de girar a orientação das lâminas (o plano de polarização da luz) para a direita ou para a esquerda de um determinado ângulo. Pasteur conhecia bem os estudos de Biot. Como escreveu em notas de 1860, "[Biot] concluiu que a ação produzida pelas substâncias orgânicas [na luz] era de origem molecular, causada por suas partículas e dependendo de sua constituição individual".[11] A "ação" a que Pasteur se referia era a capacidade desses compostos naturais de girar a direção de polarização da luz. Mostrando uma intuição notável, Biot havia conjecturado que o efeito era de alguma forma causado pela constituição molecular das substâncias. Mas como provar isso? Através de uma série de experimentos brilhantes, Pasteur validou as conjecturas de Biot, demonstrando conclusivamente que as propriedades óticas de certos compostos orgânicos resultavam da estrutura espacial de suas moléculas. E isso muito antes de se confirmar que moléculas existissem!

Pasteur mostrou que quando a luz passava por uma solução contendo ácido tartárico sintetizado no laboratório, nada ocorria: a solução sintética era oticamente inativa. Porém, quando a luz polarizada passava por uma solução contendo ácido extraído de uvas, *portanto de uma entidade viva*, sua direção de polarização era afetada. Pasteur sabia que como as duas substâncias tinham propriedades químicas idênticas, suas moléculas continham os mesmos átomos. O que, então, poderia estar causando essa diferença de comportamento? Por que substâncias vivas e não vivas, mesmo que aparentemente idênticas, tinham propriedades diferentes? Ao examinar pacientemente os cristais de ambas as substâncias sob um microscópio, Pasteur notou que, embora a substância sintética tivesse cristais de dois tipos, o ácido extraído das uvas só tinha cristais de um tipo. Usando pinças, Pasteur separou os dois tipos de cristais, notando que tinham uma estrutura espacial assimétrica: um parecia ser a imagem no espelho do outro, como acontece com as nossas mãos. Em seguida, preparou duas soluções, cada uma contendo cristais de um tipo, demonstrando que giravam o plano de polarização da luz em direções opostas:

> Separei cuidadosamente os cristais que exibiam uma [assimetria] para a direita dos que exibiam uma [assimetria] para a esquerda e examinei suas soluções com um aparelho projetado para estudar a polarização da luz ao passar por elas. Percebi então, com surpresa e muita satisfação, que a solução contendo os cristais assimétricos para a direita desviava a polarização da luz para a direita, e aquela com cristais para a esquerda desviava a luz para a esquerda. Quando misturei pesos idênticos dos cristais numa solução, percebi que se mantinha inerte, já que os efeitos dos dois tipos de cristais se cancelavam.[12]

Quando Pasteur mostrou seus resultados a Biot, o velho cientista ficou emocionado: "Meu jovem, amei tanto a ciência durante a minha vida que um resultado desses faz meu coração bater mais rápido." A conjectura de Biot, de que a diferença na propriedade ótica das substâncias naturais e artificiais era de origem molecular, havia sido vindicada.

A descoberta de Pasteur foi mesmo dramática, especialmente em 1849, quando a existência dos átomos não era ainda universalmente aceita. Ele corretamente propôs que as diferenças nas propriedades óticas das duas substâncias se deviam a assimetrias na configuração espacial das moléculas. As moléculas de ácido tartárico podem existir em duas formas, capazes de girar o plano de polarização da luz para a esquerda e para a direita. Como Pasteur escreveu, "as moléculas são idênticas mas não podem ser superpostas; produtos que são iguais mas espacialmente diferentes, como quando comparamos nossas duas mãos". Pasteur sugeriu então que existem dois tipos de moléculas na Natureza: aquelas que, como a molécula de água, ocorrem com apenas uma estrutura espacial; e aquelas que, como a molécula de ácido tartárico, ocorrem com duas estruturas, de modo que uma seja a imagem refletida da outra.

Segundo a análise de Pasteur, a vida, pelo menos no caso das uvas, parecia ter feito uma escolha específica ao usar apenas um dos dois tipos de moléculas. Será que isso era sempre verdade? Continuando sua investigação, Pasteur demonstrou que o mesmo ocorria com vários compostos orgânicos extraídos de seres vivos. *Todos* tinham o mesmo comportamento ótico! Num de seus experimentos, adicionou fungos a uma amostra sintética de ácido tartárico. Inicialmente, não detectou qualquer atividade ótica. Porém, à medida que o fungo foi se espalhando, a atividade ótica foi aumentando. Ademais, a rotação na direção de polarização da luz era a mesma que a causada pelo ácido natural. Só havia uma conclusão: *a vida exibe uma assimetria molecular*! Como Pasteur escreveria mais tarde, "O Universo é assimétrico e estou persuadido de que a vida, como nós a conhecemos, é resultado direto da assimetria do Universo ou de suas consequências indiretas." *L'Univers est dissymétrique!*

Que palavras proféticas! A assimetria de certos compostos orgânicos ficou conhecida como *quiralidade*, o mesmo nome usado para descrever a assimetria rotacional dos neutrinos que investigamos na Parte III. Como as nossas mãos, as duas formas quirais de moléculas não podem ser superpostas: uma é a imagem no espelho da outra. O jovem Pasteur havia descoberto uma propriedade fascinante da vida. Hoje sabemos que essencialmente todos os aminoácidos que fazem parte de proteínas são "canhotos" (ou, mais tecnicamente, "levorotatórios", capazes de girar o plano de polarização da luz para a esquerda), enquanto os açúcares que pertencem ao RNA e DNA são "destros" (ou "dextrorotatórios"). A vida é mesmo assimétrica! O desafio que Pasteur deixou para as gerações futuras era entender a origem dessa assimetria e sua relação com a origem da vida.[13]

45
A quiralidade da vida

Vamos mais uma vez visualizar proteínas como longas cadeias de aminoácidos, feito colares de pérolas onde cada pérola é um aminoácido. Imagine que um aminoácido "canhoto" seja uma pérola branca e um "destro" seja uma pérola negra. A vida tem uma preferência clara por colares com o mesmo tipo de pérolas. As proteínas, moléculas essenciais para a vida, são construídas a partir de tijolos assimétricos, no caso aminoácidos canhotos. O oposto ocorre com os tijolos das moléculas de DNA e RNA, responsáveis pela reprodução celular: são construídas apenas a partir de moléculas destras. É difícil evitar a suspeita que, de alguma forma, essa assimetria molecular esteja relacionada com a origem da vida. O próprio Pasteur foi o primeiro a especular isso:

> Por que existem substâncias destras e canhotas? Por que não apenas substâncias não assimétricas, como vemos em tantas moléculas inorgânicas? Evidentemente, existem razões para essas manifestações curiosas das forças moleculares... Não será necessário e suficiente admitir que, no momento em que se iniciou a elaboração do organismo vegetal, uma força assimétrica estava presente?[14]

Tal como vimos com a assimetria da matéria sobre a antimatéria, queremos tentar descobrir a causa por trás dessa assimetria fundamental da Natureza. Em que momento durante a evolução da vida primitiva aminoácidos e açúcares com quiralidade específica foram escolhidos? Logo no início da atividade pré-biótica, quando moléculas simples — provavelmente aminoácidos — começaram a interagir na Terra primordial? Ou será que a quiralidade das biomoléculas é um produto da vida, que ocorreu após a reprodução celular ter sido estabelecida? Analisemos essas duas possibilidades.

Existem duas escolas de pensamento. Alguns cientistas, e eu me incluo neste grupo, acreditam que a quiralidade veio *antes* da vida, argumentando que é difícil imaginar como algo que podemos chamar de vivo tivesse evoluído na presença de moléculas dos dois tipos. Segundo essa hipótese, se inicialmente existiam moléculas canhotas e destras em quantidades semelhantes — como no caso dos aminoácidos sintetizados em experimentos do tipo Urey-Miller, que aparecem com ambas as quiralidades em proporções iguais — algum mecanismo deve ter amplificado a concentração das moléculas de um dos dois tipos até chegar a uma situação de "pureza quiral" ou de *homoquiralidade*: apenas um tipo de molécula presente. Voltando à analogia do colar de pérolas, imagine que, começando com um número equivalente de pérolas brancas e negras, de algum modo apenas os colares com pérolas brancas sobreviveram. Com isso, os tijolos moleculares da vida teriam todos a mesma quiralidade, conforme observamos. Uma vez atingida essa situação, as reações seguiram os caminhos bioquímicos que levaram à vida.

O outro grupo afirma que é possível que moléculas que não são quirais (ou "aquirais"), isto é, que não têm duas estruturas espaciais distintas, possam ter iniciado os processos químicos que levaram à vida. Embora existam possíveis precursores do DNA que sejam aquirais (por exemplo, compostos chamados de ácidos nucleicos peptídeos, ou PNAs), acho essa possibilidade um tanto remota. A configuração espacial das biomoléculas, em particular a sua quiralidade, está profundamente interligada com a sua funcionalidade. Pasteur já afirmava o mesmo: "A assimetria molecular aparece como uma propriedade por si só capaz de... modificar as afinidades químicas."[15] Em outras palavras, a configuração espacial das moléculas afeta como reagem entre si. Segundo a seleção natural, a quiralidade deve ter sido um atributo útil, pois facilitava a interação entre moléculas complexas e, muito possivelmente, levou à possibilidade de elas se reproduzirem: a quiralidade e a reprodução estão intimamente relacionadas.

Podemos imaginar as várias reações que controlam a vida como uma longa sequência de fechaduras e cadeados que só podem ser abertos (ou ativados) com as chaves certas. É assim, por exemplo, que bioquímicos interpretam as ações das enzimas na maioria dos processos metabólicos e reprodutores que ocorrem nas células. Da mesma forma que um quebra-cabeça só funciona se as peças se encaixarem direito, as reações que levaram à complexificação crescente dos seres vivos precisavam de especificidade espacial.* Experimentos indicam que mesmo um número pequeno de compostos com a quiralidade errada trunca o processo de polimerização, isto é, impede o crescimento das cadeias moleculares. Ademais, não vemos qualquer sinal de uma simetria molecular primitiva enterrada na estrutura das proteínas e dos ácidos nucleicos: a assimetria quiral se manifesta em todos os níveis, dos tijolos básicos à orientação da molécula como um todo, que muitas vezes assume uma forma semelhante à de uma escada espiral. De um ponto de vista evolutivo, é difícil imaginar qual a vantagem de construir macromoléculas com tijolos aquirais ou com o mesmo número de tijolos canhotos e destros, para depois reconstruí-las usando apenas um dos dois tipos, como é o caso hoje. Por que já não começar com os tijolos todos do mesmo tipo? Portanto, embora não exista um consenso, eu defendo a hipótese de que a vida partiu de condições iniciais assimétricas, onde moléculas de apenas um dos dois tipos estavam presentes. Nesse caso, precisamos entender como que tais condições puderam ocorrer na Terra primitiva.

Em 1953, o mesmo ano em que James Watson e Francis Crick descobriram a estrutura de hélice dupla da molécula de DNA, e Miller conduziu seus experimentos usando a "centelha da vida", *sir* Frederick Charles Frank, um físico teórico trabalhando na Universidade de Bristol, na Inglaterra, publicou um artigo extremamente importante. Nele, Frank definiu as três condições necessárias para que uma solução contendo um número *quase igual* de moléculas destras e canhotas evoluísse até atingir a pureza quiral, isto é, ter praticamente moléculas de um só tipo. Primeiro, as reações químicas tinham que ter uma propriedade especial, que garantisse que a produção de um composto aumentasse em proporção à sua concentração: quanto mais dele era produzido, mais dele era produzido. Reações desse tipo, onde o composto é o seu próprio catalisador, são chamadas de autocatalíticas. Talvez o leitor se lem-

* Esse modelo de "fechaduras e chaves", embora muito sugestivo, é uma simplificação. As enzimas não são rígidas como sugere a imagem de uma fechadura, sendo capazes de se distorcer em resposta às demandas das moléculas que vão tentando reagir com elas. Essa variação do modelo de fechaduras e chaves é conhecida como modelo de "conformação induzida" (do inglês, "induced fit model").

bre do desenho animado de Walt Disney, *O aprendiz de feiticeiro*, parte do clássico *Fantasia*. O coitado do Mickey Mouse era o aprendiz que, durante a soneca de seu mestre, rouba o chapéu mágico dele para praticar sua arte. Mickey tem que encher a enorme banheira de seu mestre, trazendo água de um poço que fica no alto da escada. Usando os poderes do chapéu, Mickey encanta uma vassoura para fazer o seu trabalho. Após assistir à vassoura por um tempo, adormece e sonha em controlar as estrelas e os planetas com seus poderes. Acorda aterrorizado ao ver que a vassoura continuou a trazer água para a banheira e o castelo estava ficando inundado. Como sua mágica não conseguiu parar a vassoura, pegou um machado e partiu-a em pedaços. Para seu horror, cada pedaço vira uma vassoura e continua o trabalho, inundando o castelo ainda mais. Quanto mais Mickey usa o machado, mais vassouras aparecem e mais água vai do poço ao chão. Assim ocorre com as reações autocatalíticas: quando moléculas de um composto são produzidas, interagem para aumentar ainda mais o seu número.*

A segunda condição do modelo de Frank é que deve haver um pequeno excesso inicial de um dos dois tipos de molécula. Em outras palavras, já de saída a simetria não era exata. (Mais adiante explicarei por quê.) A natureza autocatalítica da reação amplifica então esse pequeno excesso, tornando-o dominante. A terceira condição requer que, quando blocos moleculares destros e canhotos se combinam, ou seja, quando pérolas brancas e negras se misturam, formam cadeias que são quimicamente inertes, que se juntam aos detritos da solução. Frank chamou essa propriedade de "antagonismo mútuo".

Durante os últimos anos, grupos de cientistas no Japão, Inglaterra, Suécia, Espanha e o meu grupo nos EUA vêm tentando desenvolver as ideias de Frank para aplicá-las em cenários mais concretos. Claro, ninguém sabe quais os compostos químicos que estavam presentes na Terra há quatro bilhões de anos, os ingredientes da sopa pré-biótica. Também

---

* Para os leitores que nunca assistiram ao filme, eis um outro exemplo: animais que podem se reproduzir sem serem caçados com eficiência, como os seres humanos ou camundongos numa gaiola, são um sistema autocatalítico. Quanto mais animais existem, mais animais existem para se reproduzir.

não sabemos muito da composição atmosférica e das condições ambientais, se bem que, mesmo com o Sol sendo 30% mais fraco, existia gás carbônico suficiente para manter a temperatura elevada. Mas a beleza de construir modelos teóricos é que, sendo bastante gerais, podem, ao menos em princípio, ser testados em laboratório. É importante frisar o "em princípio". Reações autocatalíticas capazes de amplificar um pequeno excesso de um composto quiral são notoriamente difíceis de serem realizadas no laboratório. Em 1995, o grupo do bioquímico Kenso Soai, no Japão, obteve o único exemplo concreto que temos de uma reação que funciona de modo semelhante ao que Frank havia previsto. Mesmo que a reação obtida por Soai não seja uma candidata para a química pré-biótica terrestre (sabemos o suficiente do que ocorria então para determinar isso), seu sucesso é uma demonstração de que tais reações são possíveis.

Recentemente, Raphäel Plasson, do Instituto Nórdico de Física Teórica em Estocolmo (Nordita), e seus colaboradores propuseram um outro cenário que não utiliza reações autocatalíticas diretamente. Através dele, mostraram que é perfeitamente possível *imitar* os efeitos de amplificação de reações autocatalíticas. Mesmo que seja cedo para decidir se este é o caminho certo, o novo cenário é bastante promissor.[16]

46
De um começo tão assimétrico...

Será possível construir um cenário viável onde condições simétricas evoluem para tornar-se assimétricas e por fim levam à vida? Eu diria que sim. Os passos são claros. Para começar, precisamos de dois tipos de blocos moleculares, canhotos e destros. Isso não parece ser um problema intransponível, a julgar pelos experimentos de Urey-Miller, que produzem ambos os tipos de aminoácidos em pé de igualdade. Precisamos também, conforme sugeriu Frank, de um pequeno excesso de um tipo de molécula quiral. Segundo ele, essa assimetria está profundamente interligada com a origem da vida.

Que mecanismo ou mecanismos podem criar esse pequeno desequilíbrio inicial entre os dois tipos de moléculas? Na Parte III, mostramos que as estruturas que observamos no Universo, das galáxias aos seres vivos, devem sua existência a um pequeno excesso de partículas de matéria sobre as de antimatéria: para cada bilhão de partículas de antimatéria, era necessário um bilhão e uma partículas de matéria. Para gerar esse excesso, Sakharov propôs três condições, que incluíam violações em algumas das simetrias mais fundamentais das partículas elementares. Será que algo semelhante ocorre com a vida, e existem também condições que levam a um excesso de um tipo de molécula em tempos pré-bióticos? Infelizmente, com a origem da vida não temos condições bem definidas. De certa forma, a química pré-biótica não é tão "limpa" quanto a física de partículas. Mesmo assim, existem mecanismos para gerar esse pequeno excesso inicial. Talvez flutuações térmicas possam ajudar? Sabemos que em ambientes quentes quantidades as mais diversas tendem a flutuar. No caso, flutuações térmicas podem induzir diferenças nos números de moléculas de um ou outro tipo em pontos diferentes do espaço (ou na poça onde reage a sopa primordial).[17]

Tanto reações autocatalíticas quanto os modelos com aminoácidos ativados discutidos anteriormente (ver nota 16) podem, com alguma dificuldade, amplificar esses pequenos excessos induzidos por flutuações térmicas em intervalos de tempo relativamente curtos. Como Frank mencionou em seu artigo original, esse mecanismo — caso demonstrado em laboratório e não apenas em modelos teóricos — poderia gerar regiões (por exemplo, em poças rasas) onde moléculas de configuração espacial oposta coexistissem lado a lado, competindo para "sobreviver": a seleção natural ao nível pré-biótico. Infelizmente, quando cálculos mais detalhados são feitos, não parece que flutuações térmicas podem, por si sós, promover um excesso inicial grande o suficiente para que a amplificação funcione. Precisamos de um mecanismo mais eficiente. Pasteur já tinha antecipado isso também:

> Será que essas ações assimétricas, possivelmente sob influências cósmicas, residem na luz, na eletricidade, no magnetismo ou no calor? Será que estão relacionadas com o movimento da Terra, ou com as correntes elétricas com que os físicos explicam o magnetismo terrestre? No momento, não nos é nem mesmo possível conjecturar nessa direção.[18]

Mas agora, mais de 150 anos após Pasteur ter escrito essas linhas, *podemos* conjecturar.

Nas últimas décadas, vários cientistas tentaram mecanismos para gerar um excesso inicial de moléculas de um dos dois tipos, uma pequena assimetria quiral. O mais conhecido baseia-se na violação de paridade da interação fraca, a assimetria espacial que ocorre naturalmente nessas interações, conforme discutimos na Parte III. O leitor deve recordar que neutrinos aparecem apenas na forma "canhota". Se a Natureza tem já uma assimetria quiral ao nível subatômico, será que não pode ser a responsável pela assimetria que vemos nos seres vivos? Sem dúvida, essa seria a explicação mais satisfatória e elegante, ligando uma assimetria fundamental da matéria com a da vida. Caso fosse correta, teria também uma consequência muito importante para a busca de vida extraterrestre: *qualquer* tipo de vida alienígena teria aminoácidos com a mesma assimetria que a encontrada aqui, isto é, todos canhotos. (E, presumivelmente, todos os açúcares destros.) A vida, tal qual os neutrinos, carregaria a mesma assinatura quiral por todo o cosmo.

Mesmo que essa possibilidade não esteja de todo descartada, e muitas ideias extremamente interessantes têm sido sugeridas, é pouco provável que a interação fraca — que é ativa apenas no interior do núcleo e, portanto, a distâncias muito menores do que o tamanho de uma molécula — possa ser a responsável pela assimetria molecular da vida. A razão é simples: cálculos detalhados mostram que seu efeito é *muito* pequeno. Biomoléculas são estruturas gigantescas quando comparadas com núcleos atômicos. Partindo de uma assimetria tão pequena, é difícil ver como mecanismos de amplificação podem ser eficientes, mesmo em sistemas altamente instáveis. As energias criadas pela assimetria quiral nas interações fracas são milhares de trilhões de vezes menores do que as energias típicas envolvidas nas ligações moleculares dos açúcares, por exemplo. Como vimos antes, nem sempre a solução mais simples e elegante é a correta. Ademais, teríamos ainda que explicar por que o efeito da interação fraca funcionaria de modo oposto para os aminoácidos e os açúcares.[19]

Será que, como sugeriu Pasteur, algum tipo de radiação pode ter causado o excesso inicial de um tipo de molécula quiral na sopa pré-biótica? Imagine que, durante a sua infância, o sistema solar tenha passado próximo a uma região do espaço onde estrelas estavam nascendo. (Existem vários desses berçários pela galáxia.) Tipicamente, essas regiões produzem grandes quantidades de radiação ultravioleta circularmente polarizada. (Nesse caso, as lâminas do ventilador giram regularmente no plano, com suas pontas descrevendo um círculo.) Muitos acreditam que esse tipo de radiação possa ter causado o excesso inicial de moléculas com uma das duas quiralidades. Este excesso, então, teria sido amplificado através de reações autocatalíticas e, depois, passaria a fazer parte das biomoléculas dos primeiros seres vivos. Uma consequência desse mecanismo é que o mesmo tipo de excesso apareceria em todo o sistema solar: se pudéssemos encontrar moléculas quirais em, por exemplo, Marte ou em Titã, a maior lua de Saturno, teriam o mesmo tipo de excesso do que aqui: os aminoácidos encontrados lá também seriam canhotos. Fora do sistema solar, entretanto, condições diferentes poderiam acarretar em aminoácidos com configuração oposta, isto é, destros. Esse cenário, mesmo que bastante interessante, também tem dificuldades. Não só é difícil encontrar berçários estelares que possam ter sido nossos vizinhos há quatro bilhões de anos, como a eficácia desse tipo de radiação ultravioleta ainda não foi conclusivamente determinada.

Um terceiro mecanismo para gerar o excesso inicial de moléculas quirais está relacionado com a questão de "onde" a vida começou. Se as reações levando às primeiras biomoléculas tomaram parte em superfícies minerais ou em argilas, podem ter sido induzidas a gerar moléculas com um excesso quiral: a própria estrutura cristalina da superfície pode ter servido como uma espécie de "trilho", guiando a orientação espacial das moléculas.

Os cenários discutidos acima mostram o quanto a misteriosa questão da quiralidade da vida tem instigado a imaginação dos cientistas. No entanto, existe ainda um aspecto que, até recentemente, foi praticamente ignorado e que, a meu ver, pode ter sido decisivo. Foi o que me motivou a pesquisar a origem da vida. Durante o verão de 2006, notei várias semelhanças entre a origem da quiralidade da vida e a origem da matéria: a cosmologia encontra a biologia. Do mesmo modo que o excesso de matéria foi "cozinhado" durante o ambiente instável e fora de equilíbrio do Universo primordial, a sopa pré-biótica foi "cozinhada" no ambiente instável e fora de equilíbrio da Terra primordial. Portanto, o que ocorria no nosso jovem planeta pode ter tido uma influência crucial no surgimento da vida, inclusive na determinação do excesso de moléculas com apenas uma das duas quiralidades. Pasteur havia já sugerido que algo assim tivesse ocorrido. Frank também, cem anos depois. Em 2005, Axel Brandenburg e Thomas Multämaki, ambos do Instituto Nordita, sugeriram que caso as reações que levaram à origem da vida tivessem ocorrido nos oceanos primitivos, a turbulência das águas poderia ter acelerado a amplificação em direção às moléculas de uma quiralidade apenas. Enquanto isso, Dilit Kondepudi, da Universidade de Wake Forest, e seus colaboradores, e Cristobal Viedma, da Universidade de Madri, observaram que, ao ser misturada continuamente, uma solução que inicialmente continha cristais de ambas as quiralidades em pé de igualdade acaba contendo apenas cristais de uma das duas. Embora não exista uma preferência por uma configuração específica, a solução final é homoquiral.

Já que não temos uma máquina do tempo para viajar até a Terra primitiva, como podemos estudar o impacto ambiental na determinação da quiralidade da vida? A resposta envolve computadores ultrarrápidos. Podemos usá-los como laboratórios, efetivamente criando um modelo da Terra primitiva, onde compostos químicos interagem num ambiente instável. Em Dartmouth, com meus então alunos de doutorado Joel Thorarinson e Sara Walker, construímos simulações de reações inspiradas pelo modelo de Frank, incluindo efeitos ambientais: efetivamente, simulamos uma "poça" onde a sopa pré-biótica fermentava na presença de efeitos externos. Como sabemos, reações químicas são muito sensíveis a flutuações de temperatura e a mudanças nas concentrações dos reagentes. Podemos imaginar que, na Terra primitiva, vários fatores ambientais bem dramáticos interferiram na sopa pré-biótica: impactos de meteoritos, erupções vulcânicas, terremotos devastadores, marés intensas e tantos outros. Os resultados da nossa investigação foram reveladores: efeitos ambientais, se intensos o suficiente, podem *apagar* o excesso de moléculas de um tipo. Imagine que as reações estivessem amplificando, por exemplo, um excesso de moléculas canhotas. Um evento ambiental de intensidade suficiente poderia inverter isso e fazer com que moléculas destras fossem amplificadas. A inclusão de efeitos ambientais muda completamente a discussão de como o excesso quiral surgiu e, com isso, os mecanismos que levaram à origem da vida.

Podemos tentar visualizar isso imaginando uma superfície elástica coberta com centenas de moedas. Cada moeda representa uma molécula, com "cara" representando uma quiralidade (digamos, canhota) e "coroa" a outra (destra). Imagine que distúrbios ambientais são equivalentes a vibrações na superfície elástica: os de baixa intensidade nada fazem, enquanto os de alta intensidade fazem as moedas saltar. Imagine também que, inicialmente, todas as moedas foram arranjadas na superfície elástica exibindo "cara". Essa é uma condição inicial onde a quiralidade é "pura" (ou homoquiral), como definimos antes: a probabilidade de que uma moeda seja encontrada exibindo "cara" é de 100%. As vibrações farão com que as moedas pulem. Se forem suficientemente intensas (e de duração suficientemente longa), poderão fazer com que muitas moedas invertam de cara à coroa. Acima de uma certa intensidade crítica, o sistema (superfície elástica e mais as moedas) ficará tão agitado que a probabilidade de encontrar uma moeda exibindo cara será a mesma do que exibindo coroa, 50%. Se as vibrações são então desligadas (o evento ambiental passa), encontraremos uma distribuição de moedas equilibrada: o arranjo inicial foi destruído pela ação do ambiente externo. Dizemos que o sistema passou por um "ponto crítico". Acima desse ponto, o arranjo inicial (todas as moedas exibindo cara) é destruído. Substituindo moedas por moléculas, vemos como os efeitos ambientais podem ser cruciais na determinação da quiralidade. Essencialmente, após um evento violento, o sistema é reinicializado e temos a mesma probabilidade de encontrarmos moléculas das duas configurações quirais. Quando as coisas se acalmam, as reações retomam o seu rumo, e um excesso quiral começa mais uma vez a se desenvolver numa direção que independe da direção inicial.

Com nossas simulações em computadores, podemos determinar a intensidade crítica de eventos ambientais que — ao menos dentro dos nossos modelos — podem mudar a orientação quiral das moléculas numa "poça virtual" na Terra primitiva. Nossos resultados indicam que esses eventos eram bastante prováveis (com probabilidade acima de 60% em muitos casos). Consequentemente, qualquer excesso inicial de moléculas de uma dada configuração quiral pode ter sido invertido *várias* vezes durante a história da Terra primitiva. Em outras palavras, não temos memória do passado: nosso conhecimento da infância pré-biótica da Terra jamais será completo. Por outro lado, sabemos que, após algum tempo, entre 3,8 e 3,5 bilhões de anos atrás, distúrbios ambientais diminuíram de intensidade e as reações químicas finalmente determinaram a quiralidade conforme a conhecemos hoje. De acordo com o nosso estudo, o fato de os aminoácidos dos seres vivos serem canhotos é um acaso; poderia ter sido perfeitamente o oposto.

Nosso modelo faz uma outra previsão importante: a vida extraterrestre pode ter *qualquer* quiralidade. Portanto, ao contrário dos mecanismos devidos à interação fraca ou à luz ultravioleta vinda de estrelas, se pudéssemos encontrar aminoácidos em outras regiões do sistema solar, poderiam ser tanto canhotos quanto destros, sem uma preferência óbvia.

Infelizmente, ainda não temos dados para decidir. Por outro lado, aminoácidos extraterrestres foram já encontrados em alguns meteoritos, em particular no meteorito de Murchison que mencionamos antes. Jim Cronin, Sandra Pizzarello e outros encontraram nele um pequeno excesso de aminoácidos canhotos (de até 15,2% em amostras de isovalina). À primeira vista, isso pode ser interpretado como evidência de que nossas previsões estão erradas e de que um mecanismo único agiu sobre o sistema solar como um todo, conforme previsto por outros mecanismos. Entretanto, tal conclusão seria prematura. Para começar, o excesso encontrado não é completo como na Terra e ocorre principalmente com a isovalina; outros aminoácidos exibem um excesso muito menor ou excesso nenhum. Ademais, nossos resultados são estatísticos e precisam de mais amostras para serem corroborados ou refutados. No presente, o que temos é um pequeno excesso de alguns aminoácidos canhotos nos meteoritos Murchison e Murray. (Este caiu nos EUA.) Embora seja muito importante, essa evidência não pode ser usada para argumentar que os aminoácidos no sistema solar sejam predominantemente canhotos. Existe também o perigo de contaminação, isto é, de que as amostras do meteorito tenham entrado em contato com a bioquímica terrestre, explicando os excessos encontrados, se bem que extrema cautela no tratamento das amostras foi sempre adotada. Mais importante ainda, esses aminoácidos não foram extraídos de uma criatura viva. É bem possível que o excesso que vemos nos aminoácidos dos seres vivos seja produto exclusivo da química da vida e da sua interação com a história da Terra primordial. Essa é uma história muito diferente da que ocorreu com uma pedra que viajou através do sistema solar por quatro bilhões de anos antes de se chocar com a Terra.

Como podemos determinar se nossas previsões sobre a arbitrariedade da configuração espacial das moléculas dos seres vivos terrestres estão corretas? Se encontrarmos evidência substancial em outras partes do sistema solar confirmando que, de fato, os aminoácidos são todos canhotos, temos que abandonar nossa hipótese e aceitar que algum mecanismo agiu pelo menos em todo o sistema solar para garantir que apenas uma das duas configurações sobrevivesse e que efeitos ambientais locais não foram importantes em nenhum desses lugares. Eu permaneço cético. Porém, mesmo se estivermos errados, teremos aprendido algo de muito importante sobre a origem da vida. A ciência avança assim; algumas vezes as suas ideias estão certas, outras não. Apenas os dados experimentais podem decidir. Sabemos aquilo que podemos medir.

Nosso modelo lembra uma modificação dramática na teoria da evolução, proposta no início da década de 1970, a hipótese do *equilíbrio pontuado* de Niles Eldredge e Stephen Jay Gould. Inspirados pelas suas ideias, chamamos nosso artigo de "Quiralidade Pontuada". Ao contrário da descrição da evolução das espécies como tendo sido um processo gradual, no cenário de Eldredge e Gould a vida evolui em ritmos variados: períodos de relativa calma, onde poucas espécies novas aparecem, dão espaço a períodos de especiação acelerada, onde muitas espécies aparecem em um curto intervalo de tempo. As alterações são geralmente causadas por cataclismos naturais, como a queda de meteoritos e cometas ou as erupções vulcânicas. Um exemplo famoso é o asteroide de dez quilômetros de diâmetro que acabou com (ou contribuiu de forma decisiva para acabar) os dinossauros e cerca de 40% da vida na Terra há 65 milhões de anos. O impacto marca a fronteira entre as eras Cretácea e Terciária, quando os mamíferos começaram a se desenvolver de forma marcante.[20] Nosso cenário estende a hipótese de equilíbrio pontuado de Eldredge e Gould à era pré-biótica, propondo que eventos ambientais foram determinantes na escolha da quiralidade da vida terrestre. Se estivermos certos, a relação profunda entre a história da Terra e a história da vida começou ainda *antes* da própria vida.

47
Somos todos mutantes

Leitores que, como eu, são fãs de filmes de terror, devem ter visto muitas metamorfoses de homens que se transformam em lobisomens e outras criaturas na tela. A minha favorita é a do clássico de 1941, *O lobisomem*: sob a Lua cheia, os pelos e as garras começam a crescer em Lon Chaney Jr., e o dócil e entristecido humano se transforma num monstro assassino.

Mesmo que os grandes feitos dos artistas de efeitos especiais e maquiagem da década de 1940 sejam quase que cômicos nos dias de hoje, onde computadores e animações gráficas podem fazer o impossível parecer perfeitamente real, um dos meus critérios de qualidade do filme era justamente o realismo da metamorfose de homem a monstro e de monstro a homem. Os filmes mais assustadores eram aqueles em que a transformação era a mais contínua possível, a mais gradual.

Talvez alguns leitores tenham visto uma apresentação da "Mulher-Gorila" em algum parque de diversões. (Ela até apareceu no filme *007 – Os diamantes são eternos* do James Bond e é um dos "Monstros" das revistas em quadrinhos da Marvin.) Uma bela moça, em geral usando um biquíni sumário (ao menos no Brasil), aos poucos se transforma numa criatura peluda e furiosa, uma espécie de gorila, em frente à platéia.[21] Também aqui as pessoas se assustavam mais quando a transformação era bem gradual e realista. Na melhor ficção, uma mentira precisa parecer verdade.

Mesmo antes de o grande geólogo Charles Lyell ter publicado sua obra entre 1830 e 1833, já no início do século XIX o *gradualismo* era uma ideia extremamente importante em geologia: as transformações na superfície da Terra ocorrem muito lentamente, em períodos de tempo imensamente mais longos do que a duração de uma vida humana. Apenas nas rochas podemos encontrar o registro dessas transformações, estabelecendo uma ponte com o passado terrestre.

Quando o jovem Charles Darwin embarcou no *Beagle* pronto para explorar o mundo, levou consigo um exemplar de *Princípios da geologia*, o livro de Lyell. À medida que suas ideias sobre evolução foram tomando forma, ficou claro para ele que a história da vida na Terra e a história geológica da Terra estavam intimamente ligadas. Enquanto geólogos estudavam as rochas para reconstruir o passado da Terra, paleontólogos deveriam buscar nos fósseis por evidência da transição gradual de uma espécie a outra. Entretanto, como deixou claro em *Origem das espécies*, na prática a situação era bem mais complexa. O registro fóssil não exibia evidências de "infinitas transições ligando as espécies". Retornando à geologia, Darwin argumentou que mesmo lá existiam lacunas: "Por que os estratos das formações geológicas não acusam essas numerosas e detalhadas transições? Certamente, não encontramos esse encadeamento de uma era a outra ordenado de forma contínua na geologia." Darwin invoca então a relação entre a geologia e a evolução da vida para defender-se das inevitáveis críticas que viriam: "A imperfeição do registro geológico explica por que não encontramos um número interminável de espécies ligando a passos graduais espécies extintas com aquelas que vivem hoje. Quem rejeitar esse aspecto da geologia certamente irá rejeitar minha teoria." Em outras palavras, como não podemos achar todas as rochas que conectam uma era geológica a outra, não devemos esperar que seja possível encontrar todas as formas de vida ligando espécies extintas com as que vivem hoje. De qualquer forma, Darwin contava com os paleontólogos para que encontrassem o maior número possível de espécies que pudessem ajudar a fechar as lacunas — os "elos intermediários" — mesmo sabendo que haveria sempre alguns elos perdidos.

As ideias de Darwin sobre a evolução gradual das espécies lembram as metamorfoses graduais dos filmes de terror: quanto mais contínua melhor. Darwin acreditava que essas transições graduais ocorreram à medida que espécies se diferenciavam, como, por exemplo, dos dinossauros aos pássaros (o famoso arqueópterix, o dinossauro com penas) ou, como no final do ato da Mulher-Gorila, dos macacos aos humanos. Com o tempo, essas transformações graduais se acumulariam até que não fosse mais possível para um indivíduo transformado cruzar com um indivíduo da população original: uma nova espécie havia surgido. Como a estrada evolutiva da espécie A até a espécie B era gradual, o registro fóssil deveria acusar esses passos graduais. Na prática, porém, era de se esperar que o registro tivesse lacunas.[22]

Opondo-se a essa visão gradualista, a escola catastrofista argumentava que eventos cataclísmicos foram determinantes na história da Terra e, portanto, na história da vida também. O impacto com um grande asteroide, uma sequência de erupções vulcânicas violentas, mudanças climáticas abruptas, terremotos e maremotos poderiam ter interrompido o passo gradual da evolução da vida tanto local quanto globalmente, em escalas de tempo muito mais curtas do que as geológicas. Após décadas de muita pesquisa, debate e análise de dados, o consenso hoje é que devemos integrar ambos os pontos de vista: a evolução geológica da Terra é extremamente lenta, mas marcada por eventos violentos e possivelmente decisivos. O impacto desses eventos na história da vida primitiva está apenas começando a ser compreendido.

Como podemos distinguir as duas escolas de pensamento? É impossível provar a teoria da evolução gradual da vida se aceitamos que o registro fóssil é incompleto. A menos que pudéssemos viajar ao passado numa máquina do tempo para observar a especiação ocorrendo com nossos próprios olhos — algo que a física moderna não permite — jamais poderemos confirmar que o gradualismo está correto. Só sabemos o que medimos. Por outro lado, quando combinamos gradualismo e catastrofismo, descontinuidades no registro fóssil são perfeitamente razoáveis. O exemplo mais famoso, que já mencionamos, é a extinção relativamente abrupta dos dinossauros entre as eras Cretácea e Terciária.

O ingrediente crucial que faltava na teoria de Darwin era o mecanismo que causava as mudanças nas espécies. Ele não conhecia os genes e as mutações, ou a duplicação de DNA e a meiose. A adição essencial da genética à teoria da evolução de Darwin é muitas vezes chamada de "Síntese moderna". Cada criatura tem o seu código genético, ou *genótipo*, que detalha a expressão molecular das suas características físicas, ou *fenótipo*. Podemos imaginar que seja uma receita para construir uma criatura viva em detalhe. Durante a reprodução, esta série de instruções "constrói" a prole através de interações moleculares extremamente complexas. Quando a construção é 100% eficiente, a prole herda exatamente os genes dos pais. Se a reprodução for assexuada, as células-filhas terão a mesma informação genética que a célula progenitora. É isso o que ocorre, por exemplo, com os tecidos do corpo humano, quando uma célula que pertence ao fígado se divide em duas cópias idênticas. Na reprodução sexuada, ocorre uma mistura entre os genes do pai e da mãe. Em ambos os casos, se o processo for defeituoso, a célula-filha terá sequências de genes que poderão diferir, mesmo que sutilmente, da fonte original. Esses resultados imperfeitos do processo de reprodução genética são chamados de mutações.[23]

À medida que a vida foi se desenvolvendo na Terra, o processo de reprodução genética foi ficando cada vez mais sofisticado e eficiente. A duplicação das primeiras formas de vida era provavelmente muito imprecisa. Presumivelmente, cada reprodução produzia um mutante. Com o passar do tempo, a vida persistiu e o aparato reprodutor evoluiu. Criaturas foram se adaptando a determinados ambientes e, com isso, se diferenciaram de outras em ambientes diversos. A especiação microbial havia começado: diferentes seres unicelulares viviam em diferentes locais. Como Darwin observou ao visitar as ilhas Galápagos, o isolamento geográfico acelera a especiação.

Embora as células complexas dos seres multicelulares de hoje sejam muito diferentes das criaturas unicelulares que viviam aqui há três bilhões de anos, ambas têm muito em comum. De alguma forma, nossos ancestrais unicelulares desenvolveram a linguagem genética que faz parte de *todos* os seres vivos, baseada nos quatro tipos de nucleotídeos e em proteínas construídas a partir de apenas vinte aminoácidos.* Vamos então supor que, cerca de três bilhões de anos atrás, um ser unicelular, após um longo processo de otimização, chegou ao mecanismo de reprodução como o conhecemos hoje, através da duplicação de DNA. Essa criatura primitiva teria sido o último ancestral universal comum (às vezes conhecido como LUCA, do inglês, "Last Universal Common Ancestor"),

---

* Os nucleotídeos são as "vértebras" das moléculas de DNA, compostas de um nucleosídeo (adenina, guanina, citosina, timina) ligado a um grupo de fosfato.

o ancestral de *todas* as criaturas vivas hoje, a raiz da árvore da vida. Com isso em mente, podemos apreciar o verdadeiro sentido das palavras proféticas de Darwin no final de *Origem das espécies*: "De um começo tão simples, infinitas formas as mais belas e maravilhosas evoluíram e continuam a evoluir." Somos todos descendentes desta criatura primitiva. O que Darwin não sabia é que foram as mutações genéticas que levaram do LUCA aos humanos.

Podemos visualizar a molécula de DNA como um zíper, com seus dois lados ligados por dentes. Existem apenas quatro tipos de dentes, as bases nucleicas, e estas têm uma pareamento específico: a adenina (A) se junta apenas com a timina (T); enquanto a guanina (G) se junta apenas com a citosina (C). Portanto, se um lado do zíper tem a sequência A-C-A-T-G, do outro lado a sequência *tem* que ser T-G-T-A-C. Um gene consiste em uma sequência específica de bases que contém instruções para uma função específica. Genes diferentes executam funções diferentes, podendo, por exemplo, conter instruções de como construir certas proteínas, como, por exemplo, a hemoglobina. O conjunto completo de genes de um ser vivo constitui o seu *genoma*.

Podemos agora explorar o significado das mutações ao nível genético. Durante a reprodução, a molécula de DNA se "abre" (pense no zíper), e duas cópias novas são feitas, cada uma a partir de um dos lados. Para que isso ocorra, a ordem e o conteúdo dos genes têm que ser lidos corretamente. Vamos imaginar que cada gene seja uma frase composta de algumas palavras. A duplicação seria equivalente a um datilógrafo copiando essas frases. Se errar algumas letras, o sentido da frase pode ficar comprometido. Da mesma forma, se ocorrer um erro no sequenciamento dos genes, a prole terá uma imperfeição, dando origem a um mutante. Na maioria dos casos, mutações são neutras e não afetam a sobrevivência do animal. Das que surtem algum efeito, a maioria é fatal ou gera deficiências físicas e/ou mentais graves. Em geral, erros de datilografia não melhoram o sentido de uma frase. Por exemplo, uma célula pulmonar mutante pode levar ao crescimento de uma região anormal que acaba causando um câncer. Entretanto, em casos raros, uma mutação pode ajudar a criatura, dando-lhe uma vantagem na luta pela sobrevivência. O exemplo clássico disso é o do pescoço das girafas.

Se a maioria das folhas nos galhos mais baixos foram comidas, o animal de pescoço mais comprido poderá comer as folhas mais altas. Com isso, ficará mais forte e poderá se reproduzir com mais eficiência. Após algumas gerações, um número de seus descendentes terá também o pescoço longo e, com o tempo, a população das girafas se modificará. As mutações são a fonte das variações genéticas, a causa subjacente da incrível diversidade da vida. Se a reprodução fosse sempre perfeita, espécies não sofreriam mutações e pereceriam ao encontrar as várias mudanças e cataclismos ambientais ao longo dos anos. Em outras palavras, sem mutações a árvore da vida não teria bifurcado e a vida na Terra teria fracassado.

Devemos nossa existência a imperfeições no processo de reprodução genética. Conforme esclareceu o grande biólogo evolucionista Ernst Mayr, uma espécie que ficou isolada geograficamente de seus ancestrais irá se modificar com o tempo: mutações benéficas ficarão também isoladas com o grupo e, aos poucos, transformarão a espécie como um todo. Se, após algum tempo, a barreira geográfica desaparecer (por exemplo, a geleira derrete devido a algum aquecimento local ou global, ou a erosão abre uma passagem através de picos montanhosos, ou os animais mutantes podem sobreviver a migrações mais longas), a espécie mutante poderá retornar a sua terra ancestral. Milhões de anos mais tarde, um paleontólogo encontrará um registro fóssil contendo as duas espécies distintas, *sem uma transformação gradual entre elas.*

Mesmo que, com o passar de bilhões de anos, a árvore da vida tenha se bifurcado em muitas direções (graças às mutações), carregamos as raízes de nossas origens em nossos genes, até o último ancestral comum. A história da vida na Terra ilustra como a presença de imperfeições cria diversidade. Das pérolas quirais da sopa pré-biótica, que hoje fazem parte de todas as moléculas de DNA e das proteínas, até as "infinitas formas as mais belas e maravilhosas" vivendo hoje, existimos devido a imprecisões pequenas, mas essenciais, na reprodução genética. As mutações ocorrem aleatoriamente, tanto ao nível da duplicação de DNA ou porque são causadas por fatores externos, como a exposição à radiação ultravioleta ou aos raios X. Se pudéssemos, como deuses brincando de criar mundos, recomeçar o curso da história, a vida na Terra teria evoluído de forma completamente diferente: *nossa existência se deve a uma série de mutações específicas, intimamente relacionadas com uma sequência específica de condições e mudanças ambientais.* Se mudam as condições ambientais, mudam as mutações, e as bifurcações da árvore da vida tomam outro rumo. Muito possivelmente, sob uma sequência diversa de eventos ambientais, não estaríamos aqui. Se um asteroide não tivesse ajudado a eliminar os dinossauros há 65 milhões de anos, os mamíferos provavelmente não teriam evoluído da mesma forma. Ao contrário do que muitos acreditam, a seleção natural não prescreve que seres inteligentes *tenham* que surgir após algum tempo. Mesmo que certos traços evolutivos, como os olhos, provavelmente reaparecerão sob circunstâncias diversas — um fenômeno que alguns biólogos chamam de "convergência evolucionária" — isso simplesmente reflete a utilidade deles como instrumento adaptativo. No caso, os olhos certamente facilitam muito a vida sob uma estrela que emite principalmente na parte visível do espectro eletromagnético. Mesmo que seja necessário enxergar para sobreviver na Terra, o mesmo não é verdade com a inteligência. Em outras palavras, a seleção natural não tem um "plano" final que leve necessariamente a uma espécie inteligente, apenas adaptações que funcionam de forma mais ou menos eficiente em ambientes diversos. Os dinossauros, por exemplo, reinaram supremos por 150 milhões de anos (!) e, pelo que sabemos, de inteligentes tinham muito pouco. Certamente, não inventaram a roda.

Visto dessa forma, o fato de que o casamento de uma história planetária específica com uma sequência específica de mutações levou à nossa existência é absolutamente surpreendente. Ao nos depararmos com essa revelação, temos duas opções: ou atribuímos nossa existência a um milagre criado por forças sobrenaturais, ou aceitamos a nossa fragilidade, a fragilidade da vida.

A ciência moderna nos mostra como a cadeia de eventos que levou à vida começou ainda antes do nascimento das estrelas, quando a matéria excedeu a antimatéria no cosmo primordial. As sementes da vida, os elementos químicos que compõem as proteínas e as moléculas de DNA, foram forjados — e continuam sendo — durante as explosões que marcam o fim da vida das estrelas, trilhões e trilhões delas, flutuando em centenas de bilhões de galáxias pela vastidão do espaço. Em torno de muitas, talvez da maioria, dessas estrelas, giram planetas com suas luas, uma infinidade de mundos, fazendo do nosso apenas um dentre tantos outros. Com tantos mundos, por que não imaginar que a vida tenha surgido em alguns, talvez em muitos, deles? E caso tenha, a que nível de complexidade chegou? Mesmo que ainda não tenhamos tido qualquer contato com uma civilização extraterrestre, as possibilidades são instigantes, até assustadoras. A alternativa, que estamos fadados a uma total solidão cósmica, ponderando a vida e a morte isolados num mundo perdido, significaria que teríamos apenas nós mesmos como guias, apenas a nossa consciência para ditar os caminhos que tomaremos no futuro. Se fôssemos os únicos, ou um dos poucos, seríamos preciosos por sermos raros e teríamos o destino da vida em nossas mãos. Será que estamos moralmente preparados para isso? Contemplar a existência de vida extraterrestre inteligente é pôr a humanidade em frente a um espelho. E a imagem que vemos pode nos inspirar ou nos destruir. Na parte final deste livro, abordaremos essas e outras questões usando o que aprendemos até aqui sobre o cosmo, a vida e os limites da nossa busca pelo conhecimento.

PARTE V
A assimetria da existência

48
Medo das trevas II

O homem velho está sentado em meio às trevas,
pensando nas suas amantes agora já mortas.
A noite havia caído, tão rápida, um pouco mais a cada dia...
Uma estrela pisca na distância, um outro mundo, tão distante. Será que ainda existe?
Ninguém sabe.
Vemos tão pouco, sabemos tão pouco.
Será que elas ainda me amam? Ou será que viraram poeira, feito as estrelas?
E eu? Virarei anjo ou poeira?
Durante sua vida, buscou por certezas, por respostas aos grandes enigmas.
Primeiro, tentou a fé.
Depois, o conhecimento.
Com o passar do tempo, descobriu que não existem respostas simples,
que não existe uma explicação final, coerente.
Entendeu que não existe um plano para a Criação.
Lutou contra isso, sem querer aceitar que o que podemos conhecer é limitado,
que nunca saberemos tudo.
Sentiu-se pequeno e inútil.
"Se não posso compreender o mundo, quem sou eu?"
Sofreu durante muito tempo. Não sabia
como abraçar a simplicidade do não saber.
Aos poucos, as coisas começaram a mudar.
A direção que antes levava a nada virou uma nova estrada.
Era bom não ser parte de um plano para o mundo. Pela primeira vez,
o homem velho sentiu-se livre
Podia sempre continuar a perguntar e a aprender sobre o mundo e sobre si próprio.

Podia sempre amar e esperar que fosse amado.

Estar vivo e ser lembrado é o que importa.

Uma coruja piou na distância.

O homem velho sorriu e pegou o telefone. Para quem ligaria?

49
O Universo é consciente?

"Toda a filosofia baseia-se em apenas duas coisas: curiosidade e visão limitada... O problema é que queremos saber mais do que podemos ver." Assim começa o solilóquio do filósofo no livro genial de Bernard le Bovier de Fontenelle, *Colóquios sobre a pluralidade dos mundos*, publicado em 1686, um ano antes dos *Principia*, a obra-prima de Isaac Newton. Nossa curiosidade insaciável sobre o mundo nos faz buscar ansiosamente por respostas para as "grandes questões", aquelas que definem a nossa existência. Porém, nossos olhos e instrumentos só nos permitem enxergar até um certo ponto: permanecemos envoltos numa escuridão perene. Dada esta limitação, o que fazer? Vamos além do que podemos ver, usando nossa criatividade e imaginação para explorar as partes invisíveis da realidade, clareando um pouco as trevas que nos cercam.

Buscamos por respostas com os dois meios que temos à nossa disposição: a fé e a razão. Alguns escolhem olhar para o mundo através da fé, acreditando que a ordem natural das coisas seja resultado de ações sobrenaturais que, por definição, são incompreensíveis pela razão. Mesmo que a ciência tenha um papel importante nas suas vidas — afinal, a maioria das pessoas religiosas opta por tomar antibióticos em vez de rezar quando estão doentes — ao confrontar as grandes questões, por exemplo, a origem do Universo, a origem da vida, ou o que acontece após a morte, esquecem o que a ciência tem a dizer. Podemos chamar os indivíduos deste grupo de "sobrenaturalistas". Outras pessoas escolhem entender o mundo exclusivamente através das lentes da razão, acreditando que os fenômenos naturais tenham causas determinadas por leis imutáveis. Para elas, o método científico é o único caminho para obter essas leis, que constituem um fundamento racional para a Natureza. Esse grupo não aceita qualquer tipo de interferência sobrenatural no mundo. Por isso, podemos chamá-los de "naturalistas". Porém, mesmo aqui existe espaço para combinar a fé com a razão. Temos apenas que ter cuidado e definir "fé" como a crença em algo que ainda não foi comprovado empiricamente. É exatamente a natureza desse "algo" — natural ou sobrenatural — que distingue os naturalistas dos sobrenaturalistas.

Por outro lado, Einstein diria que, sozinhas, a fé e a razão não são suficientes, que uma precisa da outra: "Religião sem ciência é cega, e ciência sem religião é capenga", escreveu. Entretanto, sua fé não se baseava em causas sobrenaturais inexplicáveis, mas no ideal platônico de uma ordem racional da Natureza, cujos fragmentos captamos aqui e ali através da ciência. Como patriarca da versão moderna da busca pela unificação na física, Einstein acreditava que a ordem que encontramos na Natureza, as leis matematicamente precisas que descrevem as interações entre os objetos materiais, eram indícios de uma ordem ainda mais profunda: "Acredito no Deus de Spinoza, que se revela na harmonia de tudo o que existe, e não em um Deus que se ocupa do destino e dos assuntos da humanidade."[1] Como Kepler, Einstein buscava as harmonias do mundo.

Somos criaturas em perpétua busca. Precisamos entender por que o mundo é do jeito que é e por que agimos como agimos. Olhamos em torno e para dentro de nós mesmos, e tentamos identificar uma causa por trás do que ocorre, mesmo que às vezes não seja óbvia. Trabalhamos, amamos, nos mantemos em forma, tentando viver nossas vidas da melhor forma possível, procurando equilibrar responsabilidade e prazer. Alguém confuso ou sem rumo na vida é visto de forma negativa, como não tendo um senso de direção. Projetamos essa mesma expectativa nos afazeres da Natureza, que deve, portanto, ter um objetivo: as coisas não podem ser do jeito que são acidentalmente. As causas podem não ser evidentes mas existem, esperando para ser descobertas. Vemos a procissão regular das estações do ano, e como ela afeta as plantas e os animais; vemos os movimentos ordenados dos corpos celestes e a habilidade das nossas leis matemáticas em descrever o mundo natural. Não seria, então, razoável supor que a Natureza, que o Universo inteiro, tem um senso de direção? Nesse caso, talvez o cosmo seja uma entidade consciente, e nós, quem sabe, consequência de suas inescrutáveis confabulações. Poucos anos antes da sua morte, o grande físico John Archibald Wheeler perguntou, "Por que a existência?" A pergunta implica que a resposta não é um simples "tudo é um mero acidente". Será? Em seu livro mais recente, *Loteria cósmica* (*Cosmic Jackpot*), o físico e filósofo natural Paul Davies aborda a pergunta de Wheeler, apresentando algumas das respostas sugeridas nos últimos anos.[2] Vale a pena descrever as mais relevantes mesmo que apenas brevemente, para que fique claro onde o argumento apresentado aqui diverge.

Em uma versão, conhecida como "Universo Acidental" ou "Universo Absurdo", o Universo é um acidente, a vida é um acidente, e não existe um objetivo consciente por trás do que ocorre no mundo. Em particular, respondendo à pergunta de Wheeler, o fato de que nós desenvolvemos a capacidade de pensar e de nos questionar sobre a vida não passa de um acidente. O que nos interessa aqui é que muitos grupos, em particular os Unificadores, e, claro, grupos religiosos diversos, interpretam esse tipo de explicação como sendo uma espécie de desistência: ou falta fé num Deus criador ou falta fé no poder da razão humana. Por algum motivo, esses críticos supõem que, ao aceitarmos a natureza acidental dos processos físicos e químicos que ocorrem na Natureza, desistimos de tentar encontrar relações mais profundas entre a vida, a mente e o cosmo. Obviamente, este não é o caso. Existe significado na nossa existência mesmo que não tenha uma relação causal com o cosmo. A expressão "Universo Absurdo" comporta uma clara conotação negativa. Vemos o quanto nos é difícil aceitar a possibilidade de que talvez o universo não tenha uma explicação final, de que talvez a nossa existência não seja justificada por um código oculto da Natureza — científico ou divino.

Este tipo de crítica ao Universo acidental não percebe algo de crucial: *um cosmo que tenha ocasionado a existência de criaturas inteligentes jamais será visto como sendo sem sentido por elas.* Existir em um cosmo sem objetivo, ter surgido por acaso, é ainda *mais* significativo do que ter surgido como resultado de um plano misterioso: afinal, se nossa existência é acidental, somos um evento raro e não consequência de um ato premeditado que, presumivelmente, criou outras criaturas inteligentes pelo cosmo afora. Por sermos raros somos preciosos. E é por isso que precisamos lutar juntos pela nossa sobrevivência. Durante milênios, acreditamos que somos as criaturas escolhidas de Deus, que estamos aqui por uma razão sobrenatural e que, portanto, estamos salvos de uma destruição final. (Se bem que, no Antigo Testamento, chegamos perto.) Esse tipo de atitude, que somos os escolhidos dos deuses, protegidos por guardiões celestes, convenientemente transfere a responsabilidade que temos pela nossa sobrevivência para entidades sobrenaturais. Ao contrário, conforme argumentarei, a menos que aceitemos a fragilidade da vida na Terra e nossa solidão cósmica, jamais agiremos para preservar o que temos. E as consequências disso podem ser irreversíveis.

Já a versão dos Unificadores baseia-se na crença de que existe um grande plano para a existência, uma hiperestrutura matemática por trás de tudo o que existe. O "plano" inclui explicações para a origem do Universo e para as propriedades das partículas elementares da matéria. Em princípio, a Natureza por inteiro está contida nessa formulação única, a chamada Teoria de Tudo ou Teoria Final. Existem duas versões desse ponto de vista, uma moderada e outra mais radical. Na versão radical, tudo o que existe — todas as propriedades do cosmo e da matéria — vem de uma única teoria: não existem parâmetros livres. A teoria é construída a partir de relações matemáticas rígidas que refletem a simetria fundamental que sustenta a realidade física. Essa é a versão científica do ideal platônico. Na versão moderada, podem existir várias teorias de unificação, cada uma descrevendo uma realidade autoconsistente. O nosso Universo tem suas propriedades determinadas por uma delas.

Nenhuma das duas versões dos Unificadores tem algo a dizer sobre a origem da vida, abordando apenas a natureza da matéria inanimada. Porém, como David Gross, um físico de partículas vencedor do prêmio Nobel e defensor convicto da versão radical de unificação (e com pouca paciência para argumentos envolvendo multiversos), me disse uma vez, a vida inteligente deveria ser comum no cosmo. Segundo ele, num cosmo onde existe um grande plano responsável pela nossa existência, outras formas de inteligência deveriam também ser comuns: não seríamos especiais, pois em outros locais condições semelhantes gerariam outros seres inteligentes. Recentemente, essa versão foi elevada ao nível de um princípio, o "princípio da mediocridade", uma extensão do princípio copernicano formulada originalmente pelo meu colega Alex Vilenkin, da Universidade de Tufts, nos Estados Unidos. O princípio afirma que a Terra é um planeta comum e que "somos apenas uma dentre incontáveis civilizações espalhadas pelo universo".[3] Dado o que sabemos da história extremamente complexa e única da vida na Terra, e da aparente ausência de vida no resto do sistema solar (e mesmo em vários outros sistemas estelares sendo observados hoje por astrônomos), é difícil concordar com a afirmação de que a Terra é um planeta comum. Mais difícil ainda é acreditar que existem incontáveis civilizações espalhadas pelo cosmo. Conforme argumentarei a seguir, esse tipo de afirmação não só ignora a pesquisa em astrobiologia realizada por centenas de cientistas do mundo inteiro, como tem repercussões filosóficas e mesmo sociais extremamente negativas.

Conforme vimos, num modelo cosmológico em que o multiverso supostamente existe, nosso Universo seria apenas um dentre um número talvez infinito de universos. Em algumas versões, como no modelo da "paisagem" na teoria das supercordas, universos diferentes têm propriedades diferentes: cada um representa um vale da paisagem, que se estende ao infinito. Em alguns universos, o elétron tem carga elétrica ou uma massa diferente; em outros, o elétron nem existe. Na maioria dos universos, a vida não é possível. Nosso Universo é aquele que tem as propriedades físicas e químicas necessárias para que a vida surgisse. Aqueles que acreditam tanto numa teoria unificada quanto no multiverso, esperam encontrar um princípio que selecionaria o nosso Universo a partir do incontável número de universos possíveis. Voltando à paisagem, se cada vale fosse um universo, existiria um que representaria o nosso. Nesse caso, deve existir algum meio de distingui-lo dos demais. Mas qual? Uma das dificuldades mais sérias da ideia de multiverso é que é extremamente difícil de ser testada. Apesar de existirem algumas propostas, a verdade é que estamos longe de saber se o conceito de multiverso faz sentido. Numa teoria onde praticamente tudo é possível, nada é compreendido; especialmente se hipóteses que competem entre si não podem ser testadas e eliminadas. Um exemplo extremo é a visão mítica do multiverso proposta pelo físico Max Tegmark, um delírio platônico em que todos os mundos imagináveis e inimagináveis coexistem numa espécie de Eldorado matemático.[4] Esse tipo de especulação metafísica compromete a credibilidade da física teórica.

Indo em frente, existem também aqueles que acreditam que a existência da vida no Universo não é um acidente ou mesmo consequência de uma teoria unificada da física. Segundo este grupo, existe uma espécie de "princípio vital" que ecoa ideias passadas sobre o élan vital (ver Parte IV), que age além das leis físicas que usamos para descrever o mundo natural. Um dia, talvez, esse princípio venha a ser descoberto, embora no momento não tenhamos a menor ideia do que poderia ser. As leis da física e da química, ao menos como as entendemos hoje, não têm nada a dizer sobre o surgimento da vida. Claro, a vida satisfaz a essas leis; mas ela vai além, criando a sua própria complexidade, usando mecanismos que ainda desconhecemos. Como Paul Davies comentou em seu livro *Loteria cósmica*, noções desse tipo, invocando um misterioso princípio vital, são tipicamente teleológicas, explicando a vida como produto de algum propósito, de uma estratégia cósmica desconhecida. De acordo com este cenário, a mente humana seria o ápice da Criação. Mais uma vez, de modo metaforicamente semelhante ao que prescreve a Bíblia, somos os "eleitos", uma proposta perigosa: em vez de um Deus criador, temos um Universo criador.

A menos que seja baseado em princípios científicos rígidos (que podem ser ainda desconhecidos), atribuir a vida a um "princípio" seria equivalente a atribuí-la a um ato sobrenatural e inexplicável. Por outro lado, como vários exemplos na história da ciência nos mostram, o que hoje pode parecer sobrenatural ou fantasioso amanhã pode ser explicado racionalmente. Não há dúvida de que a busca científica por um princípio que ligue a emergência da vida às leis da física e da química é um excelente tópico de pesquisa. Porém, mesmo se esse princípio um dia fosse encontrado, continuaríamos sem saber com que *propósito* o Universo teria criado vida inteligente. Em vez de perguntarmos "Por que estamos aqui?", perguntaríamos "Por que o Universo nos criou?" A resposta mais imediata seria "para que pudesse refletir sobre si mesmo". Será que é mesmo isso que estamos fazendo quando escrevemos e lemos livros como este, pensando pelo Universo? Argumentos desse tipo, que transferem a noção da "mente de Deus" à "mente do cosmo", perpetuam nossa obsessão com a unidade de todas as coisas. É hora de deixar essas ideias para trás. *Nossa existência não precisa ser produto de algum plano para fazer sentido.*

Na década de 1970, o astrofísico Brandon Carter propôs o *princípio antrópico*, segundo o qual a presença de observadores inteligentes (como nós) no cosmo é consequência de propriedades físicas específicas: num universo com outras propriedades, a vida inteligente não seria possível. Na versão forte do princípio, o Universo criou observadores, que são, portanto, produtos de um propósito misterioso. Como Davies escreveu, "de alguma forma, o Universo criou a sua própria consciência". (Daí a transição da "mente de Deus" à "mente cósmica" que mencionei acima.) Segundo esta versão do princípio antrópico, o Universo como um todo está de certa forma vivo, uma entidade com o poder de gerar criaturas capazes de reflexão. Mesmo que a palavra "Deus" não seja mencionada, um cosmo autoconsciente capaz de criar vida inteligente equivale, essencialmente, a uma divindade onisciente, bastante vaidosa aliás: aqui estamos, adorando-a através da nossa razão. Embora concorde que a vida e a mente sejam extremamente importantes, não acredito que seja por este motivo.

Na versão fraca do princípio antrópico (não precisamos analisar todas as variações aqui), observadores aparecem apenas estatisticamente: dentro da hipótese do multiverso, existe um mecanismo seletivo que permite que a vida inteligente surja apenas num subconjunto de universos que incluem, claro, o nosso. Superficialmente, a versão fraca do princípio antrópico afirma o óbvio: estamos aqui porque o Universo tem as propriedades que permitem que estejamos aqui. Em um nível mais profundo, a partir do trabalho pioneiro de Steven Weinberg na década de 1970 e, mais recentemente, segundo as ideias de Vilenkin, Jaume Garriga, Andrei Linde e outros cosmólogos, o princípio pode ser usado para limitar os valores possíveis de alguns parâmetros cosmológicos importantes, como a quantidade de energia escura no Universo (ver Parte II). O argumento, em geral, funciona assim: se os valores desses parâmetros não estivessem dentro de certos limites, o Universo se comportaria de forma diferente e galáxias, estrelas e planetas não existiriam. Consequentemente, "nós" não estaríamos aqui. Fora o fato de basear-se no duvidoso princípio de mediocridade que criticamos acima, é difícil evitar a sensação de que pouco aprendemos de fundamental ao obter esses limites.

50
Significado e reverência

A discussão anterior sobre as diferentes visões da relação entre o cosmo e a humanidade mostra que nem mesmo entre os cientistas há um consenso. Por outro lado, com exceção do "Universo Absurdo", todas se baseiam na noção da unidade de todas as coisas: ou porque existe uma Teoria Final, ou porque vivemos num multiverso que a tudo engloba, ou porque somos produto de um Universo autoconsciente.* Que essa confluência das várias visões existe não deveria ser uma surpresa para nós. Afinal, como argumentei neste livro, a busca por uma descrição unificada da realidade física é uma expressão racional de uma "ciência monoteísta", cujas raízes intelectuais encontram-se na filosofia pré-socrática da Grécia antiga.

Teorias unificadas, princípios vitais e universos autoconscientes são todos expressões da nossa necessidade de encontrar uma conexão entre quem somos e o mundo em que vivemos. Não há dúvida de que a busca por uma ligação entre o homem e o cosmo é de extrema importância. Disso não discordo. Afinal, este é o tema principal deste livro. Porém, não vejo necessidade de relacionar essa conexão com ideias de unificação. Vamos considerar a possibilidade oposta: e se não houver uma verdade final a ser descoberta? E se formos simplesmente produto de uma sequência de acidentes? Será que podemos encarar nossa existência na ausência de um princípio unificador? A reação mais comum e imediata é que, neste caso, tudo está perdido: se o Universo está aqui por acaso, se nós somos um acaso, ficamos sem um objetivo mais profundo de ser, sem uma direção para orientar nossa busca por significado. Não poderia discordar mais. Ao contrário, argumentaria que é *precisamente* a nossa insistência em buscar por explicações únicas e finais que vem

---

* Podemos até combinar todas essas possibilidades e afirmar que "vivemos num multiverso autoconsciente onde a Natureza é descrita por uma Teoria Final".

impedindo o progresso intelectual e espiritual da humanidade. Quanto mais abstrata for a busca pela unidade de todas as coisas, mais nos distanciamos da Natureza e dos problemas da nossa era. Pior ainda, a busca pode facilmente tornar-se um escape, o "ópio da mente", parafraseando Marx. Tal como Nero, ficamos tocando lira enquanto Roma arde à nossa frente. Mais uma vez as palavras angustiadas de Kepler são apropriadas, escritas quase que como uma prece num período em que sua vida pessoal e a situação política da Europa central estavam mergulhadas no mais completo caos:

> Quando a furiosa tempestade ameaça naufragar o Estado, nada mais nobre nos resta fazer senão ancorar nossos estudos no chão firme da eternidade.[5]

Vemos por que Sócrates, cansado da busca pré-socrática pela unidade de todas as coisas — o Encantamento Iônico — "trouxe a filosofia dos céus", como escreveu Cícero. Está na hora de ancorar nossos estudos no chão firme da realidade.

A nossa insaciável busca pelo conhecimento, querendo sempre saber mais sobre quem somos e sobre o mundo em que vivemos, é alimentada por uma profunda reverência pela beleza e pelo drama da Natureza, pela emoção que sentimos ao presenciar o esplendor da criação. Esta é uma visão profundamente espiritual da ciência. Ao contrário do que tantos acreditaram por milênios, não existe uma conexão *a priori* entre essa reverência pela Natureza e a "busca pelas harmonias", entre nossa existência e uma explicação final para tudo o que existe. A reverência que inspira nossa busca não precisa estar ligada à noção antiquada de que tudo é um. Podemos explorar o oceano sem precisar buscar por um tesouro. Podemos explorar os fascinantes mistérios do mundo natural sem acreditar que tudo vem da mesma Verdade Final, do código oculto da Natureza. A criatividade da Natureza se expressa através da diversidade, e não da unidade por trás de tudo. Como vimos, existem incontáveis exemplos de como a complexidade das estruturas materiais é consequência de transformações, manifestação de assimetrias que ocorrem em todos os níveis, do subatômico ao astronômico. No ápice, temos a vida e sua incrível multiplicidade, resultado de assimetrias moleculares e mutações genéticas.

É hora de celebrarmos a vida e a nossa existência sem ter que elevá-las a um patamar divino. Afirmar que a vida é uma criação proposital de um cosmo autoconsciente é elevá-la a um estado de imunidade pseudorreligiosa, independente de nossas escolhas e de nossos atos. Para mim, este é um erro grave, pois nos livra da responsabilidade, como únicas criaturas autoconscientes (ao menos pelo que sabemos), de preservar a vida a todo custo. "Certamente, se somos resultado de um propósito cósmico, devem existir outras criaturas autoconscientes", afirmariam alguns. "Deve haver vida por toda a parte." O problema é que não sabemos se existem outras inteligências cósmicas, e provavelmente continuaremos sem saber por muito, muito tempo. Talvez para sempre. Portanto, temos que agir por conta própria, e o mais rápido possível. Por ser rara e frágil, por ser o resultado de uma série de acidentes, a vida é ainda mais preciosa. Se não cuidarmos dela, tudo indica que o Universo também não cuidará.

51
Além da simetria e da unificação

No longo confronto entre a ciência e a religião, encontramos com frequência a acusação de que os cientistas tiraram Deus das pessoas e não ofereceram nada em Seu lugar. Talvez o leitor se lembre do homem que me ouviu no programa de rádio em Brasília e me acusou de ter roubado o seu Deus quando expliquei como os dinossauros foram extintos (ver Parte I). Se tudo é razão e explicações causais, se tudo pode ser compreendido através de mecanismos e teorias, onde ficam as emoções que sentimos, a dor e o desespero da perda, a nossa capacidade de amar, de errar e de perdoar? O que a ciência pode fazer para dissipar nossos medos existenciais?

Talvez a maior injustiça dessa caracterização da ciência seja a noção de que uma descrição naturalista da existência — em contraste com uma descrição baseada em interferências sobrenaturais — é destituída de magia e encanto. Muitos cientistas famosos responderam com eloquência em seus livros e escritos a esse ataque: Carl Sagan, Edward O. Wilson, Richard Dawkins, Jacob Bronowski e Albert Einstein, para citar apenas alguns. É verdade que a ciência não promete vida eterna ou virgens no Paraíso. Também não aceita a existência da reencarnação ou de fantasmas e espíritos. Mesmo dentro do mundo natural, sabemos que a ciência jamais terá todas as respostas, que nossa descrição do mundo, baseada na verificação empírica de hipóteses, jamais será completa. Por exemplo, é difícil ver como a questão da origem de tudo poderá ser respondida dentro de um contexto puramente científico, ao menos como esse contexto é compreendido hoje. Sei que alguns físicos não gostam de ouvir isso, mas qualquer modelo que "explica" a origem do Universo vem carregado com toda uma bagagem de leis e suposições, muitas delas sem qualquer verificação experimental.

Como argumentei antes, a noção de que podemos construir uma teoria que explica tudo, uma Teoria Final, não faz sentido. Visto que nosso conhecimento do mundo natural é essencialmente delimitado pelos nossos instrumentos de medida e observação, nunca seremos capazes de medir tudo o que existe. Mesmo que nosso horizonte cresça com o tempo, estaremos sempre cercados pela escuridão da nossa ignorância. Consequentemente, teorias "finais" jamais poderão ser conclusivas: pode sempre haver algo que nos escapou. Aceitar os limites da ciência é aceitar os limites do conhecimento humano, um passo fundamental em direção a uma nova postura de humildade perante a Natureza. Mesmo se, um dia, criarmos máquinas inteligentes e autossuficientes, tão eficientes a ponto de tornar nossa existência obsoleta, essas entidades sintéticas terão ainda que lidar com seus limites materiais. Precisarão de energia para funcionar e estarão sujeitas à inexorável marcha em direção à desordem ditada pela segunda lei da termodinâmica. A matéria, mesmo como consciência pura, não pode transcender a si mesma.

A ciência é um método de conhecimento, de descobrir significados. Nossa curiosidade sobre o mundo é alimentada pelo mesmo senso de veneração que inspira a fé dos santos e os feitos dos sábios, o que Einstein chamou de "sentimento religioso cósmico". Queremos — e acreditamos que podemos — saber sempre mais. Temos fé na nossa capacidade de explicar os fascinantes mecanismos da Natureza usando uma linguagem que faz sentido para todos. Quando afirmo que devemos abandonar a ideia de que obteremos uma Teoria Final, que mesmo a unificação das quatro forças da Natureza baseada nas supercordas (ou no seu herdeiro futuro) nunca será a última palavra na descrição das propriedades materiais do mundo, não estou "entregando os pontos". Estou, sim, tirando a "mente de Deus" da ciência. Não precisamos de um propósito divino para justificar a nossa busca pelo conhecimento. A ciência será sempre instigante e maravilhosa, mesmo que incompleta. Ao aceitarmos que a ciência é uma criação humana e não um fragmento de um conhecimento divino e perfeito, nós a tornamos parte da nossa identidade como seres imensamente criativos mas não infalíveis.

Nossa paixão pela simetria levou a descobertas fenomenais nas ciências físicas. Levou, também, a grandes surpresas, pois a Natureza nos ensinou que, muitas vezes, nossas expectativas de perfeição são apenas projeções de nossos preconceitos. Se não fosse o porto seguro dos laboratórios, incontáveis teorias permaneceriam para sempre à deriva, em busca de terras imaginárias. Talvez seja difícil para muitos aceitar isso, mas a Natureza usa um espelho quebrado: como vimos, num universo perfeitamente simétrico a matéria jamais teria se aglomerado em formas vivas.

Somos mestres em construir modelos que explicam extremamente bem os mecanismos do mundo natural. O Modelo Padrão das partículas elementares é um exemplo disso. O modelo do Big Bang também. Sem dúvida, devemos sempre procurar explicações simples, seguindo a diretiva da navalha de Occam. Existe uma infinidade de questões práticas e fundamentais para serem exploradas. Existem também todas aquelas perguntas que ainda nem sabemos fazer. Na minha opinião, é absurdo afirmar que o fim da física ou da ciência está próximo.[6] Igualmente errado é acreditar que, se abandonarmos a busca por uma Teoria Final, a pesquisa na física será menos instigante. Tenho certeza de que a maioria absoluta dos físicos, por exemplo, os que trabalham na física da matéria condensada ou em astrofísica, se ofenderiam com esse tipo de declaração. Cientistas não precisam acreditar na "mente de Deus" para continuar sua busca ou para se inspirar.

Por outro lado, o fim de um certo modo de se fazer ciência se faz necessário, uma ciência que projeta conceitos divinos de ordem e simetria num mundo cheio de assimetrias e imperfeições, uma ciência que insiste em buscar por explicações finais e unificadoras. Poderíamos chamar isso do fim do "Encantamento Iônico". Como o grande físico Eugene Wigner — que ganhou o prêmio Nobel por ter revelado os princípios de simetria por trás de uma série de fenômenos quânticos — confessou irritadamente ao meu colega Robert Naumann, "Esses Princípios Organizadores a que você se refere — todos eles são provavelmente meras aproximações". As simetrias que inventamos, a Natureza quebra. Devíamos nos contentar com o fato de que essas simetrias são apenas aproximações, que estamos apenas modelando o que podemos perceber do mundo, e não a essência mais profunda da realidade. Por que isso é tão importante? Porque traz a ciência ao nível humano, liberando-a de nossas expectativas de perfeição e verdades finais.* Meu ponto de vista é de que não existe uma verdade final para ser descoberta, não existe um código oculto da Natureza. A ciência avança à medida que novas teorias suplantam (ou complementam) suas antecessoras. O avanço é lento, pontuado aqui e ali por descobertas revolucionárias que trazem consigo revelações inesperadas, capazes de transformar nossa visão de mundo. Como exemplos, cito os primeiros anos da era quântica, uma revolução inteiramente alimentada pela incapacidade de teorias bem estabelecidas para explicar os resultados de uma série de experimentos e, mais recentemente, a descoberta da expansão acelerada do Universo que nos trouxe a misteriosa energia escura, que muito possivelmente é o preâmbulo de uma nova revolução na física.

Quando aceitamos que a ciência é uma criação da mente humana e não a revelação fragmentária de uma Teoria Final inscrita na Natureza, nosso foco vai do metafísico ao concreto. Visto o quanto já aprendemos sobre o mundo, nossas fabulosas explicações de tantos fenômenos da Natureza e todos os desafios que ainda temos pela frente, não é óbvio que a estrada adiante promete ser ainda mais fascinante?

* Obviamente, as verdades das ciências físicas continuam válidas: a força da gravidade ainda cai com o quadrado da distância e a luz continua a se propagar com velocidade constante independente do movimento do observador. Mesmo que as questões enfocadas pelos cientistas estejam relacionadas com o contexto cultural em que são discutidas, quando tratamos das leis de movimento, por exemplo, não existe espaço para o relativismo cultural. Se você não acredita em mim, é só pular do alto de um telhado. (Talvez seja melhor jogar uma bola.)

52
O sinal de Marilyn Monroe e o mito de um cosmo "certo" para a vida

Se você acha que imperfeições são feias, lembre-se de Marilyn Monroe e do seu lindo sinal. Será que ela (e tantas outras e outros, como a modelo Cindy Crawford, por exemplo) seria mais atraente sem ele? Por que em tantas línguas esses sinais são chamados de "sinais de beleza" (em inglês, "beauty marks") se ofendem a simetria perfeita da face humana? Os piercings tão populares hoje em dia fazem a mesma coisa. É raro ver alguém com ambas as narinas ou sobrancelhas com piercings. A ideia é quebrar a simetria para embelezar o rosto.[7]

Vários estudos psicológicos recentes mostram que preferimos faces ligeiramente assimétricas, pois as consideramos mais atraentes.[8] Parece que existe uma relação profunda entre nossas escolhas estéticas e a assimetria funcional do cérebro humano. Como sabemos, o cérebro é outro exemplo importante de assimetria espacial, onde as diferenças entre o hemisfério esquerdo e o direito estão relacionadas com funções específicas reservadas a cada um deles. Com a ajuda da tecnologia digital, podemos dividir uma imagem de nosso rosto ao meio e juntar cada metade consigo mesma, lado esquerdo com lado esquerdo e lado direito com lado direito, criando rostos perfeitos simétricos. Essas criações são extremamente bizarras: é fácil perceber que "algo" está errado. Fiz essa experiência com meu computador e o resultado é algo que prefiro não mostrar para minha família ou amigos.* Se o leitor puder fazer a experiência, eu recomendo. Tenho certeza de que aqueles que têm um sinal num lado do rosto não gostarão muito de vê-lo em ambos os lados,

* Os computadores da Apple vêm com um software chamado Photo Booth que permite esse tipo de operação. Certamente existem muitos outros que funcionam com Windows.

equidistantes do centro. O segredo da beleza talvez esteja na quebra *sutil* da simetria perfeita do rosto.

Para que sinais faciais (ou mesmo no corpo) sejam considerados belos precisam estar no lugar certo e ter o tamanho adequado. Por exemplo, sinais grandes bem no meio da testa não são muito atraentes em geral. Se forem muito pequenos, são imperceptíveis. Se forem muito grandes, são feios. Aparentemente, o tamanho crítico para que um sinal seja considerado belo — a fronteira entre o atraente e o grotesco — é em torno de um centímetro de diâmetro. Marilyn Monroe e Cindy Crawford tinham os sinais do tamanho "certo" e eram consideradas mulheres belíssimas. (Cindy Crawford continua viva e belíssima.) Temos aqui uma nova estética do assimétrico, que precisa ser explorada em maior detalhe. Mas não agora. Inspirados por essas reflexões, sugiro que deixemos a cosmetologia de lado e retornemos à cosmologia.

Vimos que os dois modelos básicos da física, o Modelo Padrão da física de partículas e o modelo do Big Bang, dependem de um número grande de parâmetros (em torno de trinta). Dentre eles, temos os valores das massas e cargas elétricas do elétron e dos quarks, a massa do bóson de Higgs, a quantidade de matéria escura e de energia escura, e o excesso de matéria sobre antimatéria no cosmo. A estes, devemos adicionar as constantes fundamentais da Natureza, que incluem a velocidade da luz (c), a constante de Newton (G), que determina a intensidade da força gravitacional, e a constante de Planck (h), que determina a magnitude dos efeitos quânticos.[9]

Essas constantes são, em essência, o alfabeto da física. Toda expressão matemática de um fenômeno físico envolve, implícita ou explicitamente, uma ou mais delas. Podemos mesmo dizer que as leis da Natureza são as regras gramaticais das ciências físicas, os parâmetros e as constantes da Natureza o seu alfabeto, e a matemática a língua em que tudo é escrito. Por exemplo, as órbitas do elétron no átomo de hidrogênio dependem da massa e da carga do elétron e da constante de Planck, h.[10] Um ponto extremamente importante, mesmo que óbvio, é que as constantes da Natureza foram obtidas através de medidas de alta precisão realizadas em laboratórios. Não sabemos como explicar seus valores, mas sabemos que se manifestam pelo cosmo afora. Quando astrônomos examinam o espectro de estrelas distantes, veem que o elétron tem as *mesmas* órbitas no hidrogênio e nos outros elementos que estudamos aqui na Terra. Isso significa que o elétron tem a mesma massa e a mesma carga elétrica nas estrelas e na Terra (à parte pequenas correções oriundas da teoria da relatividade que são bem conhecidas). Caso isso não ocorresse, isto é, caso as constantes da Natureza e os parâmetros que usamos em nossos modelos variassem de lugar a lugar, ou se variassem no tempo de forma aleatória, seria impossível construir teorias científicas da Natureza.

A arbitrariedade nos valores das constantes fundamentais da Natureza incomoda muitos físicos. Vários acreditam que deveria ser possível obter uma teoria mais fundamental, que explicasse por que, por exemplo, a velocidade da luz é 300 mil quilômetros por segundo e não, digamos, 100 milhões de metros por segundo ou qualquer outro valor. (Mais precisamente, a velocidade da luz é medida em 299.792.458 metros por segundo.) Essa superteoria deveria, na verdade, explicar o valor de *todas* as constantes da Natureza e de *todos* os parâmetros que usamos em nossos modelos. Como sabemos, esse é o objetivo da unificação, obter uma explicação final da realidade física sem a presença de sequer um parâmetro ajustável. De acordo com o melhor candidato no presente, a teoria das supercordas, os valores das constantes fundamentais seriam determinados pela geometria que caracteriza as dimensões espaciais extra que essas teorias preveem existir. Geometrias diferentes gerariam valores diferentes para as constantes da Natureza.

A coisa funciona mais ou menos assim. Teorias de supercordas geram resultados melhores quando formuladas em espaços com nove dimensões: as três normais e mais seis dimensões extra. Como não vemos qualquer evidência de que existem seis dimensões extra no espaço, evidentemente devem ser tão pequenas a ponto de serem invisíveis, isto é, a ponto de não terem ainda sido detectadas em experimentos. (Claro, outra explicação é que elas simplesmente não existem.[11]) O mesmo ocorre quando vemos uma mangueira de longe: parece ser uma linha (portanto, um espaço com apenas uma dimensão, o comprimento), embora de perto vemos que é um cilindro (portanto, um espaço com duas dimensões, comprimento e largura). As seis dimensões extra das supercordas podem ter vários formatos, correspondendo a topologias diferentes. Como ilustração, imagine uma bola com buracos na sua superfície. O número de buracos determina a topologia da bola: bolas com um número de buracos diferente não podem ser continuamente deformadas uma na outra. Na teoria das supercordas, a geometria do espaço interno, com seis dimensões ocultas, pode assumir diferentes topologias, como bolas com números diferentes de buracos. Como, nessas teorias, a geometria do espaço interno está relacionada com as constantes da Natureza, espaços internos com topologias diferentes geram constantes com valores diferentes. De acordo com essa visão, todas as propriedades físicas das partículas de matéria, suas massas e cargas, dependem dos detalhes da topologia do espaço interno, com suas seis dimensões ocultas.

Segundo as teorias de supercordas, mesmo que as dimensões ocultas do espaço sejam imperceptíveis, são elas que determinam a realidade física em que vivemos. Dentro da versão da teoria que gera o multiverso com a sua "paisagem", existem cerca de 10^{500} realizações geométricas possíveis do espaço interno, cada uma correspondendo a um universo com constantes fundamentais diferentes do nosso. Como vimos, uma consequência desses modelos é que as constantes da Natureza podem variar de universo a universo. Talvez o maior desafio dessas teorias seja extrair desse multiverso o Universo que corresponde ao nosso. Mais ambicioso ainda é demonstrar que existe apenas *uma* teoria possível, que determina tudo sobre o nosso mundo: a Teoria Final que corresponde à culminação de uma ciência monoteísta. Esse projeto, me parece, está fadado ao fracasso.

Claro, essas ideias são extremamente especulativas. Não sabemos se as teorias de supercordas funcionarão ou se a noção da "paisagem" sobreviverá por muito tempo. Apenas se continuarmos a pesquisar o assunto e estabelecermos algum contato com experimentos, é que poderemos determinar se existe qualquer validade nelas. Caso contrário, continuarão indefinidamente a ser "teorias teóricas", elegantes mas inúteis.

Quando físicos começaram a examinar a possibilidade da variação (espacial e temporal) das constantes fundamentais, uma possibilidade levantada bem antes do advento das teorias de supercordas ou de teorias com dimensões espaciais extra, foi sugerido um argumento que cresceu em popularidade rapidamente. Inúmeros artigos e livros científicos declaram algo assim: "Os valores das constantes fundamentais da Natureza definem como o Universo opera (verdade). Se fossem ligeiramente diferentes, digamos, se a carga do elétron fosse 20% maior, ou se os nêutrons não fossem 0,13% mais pesados do que os prótons mas um pouco mais leves, tudo seria diferente. Em particular, estrelas não brilhariam e talvez nem existissem, e a vida seria impossível (verdade). Portanto, se os valores das constantes fundamentais da Natureza diferissem por apenas um pouco, não estaríamos aqui (verdade). Não é incrível como o cosmo é tão 'certo' para que a vida exista? (falso)."

Esse argumento é tendencioso no mínimo por duas razões. Em primeiro lugar, porque ignora o fato extremamente importante (e óbvio, como vimos acima) que os valores das constantes da Natureza, o alfabeto de nossas teorias e modelos, foram *medidos* em centenas de experimentos. Não existe qualquer coincidência aqui, nenhum segredo oculto, nenhuma calibração "certa" do cosmo. Neste Universo, ao menos, as constantes não poderiam ter valores diferentes. Em outras palavras, a existência (e os valores) das constantes fundamentais da Natureza reflete o método com que construímos explicações do mundo que nos cerca, através de uma narrativa que cresce em complexidade à medida que nossos instrumentos nos permitem enxergar mais longe. Não é à toa que o número de constantes e parâmetros que usamos em nossas teorias aumenta continuamente e que certamente continuará a aumentar no futuro. Por exemplo, só nos últimos dez anos, tivemos que adicionar a energia escura e as massas dos neutrinos (ainda desconhecidas) à nossa lista. Ao examinar a Natureza de forma cada vez mais detalhada e precisa, nossas explicações serão baseadas em novas constantes fundamentais. O alfabeto da ciência cresce à medida que nossa narrativa vai ficando mais complexa.

Em segundo lugar, como elaborarei mais adiante, não existe qualquer evidência de que o nosso Universo seja "certo" para a vida. Ao contrário, a evidência que temos aponta na direção oposta, para a raridade da vida, que existe apesar da indiferença e da hostilidade cósmica.

Afirmar que o Universo é "certo" para a vida implica uma agenda bem específica: o Universo é do jeito que é para que possamos estar aqui. Essa posição implica que a vida, e particularmente a vida inteligente, tem uma importância cósmica. Temos uma missão ditada pelo próprio Universo! Não é surpreendente que nos deixemos iludir assim. Afinal, somos nós que medimos as propriedades da matéria; somos nós as criaturas autoconscientes, intrigadas com os mistérios da Natureza. Ao pensarmos sobre o cosmo, o cosmo pensa sobre si mesmo. Como aceitar que tudo isso seja um mero acidente, que nossa existência não tenha um propósito maior?

Não há dúvida de que essas ideias são inspiradoras. Imagine se nós, meros agregados de átomos, capazes de refletir sobre nossa existência, formos a consciência do Universo? Nada mau! Infelizmente, essas ideias não têm a menor evidência observacional.

Deixe-me elaborar essa questão através de uma analogia. Um dia, uma pessoa entra numa biblioteca. Essa pessoa só sabe ler e escrever em português. Examinando as estantes, se empolga ao descobrir que todos os livros sejam em português. "Não é incrível que todos os livros nesta biblioteca são em português? Se fossem em outras línguas, ou se algumas letras fossem trocadas aqui e ali, digamos, as letras 'a' e 'e' por caracteres japoneses, eu não poderia mais ler nenhum desses livros. Esta biblioteca é a 'certa' para mim, construída só para que eu possa aproveitar todas essas belas obras. Eu devo mesmo ser muito importante!" Na versão forte do princípio antrópico, a pessoa concluiria que a biblioteca foi construída exclusivamente para ela e aqueles capazes de ler em português.

Na versão fraca do princípio antrópico, a existência de bibliotecas contendo livros em português não seria um fato surpreendente. Dado que algumas pessoas só sabem ler em português, algumas bibliotecas necessariamente teriam livros em português. Poderiam existir livros em outras línguas na mesma biblioteca, mas apenas aqueles em português são os "certos" para ela e seus companheiros monolíngues. Livros em outros idiomas atenderiam às necessidades de outros leitores "típicos" (isto é, alfabetizados) que frequentam a mesma biblioteca. Portanto, nessa analogia, a biblioteca representa nosso Universo, com seus observadores (isto é, leitores) inteligentes "típicos", sejam eles terrestres ou alienígenas. Existem, também, bibliotecas com livros que não fazem o menor sentido, por exemplo, com frases e mais frases contendo letras em sequências incoerentes, ou repetindo o mesmo padrão por centenas de páginas, ou completamente em branco. A pessoa concluiria que essas bibliotecas estariam vazias, sem observadores "típicos". Dentro dessa analogia limitada mas, espero, sugestiva, do princípio antrópico, as bibliotecas de livros "ilegíveis" correspondem a universos que falharam, isto é, que foram incapazes de gerar observadores e suas obras literárias. Esse multiverso literário nos lembra a biblioteca fabulosa criada por Jorge Luis Borges no seu conto "A biblioteca de Babel", onde todos os livros possíveis existem e apenas uma minoria faz sentido.

A versão forte do princípio antrópico é autocentrada e representa uma teleologia clara: esse livro foi feito para mim! A versão fraca é sem conteúdo: bibliotecas frequentadas por leitores deverão conter livros nas suas línguas; já as com livros ilegíveis estarão vazias. Ambas as versões do princípio antrópico nos ensinam mais sobre as pessoas lendo os livros do que sobre a biblioteca que frequentam.

Para um peixe inteligente, a água é "certa" para ele, funcionando como deve para que possa nadar nela. Se fosse muito fria, congelaria; muito quente, ferveria. A temperatura tem que ser "certa" para que o peixe exista. "Veja só como sou importante! A própria água é do jeito que é só para que eu possa nadar nela. Minha existência não pode ser um acaso", concluiria o peixe, orgulhoso. Porém, sabemos que a temperatura dos oceanos não está sendo controlada com o propósito de permitir a existência do nosso peixe. Ao contrário, o peixe é extremamente frágil. Uma mudança brusca ou mesmo gradual de temperatura o mataria, como todo pescador de trutas sabe muito bem. Precisamos tanto encontrar conexões que justifiquem nossa existência que as achamos mesmo quando não existem.[12]

Somos seres espirituais em um cosmo brutal e indiferente. Para mim, esta é a essência da problemática humana. Um dos erros mais graves que podemos cometer é acreditar que o cosmo tem planos para nós, que, de algum modo, somos importantes para o Universo. Somos, sim, especiais, mas não porque o cosmo tenha planos para nós, ou porque seja "certo" para a vida. O Universo não quer nada conosco. Pense nos bilhões, provavelmente trilhões, de planetas mortos, sem qualquer indício de vida, e isso contando apenas a nossa galáxia. Não consigo encontrar a mensagem de que o Universo é "certo" para a vida nesse vasto oceano de mundos desolados. Se o cosmo tinha mesmo planos para nós e para a inteligência cósmica em geral, me parece que a execução desses planos andou muito mal. Como o Deus-criança no maravilhoso romance filosófico de Olaf Stapledon, *Star Maker*, nosso cosmo parece avançar aos trancos, criando e destruindo mundos com total indiferença: "E ele continuou a criar um cosmo-brinquedo após outro."[13]

Se as constantes da Natureza são tão "certas" para a vida, por que é tão difícil encontrá-las? Somos especiais por sermos raros, por estarmos vivos e termos consciência disso. A comunhão que precisamos estabelecer não é com o cosmo: é com o nosso planeta e, por isso, muito mais imediata e urgente. O crescimento desenfreado da população mundial e das suas necessidades está causando a rápida devastação da vida e dos recursos naturais da Terra. Temos uma missão épica pela frente. Aqui sim somos uma espécie "eleita". Não por sermos miticamente conectados com o Universo, mas por sermos irreversivelmente conectados com o nosso planeta, o único abrigo da vida que conhecemos na escuridão fria do cosmo.

53
Terra rara, vida rara?

Para esclarecer meu argumento, gostaria de expandir a análise da Parte IV e discutir a raridade da vida e, em particular, da vida inteligente, no Universo.

Quando estudamos a origem e a evolução da vida, fica claro que uma série de fatores devem atuar para que a vida surja e cresça em complexidade. Aqui estão alguns dos passos mais importantes: 1. química inorgânica → 2. química orgânica → 3. bioquímica → 4. início da vida → 5. células procariotas → 6. células eucariotas → 7. vida multicelular → 8. vida multicelular complexa → 9. vida inteligente.

Vamos analisar cada um desses passos em mais detalhe:

1. A vida precisa de elementos químicos básicos, incluindo carbono, oxigênio, hidrogênio, nitrogênio etc. Mesmo se algum tipo de vida bem exótico existir em um planeta remoto, provavelmente usará elementos químicos semelhantes aos usados aqui. Graças às supernovas, isso não é um obstáculo: esses elementos químicos são encontrados por todo o cosmo.

2. Os elementos químicos precisam interagir e formar moléculas inorgânicas simples, como a água (H_2O), a amônia (NH_3) e o gás carbônico (CO_2), e moléculas orgânicas simples, como o metano (CH_4) e outras. Aqui também não devem existir grandes obstáculos, já que mesmo no espaço interestelar astrônomos identificaram uma extensa lista de moléculas inorgânicas e orgânicas, muitas delas necessárias para a vida aqui na Terra.

3. Essas moléculas orgânicas precisam encontrar um meio onde possam reagir, criando moléculas cada vez mais complexas, chegando então nas moléculas que caracterizam a bioquímica, como as proteínas e os ácidos nucleicos. Aqui as coisas começam a ficar

mais complicadas. Como discutimos, a água parece ser um ingrediente crucial para a vida. Certamente, podemos sempre especular que alguns tipos exóticos de bioquímica sejam possíveis na ausência de água. Como não temos qualquer evidência disso, no momento, as discussões sobre a origem e a existência da vida concentram-se em ambientes com água. Essa condição restringe radicalmente os tipos de corpos celestes que podem abrigar seres vivos. Os planetas precisam estar na chamada *zona de habitação* da sua estrela, se bem que, como o clima infernal de Vênus e a aridez de Marte mostram, essa condição não é suficiente para garantir a existência de vida. (Ou a definição de zona de habitação precisa ser refinada.) Luas, por outro lado, mesmo que fora das regiões de habitação, podem ter água líquida devido a um efeito conhecido como aquecimento de maré (ver Parte IV). Como vimos, Europa, a lua de Júpiter que contém um oceano sob uma crosta de gelo, é um excelente exemplo. Experimentos do tipo Miller-Urey sugerem que os primeiros passos em direção à química da vida, a formação de aminoácidos, são relativamente fáceis de serem dados, contanto que a atmosfera e a superfície do planeta ofereçam as condições apropriadas. Porém, água líquida e os elementos químicos apropriados não garantem sucesso. Para que as reações ocorram, são necessárias concentrações relativamente altas de reagentes. Fora isso, o planeta tem que estar relativamente calmo, por exemplo, não sendo ativamente bombardeado por asteroides. Sua superfície também deve ser relativamente estável, sem deformações de maré muito intensas e sem erupções vulcânicas de impacto global.

4. Dado tudo isso, o próximo passo é o mais misterioso: de alguma forma, reações químicas inanimadas transformaram-se no primeiro ser vivo, um conjunto de reações autossustentáveis capazes de absorver energia do meio ambiente e de se reproduzir. Como parte do processo, os blocos essenciais das moléculas da vida escolheram uma orientação espacial específica, a sua quiralidade (ver Parte IV).

5. Os passos que vão da relativa simplicidade dessa vida primitiva até a complexidade das proteínas e dos ácidos nucleicos pertencentes às primeiras células procariotas também são obscuros. A uma certa altura, uma membrana protetora feita de gorduras circundou os reagentes, protegendo-os do ambiente externo. Com eficiência crescente, a membrana permitiu que energia e nutrientes entrassem e dejetos saíssem. Nesse meio-tempo, o material genético dentro das células levou a reproduções e sofreu mutações, gerando uma diversificação maior. Esse era o mundo dos protozoários.

6. O próximo passo em direção a uma maior complexidade da vida foi a transição das células procariotas às células eucariotas, que levou em torno de dois bilhões de anos. A hipótese mais aceita atualmente, sugerida pela bióloga Lynn Margulis (a primeira esposa de Carl Sagan), é que os eucariotas surgiram de alianças simbióticas entre diferentes tipos de seres procariotas. Por exemplo, a mitocôndria, a fonte processadora de energia das células modernas, parece ter sido um organismo independente no passado distante que foi ou comido ou absorvido por outro organismo, formando, de modo ainda desconhecido, um novo organismo.[14]

7. Após o advento das células eucariotas, o próximo grande momento na história da vida foi a transição, aproximadamente três bilhões de anos após o surgimento dos primeiros seres vivos, de criaturas multicelulares. Tal como na transição de procariotas a eucariotas, a origem de seres multicelulares também é explicada a partir de alianças simbióticas entre seres unicelulares: por um processo de tentativa e erro, seres unicelulares se juntaram ou foram sendo absorvidos para criar novos seres com funções diversificadas. Entretanto, ainda não se sabe como os tipos diferentes de DNA desses seres foi unificado num só genoma. Uma explicação alternativa, a Teoria Colonial, propõe que seres unicelulares se agruparam em colônias que aos poucos foram evoluindo até tornarem-se seres multicelulares. Embora o debate continue, a Teoria Colonial vem ganhando mais adeptos nos últimos anos.

8. Muitos cientistas propõem que a diversificação acelerada dos seres vivos que ocorreu por volta de 550 milhões de anos atrás, a chamada "explosão cambriana", deu-se devido a mudanças no meio ambiente terrestre. As mais importantes foram a oxigenação da atmosfera, graças à ação das algas verde-azuis, e o aumento da atividade geológica devido ao movimento das placas tectônicas. Essas placas, que podemos imaginar como sendo pedaços da superfície da Terra ligados como num quebra-cabeça, vão se deslocando aos poucos, ativando a química dos oceanos e da superfície. O movimento tectônico funciona como uma espécie de termostato global, reciclando compostos químicos que ajudam a regular os níveis de gás carbônico, mantendo a temperatura relativamente estável. Sem ele, a água não teria permanecido líquida por bilhões de anos, o que teria dificultado imensamente o desenvolvimento da vida, especialmente o da vida complexa.

9. Após 500 milhões de anos de evolução de seres multicelulares, incluindo várias extinções em massa e mudanças climáticas severas, os primeiros membros do gênero *Homo* surgiram na África em torno de 4 milhões de anos atrás. A inteligência como a conhecemos hoje surgiu há menos de um milhão de anos, estando presente por nem mesmo 0,02% da história da Terra.

Ponderando cada um dos passos delineados acima, e ao constatar a desolação dos outros planetas do nosso sistema solar, fica difícil entender como é possível afirmar com confiança que a vida deve ser comum no Universo, ou que o Universo é "certo" para a vida. Não há dúvida de que devemos continuar a buscar planetas semelhantes à Terra, como a missão Kepler da NASA está fazendo no momento e a missão Darwin da Agência Espacial Europeia planeja fazer no futuro. Em breve, será possível extrair informação da composição química das atmosferas de planetas extrassolares, buscando possíveis sinais de atividade biológica: água, oxigênio, ozônio, metano e possivelmente até clorofila. A expectativa, com que concordo entusiasticamente, é de que sinais de vida serão encontrados. A questão é que *tipo* de vida será essa.

É aqui que a divergência começa. Em seu corajoso livro *Terra rara*, Peter Ward e Donald Brownlee argumentam convincentemente que muito provavelmente a vida extraterrestre só aparecerá nas suas formas mais simples: planetas com características terrestres têm chances de abrigar micro-organismos alienígenas, mas não muito mais do que isso. A vida multicelular complexa depende de fatores muito específicos — mesmo se todas as condições químicas forem satisfeitas — para ser comum. Um deles, que ainda não mencionei, é a existência de uma lua grande. Com exceção de Mercúrio, todos os planetas do sistema solar giram em torno de si mesmos como piões inclinados a um certo ângulo. Se a Terra não tivesse a Lua, sua inclinação de 23,4 graus com relação à vertical variaria caoticamente, com consequências desastrosas para a vida complexa. O ângulo de inclinação orbital de um planeta determina as estações e a sua duração. Na década de 1980, o geofísico James Kasting, da Universidade Estadual da Pensilvânia, argumentou que um ângulo de inclinação variável tornaria a Terra um planeta praticamente inabitável. Dentre outros problemas, as estações do ano não seriam mais regulares e a água líquida não seria uma presença constante na superfície terrestre por períodos longos.

Outro fator extremamente importante é a existência de um campo magnético capaz de proteger a superfície planetária da radiação letal que vem do espaço. Sem ele, as criaturas seriam expostas a doses letais de radiação vinda principalmente da sua estrela central (no nosso caso, o Sol). Talvez seja isso que tenha ocorrido com Marte, por exemplo. Se Marte teve vida no passado, é pouco provável que tenha agora. Se tiver, está muito bem escondida (ou não sabemos como identificá-la). Sem dúvida, devemos continuar a buscar por vida lá, especialmente abaixo da superfície, onde está mais protegida. Ou, conforme acredita Christopher McKay, o especialista em Marte da NASA, micróbios podem viver nas regiões polares, onde existe gelo. Isso ocorre na Antártica, onde micro-organismos foram encontrados no fundo de lagos congelados numa região conhecida como Vales Secos de McMurdo. Certamente, mesmo que esse tipo de vida esteja longe de ter a complexidade dos homenzinhos verdes da ficção científica, seria um exemplo de vida alienígena e, portanto, de extrema relevância.

A enorme repercussão que teria a descoberta de vida em Marte mais do que justifica o enorme esforço que vem sendo dedicado a encontrá-la. O leitor talvez se lembre de que, em 1996, cientistas da NASA declararam que um meteorito vindo de Marte parecia trazer consigo sinais de vida.* A pedra extraterrestre, chamada de ALH84001, caiu na Terra por volta de 11.000 a.C. e foi descoberta na Antártica em 1984. Na ocasião, o administrador da NASA, Daniel Goldin, declarou: "Cientistas da NASA fizeram uma incrível descoberta que levanta a possibilidade de que uma forma de vida primitiva existia em Marte há mais de três bilhões de anos."[15] Mesmo que Goldin tenha escolhido suas palavras cuidadosamente, sua declaração causou um verdadeiro furor na mídia e na comunidade científica. Até mesmo o presidente Bill Clinton fez um depoimento no dia 7 de agosto de 1996, dos jardins da Casa Branca:

> Vale a pena contemplarmos como chegamos a esse momento de descoberta. Por volta de quatro bilhões de anos atrás, essa pedra foi formada como parte da superfície marciana. Após bilhões de anos, foi liberada da superfície e começou sua jornada de 16 milhões de anos até chegar aqui na Terra, parte de uma chuva de meteoros que ocorreu há 13 mil anos. Em 1984, um cientista americano, numa missão governamental para buscar por meteoritos na Antártica, encontrou a pedra e trouxe-a para ser estudada. Apropriadamente, foi a primeira pedra encontrada naquele ano — pedra número 84001.
>
> Hoje a pedra 84001 nos fala de um passado de bilhões de anos e de uma distância de milhões de quilômetros. Nos fala da possibilidade de vida. Se essa descoberta for confirmada, será uma das maiores na história da ciência. Suas implicações serão profundas, e inspirarão ainda mais reverência pelo universo em que vivemos. Ao prometer respostas para algumas das questões mais antigas da humanidade, levanta outras ainda mais fundamentais.

---

* O leitor deve estar se perguntando como que uma pedra marciana foi encontrada na Terra. A colisão violenta de um cometa ou asteroide com a superfície de um planeta levanta uma enorme quantidade de detritos. Uma fração deles é ejetada da superfície com tal velocidade que pode escapar da atração gravitacional do planeta. Viajando pelo espaço, algumas pedras podem ser capturadas pela gravidade de um planeta vizinho, numa espécie de pula-pula planetário. Pedras da Terra também poderiam viajar até Marte, mas a gravidade maior da Terra torna isso menos provável.

Vamos continuar a ouvir o que tem a nos dizer, enquanto continuamos a buscar respostas a questões tão antigas quanto a própria humanidade e essenciais ao nosso futuro.

Quando escrevi estas linhas, em dezembro de 2009, a maioria (mas não todos) dos cientistas está convencida de que os sinais de vida no meteorito ALH84001 não são reais. Um dos métodos para se identificar atividade biológica em amostras de meteoritos é buscar por minúsculas "marcas de vida" gravadas nas rochas. A dificuldade é que processos geológicos muitas vezes causam efeitos extremamente parecidos com atividade bacteriana. Fora isso, as estruturas encontradas são extremamente pequenas, de dez a cem vezes menores do que as bactérias terrestres. Mesmo que seja possível argumentar que a vida em Marte é (ou era) radicalmente diferente da vida aqui, a evidência em mãos não é convincente. Embora o caso não esteja completamente encerrado, a pedra ALH84001 não é a prova que tanto buscamos. Ao que sabemos, continuamos sendo o único planeta com vida no cosmo.

Encontrei-me com Brownlee numa conferência em maio de 2009 e aproveitei para perguntar se havia mudado de opinião nos últimos nove anos. (*Terra rara* foi publicado em 2000.) Disse-me que não. Se Ward e Brownlee estiverem certos, e acredito que estejam, as consequências são extremamente importantes para nós. Mesmo que formas primitivas de vida não sejam raras, planetas como a Terra são. E, se planetas terrestres são raros, a vida complexa também é rara. Consequentemente, a vida inteligente, consciente e capaz de refletir sobre sua própria existência, é ainda mais rara, talvez até única na nossa galáxia. Em vez de afirmarmos que o Universo é "certo" para a vida — implicando que a vida é comum no cosmo — deveríamos estar chocados com o fato de que a vida existe, tendo em vista a violência do ambiente cósmico. A questão que devemos então considerar é se estamos sozinhos no cosmo, ou se existem outras formas de vida inteligente. Vejamos o que podemos concluir, dado o que aprendemos até aqui.

54
Nós e eles

O título deste capítulo é tirado de um curso de literatura comparada que leciono ocasionalmente em Dartmouth, onde examino como nosso modo de pensar sobre os alienígenas e, em particular, sobre a inteligência extraterrestre, vem mudando na cultura ocidental desde o século XVII.[16] "Eles" são uma projeção de nossos medos e esperanças, um reflexo do que a humanidade tem de melhor e de pior. Na maioria das histórias e filmes, as máquinas e a aparência dos extraterrestres expressam o estado da ciência e da tecnologia da época. No final do século XIX, os marcianos no clássico romance de H. G. Wells, *A guerra dos mundos*, chegam à Terra em bólidos que aparentam ser balas de canhão ou mísseis detonados da superfície de Marte. Logo após, com a descoberta do voo, os alienígenas começaram também a voar. Em seguida, com o desenvolvimento da genética e da física nuclear, mutações e máquinas movidas a energia nuclear apareceram; a partir de 1950, o mesmo ocorreu com computadores. Em muitas narrativas, os alienígenas são capazes de feitos que, para nós, são apenas um sonho. Na obra-prima de Arthur C. Clarke, *2001: Uma odisseia no espaço*, os alienígenas são indistinguíveis de deuses, "criaturas de radiação, finalmente livres da tirania da matéria".[17] Imagine o que uma pessoa do tempo de Copérnico pensaria se visse um laptop ou um iPhone. Até meu pai, que nasceu em 1927, via os videocassetes com suspeita nos anos 1980.

A possibilidade de que a vida existe em outros lugares do espaço é extremamente fascinante. Como disse Clinton em seu depoimento, a descoberta de um simples micróbio seria, talvez, a maior em toda a história da ciência. O mundo jamais seria o mesmo. Se tivéssemos provas conclusivas de que, de fato, a vida surgiu em algum outro lugar, a suposição de que deve ser comum no cosmo ganharia tremenda força. A vida deixaria de ser uma anomalia terrestre. Dado que as mesmas leis da física atuam em todo Universo, e que outros sistemas estelares têm os mesmos elementos químicos que os encontrados aqui, se detectássemos traços de vida primitiva em algum outro planeta ou lua de nossa vizinhança cósmica, concluiríamos que a vida existe também em outras partes do cosmo: o princípio da mediocridade, ao menos no que diz respeito à *existência* de vida, faria mais sentido. O cosmo seria receptivo à vida, e a possibilidade de que existe uma conexão profunda entre a vida e o Universo deveria ser considerada seriamente. Como escreveu Paul Davies, "Se a vida vem de uma sopa pré-biótica com certeza causal, então as leis da Natureza escondem um subtexto, um imperativo cósmico que comanda: 'Faça-se a vida!'... Essa visão deslumbrante da Natureza é profundamente inspiradora e majestosa. Espero que esteja correta. Seria maravilhoso se estivesse correta."[18] O desejo por companheiros cósmicos se une ao desejo pelas harmonias cósmicas.

A prova da existência de alguma espécie de "imperativo cósmico" para a vida iria contra a ortodoxia darwiniana, que descarta qualquer tipo de determinismo no que diz respeito a processos relacionados com a origem e a evolução da vida. De acordo com a teoria da evolução, não existe qualquer plano ou propósito para a vida; o drama da existência ocorre à medida que criaturas lutam para sobreviver em ambientes diversos. Portanto, seria muito difícil resistir à tentação de relacionar algum tipo de imperativo cósmico com um senso de propósito, com a existência de alguma espécie de qualidade universal divina que favorece (e mesmo cria) a vida. Por outro lado, mesmo sendo profundamente transformadora para o senso de identidade da humanidade, não há qualquer razão para equacionar a descoberta de vida extraterrestre com noções religiosas. Poderíamos igualmente argumentar que o cosmo tem um imperativo para criar estrelas, dada a enorme quantidade delas. Porém, sabemos que estrelas resultam da contração gravitacional de nuvens de hidrogênio, um processo físico bem compreendido que, dadas certas condições, pode ser facilmente repetido por todo o cosmo sem qualquer senso de propósito ou intencionalidade. Em outras palavras, mesmo se a vida for descoberta em algum outro lugar e concluirmos que deve ser bastante comum no cosmo, podemos manter a explicação de sua existência dentro do domínio da ciência.

A situação seria outra se a vida extraterrestre fosse multicelular. Uma coisa é descobrir amebas; outra é encontrar formas de vida complexa, seres com órgãos distintos realizando funções metabólicas e motoras distintas. Dada a incrível resistência dos extremófilos terrestres aparecendo nos ambientes os mais severos (ver Parte IV), acredito que a vida microbial não deva ser tão rara no cosmo. Entretanto, não vejo como a vida multicelular possa ser comum. Ao contrário, dados os enormes obstáculos que a vida terrestre sobrepujou até chegar ao nível de seres multicelulares, e a desolação dos planetas do nosso sistema solar (a despeito da sua beleza austera), como imaginar que a vida complexa possa ser comum no cosmo? Claro, não sabemos a resposta, e no momento podemos apenas especular. Porém, daquilo que aprendemos até agora, a probabilidade parece ser muito pequena.

Quanto mais complexa a vida, mais frágil ela é. Animais complexos têm menor resistência a mudanças radicais de temperatura e não podem viver em ambientes extremos, como fazem as bactérias. Qualquer planeta que abrigue vida complexa precisa de um excelente termostato, o que, como vimos anteriormente, implica uma série de limitações geológicas e atmosféricas. Quanto maior a criatura, mais vulnerável ela é a ataques de predadores e de mais energia precisa para sobreviver. Como formas de vida inteligente — aqui ou em qualquer outro lugar — surgem após seres multicelulares evoluírem por centenas de milhões de anos, a descoberta de vida extraterrestre multicelular ofereceria evidência muito convincente — se bem que ainda indireta — da existência de outros seres inteligentes no cosmo. Lembre-se de que a inteligência humana é produto de uma série de acidentes cósmicos e ambientais: como nos ensinam os dinossauros, que viveram aqui por 150 milhões de anos e de inteligentes tinham muito pouco, a inteligência *não é* o propósito final da evolução das espécies. Todavia, eu seria o primeiro a admitir que a descoberta de vida alienígena complexa seria profundamente revolucionária.

Em 1960, o radioastrônomo Frank Drake propôs uma fórmula para avaliar quantitativamente a probabilidade de existir vida inteligente na nossa galáxia. A equação ficou conhecida como equação de Drake: uma simples multiplicação dos fatores essenciais para que vida inteligente existisse num sistema estelar. A vantagem da equação e suas várias versões (como a proposta no livro *Terra rara*) é que nos ajuda a compreender os obstáculos para o surgimento de vida inteligente num planeta. A desvantagem é que não sabemos como avaliar seus vários termos com precisão e nem mesmo quais deles incluir. Por exemplo, embora saibamos o número de estrelas na Via Láctea com boa precisão (entre 200 e 400 bilhões), não sabemos qual fração delas tem planetas na zona habitável, quais destes têm vida, a fração destes que tem vida complexa ou ainda quais destes abriga vida inteligente. Temos, também, que decidir quais fatores devem ser incluídos. Será que incluímos termos quantificando a fração de planetas com luas grandes, com movimento de placas tectônicas, com campos magnéticos capazes de proteger sua superfície da radiação cósmica? A escolha de quais termos devem participar da equação de Drake nos diz muito das intenções de quem os está incluindo. Na década de 1970, Carl Sagan, um entusiasta da busca por inteligência extraterrestre, estimou que existem em torno de um milhão de civilizações na galáxia capazes de se comunicar através do rádio. Outros afirmam que o número é um: nós.

Quando levamos a possibilidade de vida extraterrestre inteligente a sério, devemos considerar uma série de questões paralelas. A mais óbvia, como Enrico Fermi havia já contemplado em 1950, é "Onde está todo mundo?". Nossa galáxia existe há aproximadamente 13 bilhões de anos, sendo quase três vezes mais velha do que o Sol (com menos de cinco bilhões). Se supusermos que a vida surgiu em outros sistemas estelares, e que atingiu um estágio evolutivo onde criaturas complexas inteligentes apareceram apenas uns poucos milhões de anos antes do que aqui, é razoável considerar que ao menos algumas dessas criaturas desenvolveram-se a ponto de chegar a níveis altíssimos de sofisticação tecnológica. Dado o que somos capazes de fazer com apenas 400 anos de ciência moderna, a tecnologia dos extraterrestres, após centenas de milhares ou mesmo milhões de anos de desenvolvimento, seria como mágica para nós. Se, como nós, alguns desses alienígenas têm também o desejo de explorar novas terras (o que sabemos da sua psique?), teriam tido os meios e tempo de sobra para explorar a galáxia inteira várias vezes. Entretanto, não vemos colônias de extraterrestres espalhadas pela galáxia ou sinais convincentes de que visitaram a Terra. Onde, então, está todo mundo? Essa questão é chamada de Paradoxo de Fermi.[19]

Uma resposta é que vieram e partiram sem deixar qualquer traço de sua visita. (O que não ajuda muito se queremos ter provas de uma visita alienígena.) Outra, é que foram eles que implantaram a vida aqui há bilhões de anos: a Terra é uma espécie de zoológico para eles, um laboratório onde estudam biologia da evolução. Como explorado no livro e no filme *2001: Uma odisseia no espaço*, para nós esses alienígenas seriam como deuses. Outra "solução" do Paradoxo de Fermi é que nossas vidas são parte de uma gigantesca animação virtual produzida por "eles". Como no filme *Matrix*, somos todos prisioneiros, vítimas de uma ilusão de incrível complexidade, que não conseguimos distinguir da realidade. Outra, é que estão aqui, mas não podemos vê-los devido a sua tecnologia de invisibilidade que, como os aviões B-2 da Força Aérea americana, despista todos os nossos sensores. (Também não ajuda muito como prova da existência de alienígenas.)

Um argumento mais sério, produto da Guerra Fria, é que nenhuma civilização tecnológica consegue sobreviver à era nuclear. Como no filme clássico de ficção científica *O dia em que a Terra parou* (1951), inteligências jovens como a nossa são moralmente imaturas para controlar tal poder. Da mesma forma, a maioria (todas?) das civilizações extraterrestres teria já se autodestruído. Não as vemos porque não existem mais. Mesmo que esse argumento, embora um tanto sinistro, faça algum sentido, talvez seja um pouco dramático demais: é difícil imaginar que uma civilização tenha descoberto alguma tecnologia capaz de obliterar *completamente* a vida num planeta. (Descarto aqui possibilidades como as do seriado *Jornada nas estrelas*, onde uma civilização desenvolveu meios de implodir um planeta por inteiro usando a "matéria vermelha" ou algo parecido. Por ora, prefiro considerar apenas o que é razoável.) Num cataclismo tão horrendo quanto uma guerra termonuclear global, muito provavelmente algumas criaturas sobreviveriam, e seres inteligentes estariam dentre elas. Todo ser vivo tem o instinto de sobrevivência registrado em seus genes. Se os extraterrestres têm ao menos isso em comum conosco, recomeçariam suas vidas e reconstruiriam sua civilização, talvez mais sábios após terem causado a destruição de seu mundo. Infelizmente, devemos considerar a possibilidade trágica de que a devastação foi tão apocalíptica que, à parte algumas criaturas inteligentes, nada mais sobreviveu. Esse cenário angustiante é retratado de forma brilhante no romance *A estrada*, de Cormac McCarthy, a meu ver uma das obras literárias mais importantes da nossa era.

O fato é que, mesmo que "eles" existam em algum canto do cosmo, muito possivelmente jamais saberemos. Até que tenhamos alguma forma de evidência conclusiva — e isso pode demorar muito, muito tempo — na prática estamos sós na vastidão cósmica. Entender isso, e o que nos diz sobre quem somos e qual a nossa missão, deveria ser suficiente para mudar o rumo da nossa história, redefinindo o nosso futuro e o do nosso planeta.

55
Solidão cósmica

Embora a possibilidade de que o cosmo esteja repleto de seres extraterrestres inteligentes (e de que tenham já nos visitado) seja extremamente instigante, a ciência atual nos diz que, ao menos por enquanto, somos os únicos. É muito pouco provável que a situação mude no futuro próximo. Embora seja possível que radioastrônomos que trabalham no projeto SETI (Busca por Vida Extraterrestre Inteligente, do inglês "Search for Extraterrestrial Intelligence") encontrem provas convincentes de vida inteligente em outro planeta, a possibilidade é muito remota. Dado o que sabemos, devemos aceitar que, na prática, estamos sozinhos. Exploramos já alguns dos argumentos que mostram o quanto a vida — em particular a vida complexa e inteligente — é rara. Fora os vários obstáculos biológicos e geológicos, mesmo que essas criaturas existam, estão perdidas na vastidão do espaço. Como exemplo das dificuldades de cobrirmos distâncias interestelares, uma viagem até a nossa estrela vizinha, Alfa Centauro, demoraria cerca de 100 mil anos nas nossas espaçonaves atuais. E essa é a nossa vizinha mais próxima! Mesmo se encontrarmos meios de viajar, digamos, a 10% da velocidade da luz, a viagem demoraria 45 anos. Podemos imaginar projetos radicais, como uma biosfera com centenas de humanos e mais fauna e flora que, após milhares de gerações, chegasse num outro sistema estelar. Porém, da perspectiva humana de algumas décadas, o contato direto com seres alienígenas é altamente improvável. Impossível é uma palavra muito forte, mas chegamos perto.

Concordo plenamente com os entusiastas do programa SETI de que apenas teremos chance de encontrar vida inteligente se buscarmos por ela. Pistas podem vir de transmissões de rádio, de detritos de espaçonaves alienígenas (como o lixo espacial que circula em torno da Terra), e mesmo de gigantescos projetos de engenharia em escala planetária. (Que me perdoem os leitores que acreditam que seres extraterrestres estejam já por aqui ou nos visitem com frequência. Seria realmente fantástico se fosse verdade mas, infelizmente, não existe nada de concreto provando que qualquer visita tenha sido feita.) Tal como com a busca por vida no nosso sistema solar, as consequências seriam tão profundas e revolucionárias que o esforço vale a pena. Seria realmente fabuloso se o programa SETI tivesse sucesso. O mundo se transformaria, como Carl Sagan explorou no seu romance (e depois filme) *Contato*. Saberíamos finalmente que não estamos sozinhos no Universo, que existem outras mentes preocupadas em compreender os mistérios da existência. Mesmo assim, seria impossível manter qualquer forma de comunicação. Devido às limitações impostas pela velocidade da luz — que é rápida mas não infinita — não poderíamos manter uma conversa. Imagine que uma civilização extraterrestre avançada habite um planeta a cinco anos-luz daqui. Mesmo se conseguíssemos encontrar um canal de comunicação e uma língua em comum (como a matemática em *Contato* ou a música no filme *Contatos imediatos do terceiro grau*, de Steven Spielberg), a conversa andaria bem devagar. Cada mensagem e sua resposta levariam dez anos. Talvez a mensagem inicial fosse bem longa e complexa, de forma a nos manter ocupados até a chegada da próxima. Porém, após 50 anos de SETI e dez mil anos de civilização terrestre o que temos de concreto? O mais completo silêncio cósmico, nenhuma prova convincente de visitas de extraterrestres, um sistema solar sem qualquer sinal óbvio de vida ativa e sistemas estelares extremamente distantes e, na maioria, bem distintos do nosso. Mesmo se formas de vida inteligente existirem em algum lugar da nossa galáxia, possivelmente jamais saberemos delas. Se não estamos sós, na prática é como se estivéssemos. E devemos aprender a viver com esse fato.

56
Uma nova direção para a humanidade

Após cinco milênios de buscas, é hora de deixar para trás a expectativa de que devemos achar explicações finais sobre o mundo, sejam elas científicas ou religiosas. Não há dúvida de que nossa busca abriu novos domínios do conhecimento, revelando alguns dos segredos mais profundos da Natureza. Ao continuarmos nossa exploração do mundo natural, desenvolvendo novos instrumentos e teorias, aprenderemos sempre mais. Criamos, também, obras magníficas nas artes, na literatura e na música, tentando expressar toda a gama de nossas emoções, da mais profunda tristeza à alegria mais sublime, nossas angústias e temores, nosso amor pela vida e medo da morte, e nossa necessidade de companhia e de compaixão.

Nosso primeiro antepassado era tão fascinado quanto somos hoje pelo mistério da Criação. Nossos descendentes continuarão essa busca, tentando desvendar o sentido da existência. Somos, e seremos sempre, criaturas criadoras. Mas nosso foco precisa mudar. A ciência nos mostrou que a razão, motivada pela paixão da descoberta, é o instrumento mais poderoso que temos para responder a nossas perguntas sobre o mundo natural. Dado que nossas primeiras explicações do mundo surgiram de imagens e narrativas míticas, não é surpreendente que a ciência carregue, nas suas raízes, a mesma expectativa mítica de explicações finais sobre o mundo, sobre nossa razão de ser. Mas, como vimos neste livro, a Natureza está nos dizendo algo de diferente. E precisamos ouvi-la.

A despeito da nossa necessidade de encontrar perfeição e simetria em tudo, o poder criativo da Natureza vem de assimetrias e de imperfeições que se manifestam desde o mundo das partículas subatômicas ao Universo como um todo. Buscamos por simetrias perfeitas, criamos equações para descrevê-las, mas vemos que nossas soluções são apenas aproximações de uma realidade imperfeita. E assim deveria ser. Assimetria gera desequilíbrio, desequilíbrio gera transformação, transformação gera realização, a emergência de estrutura. Algumas das simetrias mais básicas da física de partículas devem ser violadas para que a matéria exista. A vida seria impossível sem a assimetria molecular, a quiralidade das biomoléculas. O Universo por inteiro talvez tenha surgido de uma flutuação quântica que emergiu do multiverso, uma entidade atemporal onde incontáveis possíveis universos coexistem. Segundo essa visão, o cosmo é produto de um acidente que carregava consigo as sementes da existência. De um início incerto e após uma expansão superacelerada, o cosmo evoluiu para gerar os elementos químicos mais leves. Em seguida, nuvens de hidrogênio e hélio, cercadas por véus invisíveis de matéria escura, entraram em colapso devido a sua própria gravidade para formar as primeiras estrelas e galáxias. Bilhões de anos mais tarde, em torno de uma estrela comum, um planeta banhado por vastos oceanos coletou os ingredientes necessários para a vida. Após colisões de enorme violência com asteroides e cometas, de incontáveis erupções vulcânicas, de turbulência furiosa nos oceanos, o planeta foi se acalmando. Da sopa primordial, moléculas interagiram e cresceram, interligando-se para formar a primeira criatura viva. Bilhões de anos mais tarde, nossos antepassados começaram a se questionar sobre a razão de sua existência. Sozinhos, contemplaram os céus, buscando nas estrelas pela sua origem.

Aprendemos muito sobre nossa posição no Universo e do que somos feitos. Instrumentos fabulosos ampliaram nossa visão do mundo, abrindo portas para realidades muito além dos nossos sentidos. Aprendemos também que pouco sabemos, e que muito do que existe permanecerá além da nossa compreensão. Nosso alcance é amplo mas limitado. A ciência nos revela como a Natureza funciona e não como gostaríamos que funcionasse. Curiosos, deixamos nosso planeta natal, enviando sondas através do sistema solar, descobrindo mundos muito diferentes do nosso, magníficos mas desolados, indiferentes à vida. Por muito tempo, talvez por tempo demais, buscamos harmonias que não existem; buscamos, também, por companhia nos céus — divina ou extraterrestre, que aliviasse os temores da nossa existência. Mas dado o que aprendemos, e as dificuldades que nos afrontam neste século, devemos aceitar o quanto antes nossa solidão cósmica; se não em termos absolutos — pois nunca sabemos o que pode existir além dos nossos instrumentos — ao menos em termos práticos. Ao contrário do que tantos pensam, essa solidão não deve ser motivo de angústia. Ela nos torna especiais, únicos. E cria um novo propósito para a humanidade, redefinindo nossa missão cósmica.

Talvez alguns me acusem de estar revivendo um tipo de antropocentrismo. ("Humanocentrismo" seria uma palavra bem mais apropriada para a minha proposta.) Eles têm razão, se bem que este antropocentrismo é completamente diferente daquele dos tempos de Copérnico. Estou, sim, afirmando que somos únicos e especiais. Mas não porque fomos criados por Deus, ou por sermos resultado de uma intencionalidade cósmica, de um Universo com o propósito de criar vida inteligente. Somos únicos e importantes porque estamos vivos e temos consciência de nossa existência. Pelo que sabemos hoje, e provavelmente por muito tempo, somos os únicos seres se questionando sobre o mundo. Talvez não sejamos a medida de todas as coisas, como propôs o grego Protágoras em tempos pré-socráticos, mas somos as coisas que podem medir. A aceitação da nossa solidão cósmica é um toque de despertar, iniciando uma nova era para a humanidade. Humanos! Salvem a vida! Não há nada de mais precioso e raro. Preservem-na, façam com que dure, ajudem a espalhá-la pela vastidão do cosmo. Esta é a nossa missão suprema como mentes do cosmo.

Essa revelação é extremamente urgente. O rápido avanço do progresso, a promessa de riquezas e de uma vida melhor, nos deixou indiferentes ao dano que causamos no nosso planeta. Sim, temos que sobreviver, plantar, construir, explorar o que o nosso planeta oferece. Mas não podemos continuar a fazê-lo no ritmo atual, ignorando a devastação que infligimos na Terra e na preciosa vida que abriga.[20]

O clima está mudando, e mais de 30 mil espécies estão morrendo por ano. Estamos testemunhando a maior extinção em massa desde o desaparecimento dos dinossauros há 65 milhões de anos. A diferença é que, pela primeira vez na história, somos nós, e não a Natureza, a causa da extinção. Destruímos habitats, poluímos rios, pulverizamos montanhas, cortamos florestas, alagamos vales, introduzimos espécies em ambientes novos sem planejamento, matamos, pescamos e caçamos espécies em risco de extinção com impunidade. No nosso frenesi destrutivo, esquecemos que a Terra é um sistema limitado e que não pode sobreviver a um abuso contínuo. A vida recuperou-se das outras cinco grandes extinções da história porque eventualmente suas causas físicas deixaram de agir. Se não aceitarmos com urgência o que está ocorrendo e começarmos a agir como uma espécie unida em prol de um objetivo comum, causaremos uma devastação sem precedentes.

Só seremos capazes de efetuar mudanças positivas numa escala planetária quando ficar claro o valor da vida e a precariedade da situação presente. Infelizmente, extinções em massa ocorrem tipicamente em escalas de tempo muito mais longas do que uma vida humana. Como não "vemos" os efeitos de forma clara, não nos assustamos o suficiente; não temos a arma apontada contra nossa cabeça, exigindo uma posição imediata. Milhares de cientistas vêm insistindo diariamente que a situação é muito grave, que se não agirmos rapidamente as consequências serão muito piores do que imaginamos. Quanto tempo iremos esperar? Do que precisamos para sair dessa inércia?

Sei que estou soando como um profeta do apocalipse e não gosto nada disso. Escrevi um livro inteiro sobre a relação entre a ciência e as profecias apocalípticas.[21] Alguns pouco ligarão para estas linhas, achando tudo isso um grande exagero. Espero que não sejam muitos. Espero que, uma vez que fique claro quão rara é a Terra, quão rara é a vida complexa, quão precária e preciosa é a nossa existência num planeta flutuando em meio a um Universo hostil e indiferente, um número cada vez maior de pessoas abracem a causa pela sobrevivência. Precisamos de uma nova moralidade, dirigida à preservação da vida. Talvez, um dia, nossa missão seja espalhá-la pelo Universo afora. Mas no momento, para cada um de nós, o trabalho começa aqui mesmo, nas nossas casas, com nossas famílias e amigos, nas nossas comunidades e escolas.

O aspecto mais maravilhoso da nossa existência é que temos consciência dela. Como nossos ancestrais, permanecemos sós a contemplar o mistério da Criação. Como, tragicamente, a história da civilização nos ensina que nações se unem apenas para combater um inimigo comum, vamos nos unir como membros da mesma espécie e lutar pela nossa sobrevivência. Este é o conflito da nossa era. Porém, ao contrário das guerras comuns, esta não tem o propósito de definir fronteiras ou credos. Esta é uma guerra entre o nosso passado e o nosso futuro, uma guerra onde somos nossos piores inimigos e nossa única esperança.

Epílogo
O jardim das maravilhas

Quando era menino, eu vivia num jardim encantado. Não estava sempre lá, pois o jardim ficava na casa de meus avós em Teresópolis. Mas quando o verão chegava, e era hora de fazer as malas para passar três meses nas montanhas, tudo ficava mais fácil. Ao contrário do meu apartamento no Rio, na casa grande as trevas eram minhas amigas. Lá, não temia monstros escondidos nas sombras, prontos para me atacar. Quando a noite caía, deitava-me com meus primos no gramado, esperando pelas estrelas cadentes, que sempre apareciam. Se o céu estava nublado, cortava uma vara de bambu e saía pela noite em busca de morcegos. As pobres criaturas eram atraídas pelo som da vara vibrando e colidiam de cabeça com ela, espatifando-se no chão. Meninos às vezes são cruéis. Mas queria ver os estranhos animais de perto, esses companheiros de vampiros. (Alguns deles *eram* morcegos-vampiros.)

Numa noite propícia, consegui capturar dois morcegos, um deles com vida. Tinha uns oito ou nove anos, e queria explorar um mundo diferente do meu, repleto de criaturas que nunca via em Copacabana. Ir para a casa grande era entrar num universo paralelo, onde vivia um outro Marcelo, corajoso e curioso. Pus os dois morcegos numa lata de Nescau e continuei minha caçada, indo atrás de sapos. Após um tempo, decidi verificar o que estava acontecendo. O morcego sobrevivente estava por cima do morto, as presas encravadas no seu pescoço, sugando seu sangue. O vampiro alado estava tentando sobreviver do único modo que sabia. Fiquei apreciando a cena durante um longo tempo, fascinado. Fui então correndo mostrar os dois morcegos para minha avó que, como sempre, estava fazendo alguma coisa na cozinha. A coitada senhora ucraniana quase desmaiou. O que, para mim, era uma clara demonstração da força da vida (e da minha coragem), para ela era extremamente nojento. Levei os morcegos para fora de casa, enterrei o que havia morrido, e soltei o sobrevivente. De agora em diante, manteria minhas caçadas secretas.

Os dias eram tão mágicos quanto as noites. Crescer nos trópicos é um privilégio, um portal abençoado para o mundo natural. A vida explodia por todos lados, em todas as cores e tamanhos: aranhas minúsculas e enormes borboletas azul-metálicas, incontáveis tipos de orquídeas, de bocas-de-leão, de lírios e de samambaias; os beija-flores, os sanhaços, os sabiás... De lente de aumento em punho, ia saltitando pelos jardins, parando para examinar qualquer coisa que se movia. A vida era fácil de ser avistada por ali! Mas não ficava apenas admirando o que encontrava. Colecionava insetos, enchendo dezenas de potes com besouros, abelhas, marimbondos, centopeias, o estranho louva-a-deus, o raro bicho-pau, e assim por diante. Quando encontrava um bicho novo, tentava classificá-lo com meus livros, escrevendo seu nome no rótulo. Queria que a Natureza fosse parte da minha vida, e não apenas um acessório que via a distância e que admirava de vez em quando. Em nenhum outro lugar era tão feliz quanto nesses jardins. Meus olhos enchiam-se de lágrimas a cada vez que tinha que voltar para a cidade grande.

O dia em que a casa grande foi vendida algo morreu dentro de mim. Como podia aceitar que, de agora em diante, aquele universo paralelo, cheio de mágica e de vida, viveria apenas na minha memória? O mundo dos adultos não fazia o menor sentido. Após alguns anos, meus pais compraram uma outra casa em Teresópolis. Mesmo que fosse uma bela casa, e que tenhamos passado momentos maravilhosos lá, as coisas nunca mais foram as mesmas. Para piorar, o caminho para a casa nova passava pela casa velha. E a cada vez que via a casa velha, notava que algo mais havia sido tirado dela. Os jardins foram os primeiros a ir embora; depois, as magnólias; em seguida, os gramados. Ouvi dizer que a casa grande tinha virado um seminário jesuíta. Aparentemente, os estudantes da Bíblia não tinham tempo ou inclinação para cuidar das coisas da terra. Como no trágico conto de Edgar Allan Poe, "A queda da casa de Usher", a casa velha tinha morrido.

Conto essa história porque transmite uma sensação de paraíso perdido, uma perda não tão diferente da que poderemos testemunhar em algumas décadas. Ainda temos a oportunidade de mudar o rumo das coisas e de salvar o precioso mundo onde crescemos. Mesmo que possam existir dúvidas sobre a severidade da tempestade que se aproxima, não há dúvida de que virá. As primeiras gotas já podem ser sentidas.

Não temos o direito de arruinar o futuro das nossas crianças. De minha parte, tenho quatro filhos e espero um dia ver os meus netos saltitando no meu jardim das maravilhas, lente de aumento em punho, celebrando a mágica da vida e a beleza do mundo natural.

Agradecimentos

Tenho a boa fortuna de ter vários colegas e amigos generosos e eruditos, que dedicaram um tempo que não tinham para ler este manuscrito e oferecer seus comentários e sugestões. Se erros e omissões persistem, a culpa é inteiramente minha. Primeiramente, gostaria de agradecer à Agnes Krup, que esteve comigo desde os passos iniciais, quando este livro não passava de uma ideia. Agnes ficou comigo até o fim, acreditando na força do meu argumento, e contribuindo para que leitores de muitas partes do mundo tivessem acesso a ele. Agradeço, também, ao meu excelente agente Michael Carlisle e seu assistente Ethan Bassoff, da agência Inkwell, por suas críticas inspiradas e pelo apoio incondicional. Minha editora nos EUA, Hilary Redmon, merece todos os elogios do mundo pela sua erudição e intuição. No Brasil, agradeço de coração à Luciana Villas-Boas, que tratou este livro com tanto carinho e entusiasmo desde o começo, e à Elisa Rosa, pelo excelente trabalho editorial.

Agradeço aos colegas Richard Kremer, Mark McPeek e Adam Frank pelas sugestões e, principalmente, Nancy Frankenberry, meu irmão Luiz, Sara Walker e Steven Weinstein por terem lido o manuscrito completo e pelas suas valiosas críticas e comentários. Nicole Younger-Halpern, minha aluna com bolsa de Presidential Scholar em Dartmouth, leu e comentou o texto como uma profissional. Finalmente, agradeço à minha esposa Kari por ter encontrado o tempo e a disposição, após ajudar a tantos no seu trabalho diário, de ler e comentar o manuscrito. Uma última palavra de agradecimento aos meus irmãos, por serem uma fonte constante de inspiração, bom humor e apoio em minha vida.

Notas

Parte I • A unidade de todas as coisas

1. De certa forma, é isso o que ocorre quando choques elétricos são usados para ressuscitar um coração parado. Entretanto, não é claro por que alguns corações respondem à descarga elétrica, enquanto outros não voltam a bater. Se médicos soubessem de antemão, evitariam investir tanta energia emocional e física tentando reviver aqueles corações que não voltam a bater. A fronteira entre a vida e a morte permanece obscura.
2. http://religions.pewforum.org
3. http://www.adherents.com/largecom/com_atheist.html
4. http://www.astarte.com.au/html/pella_s_canaanite_temple.html; http://cogweb.ucla.edu/Culture/Monotheism.html
5. Gerald Holton, "Einstein and the Goal of Science", em *Einstein, History, and Other Passions*, p. 161 (Cambridge, MA: Harvard University Press, 1996).
6. Isaiah Berlin, "Logical Translation", em *Concepts and Categories* (Nova York: Viking Press, 1979).
7. Leitores interessados em explorar o mito de Pitágoras em maior detalhe devem consultar o livro de Charles Kahn, *Pythagoras and the Pythagoreans: A Brief History* (Indianápolis, Indiana: Hackett, 2001).
8. A história do livro de Copérnico e de seus primeiros leitores é contada por Owen Gingerich em seu livro *The Book Nobody Read* (Nova York: Walker, 2004).
9. É possível que a verdadeira intenção de Maestlin tenha sido proteger Kepler de seus colegas mais radicais. Nunca saberemos ao certo. No meu romance *A harmonia do mundo* (Companhia das Letras, 2006), conto a história da relação entre Kepler e Maestlin de forma ficcional.
10. Os detalhes são complicados mas, de modo geral, o arranjo funcionou com uma precisão em torno de 5%. Leitores interessados podem consultar a introdução escrita por E. J. Aiton para a tradução de 1981 do *Mysterium* publicada por Abaris Books (Nova York).
11. Holton, *Einstein, History, and Other Passions*, p. 160.

Parte II • A assimetria do tempo

1. A história do Big Bang é contada em detalhe em vários livros, inclusive no meu *A dança do universo* (São Paulo: Companhia das Letras, 1997). Outros títulos são listados na bibliografia.

2. Em 1978, Penzias e Wilson receberam o prêmio Nobel de física por terem detectado a radiação cósmica de fundo em 1965. Infelizmente, Gamow morreu em 1968, tendo tido pouco tempo para celebrar a confirmação de suas ideias. Encontrei Alpher em 2006, num triste asilo de idosos em Tampa, na Flórida, quando entrevistei-o para a série *Poeira das Estrelas*, do programa *Fantástico*. (Detalhes podem ser encontrados no livro homônimo.) Apesar da sua postura extremamente gentil, Alpher não podia esconder a desilusão de ter tido seu trabalho praticamente esquecido pela comunidade científica. No dia 27 de julho de 2007, o filho de Alpher recebeu, em seu nome, a Medalha Nacional de Ciências — a maior honraria científica dos EUA — das mãos do presidente George W. Bush. Alpher faleceu 16 dias mais tarde.
3. Tragicamente, pessoas continuam matando e morrendo em nome de seus deuses.
4. No meu livro *O fim da terra e do céu* (Companhia das Letras, 2001), explico a vida e a morte das estrelas em detalhe. Veja também outros títulos na bibliografia.
5. Netúnio, o elemento 93 (93 prótons em seu núcleo, o seu número atômico) e o plutônio, o elemento 94, são encontrados em minúsculas quantidades em minérios de urânio. Do amerício (95 prótons) em diante, todos os elementos químicos são produzidos artificialmente em laboratórios.
6. Mesmo que o próton não seja uma bola com um raio fixo, podemos associar a ele uma extensão espacial (um "tamanho" aproximado), o "comprimento de onda de Compton", que mede 0,13 trilionésimos de um centímetro, ou $1{,}3 \times 10^{-13}$ cm.
7. Leitores interessados em aprender mais sobre o "panorama das supercordas" devem consultar o livro de Leonard Susskind, *The Cosmic Landscape: String Theory and the Illusion of Intelligent Design* (Nova York: Little, Brown, 2006).
8. Uma descrição das diferentes teorias que visam quantizar a gravidade pode ser encontrada no livro de Lee Smolin, *Three Roads to Quantum Gravity* (Nova York: Basic Books, 2001).
9. Por que não apenas 14 bilhões de anos-luz? Afinal, não é essa a idade do Universo? Essa seria a resposta se o espaço não estivesse em expansão. Mas devido a ela, o fóton recebe um "empurrão", como uma surfista que é carregada por uma onda: no mesmo intervalo de tempo, a surfista (e os fótons) podem cobrir distâncias maiores. Com os fótons, a "carona" da expansão nos permite ver três vezes mais longe.
10. O crescimento exponencial é muito rápido. Imagine que você tenha em mãos uma régua de um metro de comprimento. Se essa régua crescer exponencialmente no tempo, em um segundo seu comprimento seria de 2,72 metros; em 10 segundos, de 22,026 metros; em 60 segundos, a régua seria em torno de 100 trilhões de trilhões de vezes mais longa (mais precisamente, $1{,}14 \times 10^{26}$ m). A história do universo inflacionário é contada em detalhe no excelente livro de Alan Guth, *The Inflationary Universe: The Quest for a New Theory of Cosmic Origins* (Reading, Mass.: Addison-Wesley, 1997). Outra versão mais recente e também

excelente é o livro de Alex Vilenkin, *Many Worlds in One: The Search for Other Universes* (Nova York: Hill & Wang, 2008).

11. Teorias físicas são analisadas mais facilmente sob esse prisma do que teorias em biologia. Sabemos que a mecânica de Newton falha para movimentos com velocidades próximas da da luz e para objetos com dimensões atômicas. Em contrapartida, é difícil imaginar em que circunstâncias a teoria da evolução de Darwin pode falhar.
12. Mesmo que matematicamente correto, considero o termo *pressão negativa* um tanto confuso. Afinal, é a pressão positiva que faz com que balões se expandam. Algo com pressão negativa parece forçar o colapso de uma estrutura, o oposto do que ocorre em cosmologia. Lembre-se de que quanto menor a pressão, mais rápida a expansão do espaço. Retornando à nossa analogia da "pressão como massa", o truque da inflação é usar um tipo de matéria com pressão negativa, como se tivesse "massa negativa". Ao contrário da matéria comum com pressão positiva ou nula — que tende a entrar em colapso devido a sua própria gravidade e que causa a expansão do espaço a velocidades menores do que a da luz — a matéria usada na inflação alimenta a expansão *exponencial* do cosmo. Embora alguns autores se refiram a essa expansão como sendo devida a uma espécie de "antigravidade", essa noção é incorreta: a gravidade continua sendo perfeitamente atrativa. O efeito repulsivo da matéria com pressão negativa atua na geometria do espaço.
13. Quando escrevia essas linhas, o prêmio Nobel de física de 2008 foi anunciado. Os três vencedores — Yoichiro Nambu, Makoto Kobayashi e Toshihide Maskawa — exploraram precisamente a noção de que as partículas de matéria podem ter propriedades e comportamentos que variam com a temperatura e a energia. Em particular, a inspiração das ideias de Nambu veio das mudanças qualitativas que ocorrem quando substâncias como a água ou ligas metálicas são sujeitas a mudanças de temperatura em torno de um valor crítico. Por exemplo, a água vai de líquida a sólida quando a sua temperatura é menor do que zero grau centígrado.
14. A lista dos pesquisadores que contribuíram para a teoria da inflação é bem longa, mesmo se nos restringirmos aos seus primeiros anos. Sabendo que omitirei alguns colegas (e pedindo desculpas por isso), eis alguns dos físicos com contribuições mais importantes durante o início da década de 1980: Andrei Linde, agora na Universidade de Stanford; Andreas Albrecht, agora na Universidade da Califórnia em Davis; Paul Steinhardt, agora na Universidade de Princeton; Alexei Starobinsky, do Instituto Landau em Moscou; Stephen Hawking, da Universidade de Cambridge, na Inglaterra; K. Sato, Universidade de Tóquio. Na bibliografia cito alguns livros sobre inflação. (Veja também a nota 10 acima.)
15. Em 2006, tentei resgatar o cenário original da inflação, com um modelo bastante simplificado usando dois campos escalares em vez de apenas um. Outras tentativas mais notáveis sofrem do mesmo problema. A teoria da inflação permanece uma ideia em busca de um modelo realístico.

16. Luas podem receber luz refletida de seus planetas. Por isso que é possível ver o disco escurecido da Lua na sua fase crescente, conforme sugeriu originalmente Leonardo da Vinci.
17. Um exemplo: http://www.spacetelescope.org/images/html/heic9910b.html.
18. Em Geoff Brumiel, "A Constant Problem", *Nature* 448 (2007): 245-248.

Parte III • A assimetria da matéria

1. Steven Weinberg, *Dreams of a Final Theory* (Nova York: Pantheon, 1998), p. 148. A mesma ideia foi expressa recentemente por Frank Wilczek em seu livro *The Lightness of Being* (Nova York: Basic Books, 2008), p. 136. Wilczek cita uma frase do roteiro do filme *Amadeus*, quando Salieri comenta sobre a música de Mozart: "Tire uma nota apenas, e haveria uma diminuição. Tire uma frase, e a estrutura desabaria por inteiro."
2. Isso é estritamente correto apenas quando não são incluídas complicações vindas de interações com campos externos, correções relativísticas devido ao movimento do elétron em torno do núcleo ou em torno de si mesmo (o spin) e muitas outras. Ao longo dos anos, vários métodos de aproximação extremamente criativos e eficientes foram desenvolvidos para estudar os efeitos dessas complicações.
3. O leitor deve estar se perguntando por que, no caso da simetria entre matéria e antimatéria ser exata, não haveria uma aniquilação completa das duas. A causa é a expansão do Universo. À medida que o Universo se expande e as distâncias espaciais aumentam, nem todas as partículas de matéria podem encontrar as de antimatéria e ser aniquiladas. Como resultado, uma população de sobreviventes permanece, viajando livre pela vastidão do espaço. Esse processo determina as abundâncias das chamadas relíquias primordiais, os fósseis materiais do Big Bang, como, por exemplo, os núcleos dos elementos químicos mais leves.
4. A bibliografia inclui alguns títulos abordando o assunto.
5. M. Gell-Mann, "A Schematic Model of Baryons and Mesons", *Physics Letters* 8 (1964): 214.
6. David Lindley, *The End of Physics: The Myth of a Unified Theory* (Nova York: Basic Books, 1993).
7. Embora Juan Sebastián Elcano, segundo em comando após Fernão de Magalhães, tenha completado a primeira viagem de circunavegação do globo em 1522, a esfericidade da Terra era já bem conhecida desde a alta Idade Média e a Renascença. De fato, era já conhecida muito antes, provada matematicamente em 240 a.C. pelo grego Eratóstenes, o terceiro bibliotecário da famosa biblioteca de Alexandria.
8. Discutimos monopolos magnéticos na Parte II.
9. Originalmente, Pauli chamou as partículas de nêutrons. Quando Chadwick descobriu o nêutron em 1932, Fermi sugeriu, como bom italiano que era, que a partícula proposta por Pauli fosse batizada de *neutrino*, o pequeno nêutron.

10. Para os leitores mais técnicos: existe uma pequena violação da conservação de número leptônico no Modelo Padrão devido à chamada *anomalia quiral*, um efeito puramente quântico.
11. A menos que você seja uma das raras pessoas que tenha *situs inversus*. Neste caso, a posição de seu coração e dos outros órgãos principais é invertida: coração e estômago na direita, fígado e apêndice na esquerda. Seu reflexo no espelho teria o coração na esquerda, como é o caso da maioria das pessoas.
12. Mais precisamente, o spin de uma partícula é dado em múltiplos de $\hbar/2$, onde $\hbar$ é a constante de Planck (h) dividida por 2π. A constante de Planck, um número extremamente pequeno, define a escala dos efeitos quânticos. Sistemas quânticos têm apenas alguns estados acessíveis, como é o caso do spin para cima e para baixo dos quarks e dos léptons: um pulo de um estado a outro é um efeito dramático. Já sistemas clássicos, como, por exemplo, um pião girando, têm um número imenso de estados acessíveis e seu comportamento aparenta ser contínuo. Compare uma bola descendo escada abaixo (um movimento descontínuo) com uma rolando rampa abaixo (um movimento contínuo).
13. O número bariônico (B) é definido de forma mais apropriada através do número de quarks num hádron: B = (número de quarks – número de antiquarks)/3. Portanto, mésons têm número bariônico zero (um quark e um antiquark), enquanto prótons e nêutrons têm número bariônico +1 (3 quarks e zero antiquarks).
14. Dan Hooper, em *Nature's Blueprint* (Nova York: HarperCollins, 2008), discute a ideia de supersimetria e explica por que tantos a consideram tão fascinante.
15. Ao escrever essas linhas durante a primavera de 2009, ainda não temos um modo natural de incorporar as massas dos neutrinos no Modelo Padrão. Muitos veem esse fato como uma indicação de que o modelo é incompleto, o que certamente é verdade. Como completá-lo, ou mesmo se pode ser completo, permanece uma questão em aberto.
16. Vadim A. Kuzmin, Valery A. Rubakov e Mikhail E. Shaposhnikov, "On anomalous electroweak baryon-number non-conservation in the early universe", *Physics Letters* 155B (1985): 36.
17. Para os leitores mais técnicos, a teoria eletrofraca tem duas constantes de acoplamento: uma para a simetria (ou grupo de simetria) relacionada com a interação fraca (g) e outra para a simetria (ou grupo de simetria) relacionada com o eletromagnetismo (g'). Por exemplo, a carga elétrica do elétron é uma mistura dessas duas constantes, $e = g.g'/(g^2 + g^2)^{1/2}$. Contra o espírito de uma unificação de fato, existem sempre dois grupos de simetria (e suas duas constantes de acoplamento) e não apenas *um* grupo que engloba as duas interações que vemos a baixas energias.

Parte IV • A assimetria da vida

1. Esse experimentos são amenos quando comparados com a eletrocussão pública do elefante Topsy, levada a cabo pelo inventor americano Thomas Edison (o da

lâmpada elétrica, entre outras coisas). A fêmea — que havia matado três humanos, incluindo um que tomava conta dela e que era extremamente abusivo — recebeu um choque de 6 mil volts através de uma corrente alternada (feito a das nossas paredes) e morreu em segundos. Edison filmou o evento e é possível assistir ao vídeo no youtube.com. O objetivo do show macabro de Edison era demonstrar os perigos da corrente alternada — inventada pelos seus concorrentes George Westinghouse e Nicola Tesla — quando comparada à sua corrente direta. Apesar da propaganda negativa, Edison perdeu essa batalha.

2. Um dos primeiros textos a tratar dos efeitos curativos da eletricidade foi escrito pelo reverendo John Wesley: *The Desideratum, or Electricity Made Plain and Useful*, publicado em 1759. O reverendo não poupou elogios ao declarar sua fé nos poderes da nova "cura": "Não tenho dúvida de que mais doenças nervosas serão curadas em um ano usando esse remédio do que toda a comunidade médica inglesa poderá curar até o fim desse século usando métodos tradicionais." Veja books. google.com/books?id=Wx4DAAAAQAAJ&pg=PA9&dq=electricity+and+the+soul.
3. Da introdução da terceira edição de *Frankenstein: Ou, o Prometeu moderno*, de Mary Shelley, publicado em 1831.
4. Veja, por exemplo, www.snopes.com/religion/soulweight.asp e o livro de Mary Roach, *Stiff: The Curious Lives of Human Cadavers* (Nova York: Norton, 2003). Os resultados do Dr. MacDougall inspiraram o filme *21 gramas*, de 2003, onde o ator Sean Penn é um matemático à beira da morte.
5. Uma narrativa completa do experimento de Miller-Urey e seu impacto em astrobiologia pode ser encontrada no livro de Christopher Willis e Jeffrey Bada, *The Spark of Life* (Nova York: Perseus, 2000).
6. Existe bastante evidência apoiando essa teoria da origem da Lua. A composição dos isótopos de oxigênio da Terra e da Lua é muito semelhante, indicando que a Lua formou-se perto da Terra; também, a Lua tem pouco ferro, que é abundante na Terra, principalmente no seu interior. Isso pode ser explicado se o impacto que gerou a Lua tiver sido meio de raspão, deslocando principalmente material junto à superfície terrestre. Outra teorias não conseguem explicar esses fatos.
7. Muitos pesquisadores, como David Deamer, da Universidade da Califórnia em Santa Cruz, e Jack Szostak (que ganhou o prêmio Nobel em 2009) da Universidade de Harvard, vêm estudando as propriedades das células mais simples. Enquanto Deamer e seus colaboradores estudam como membranas de lipídios (gorduras) podem surgir em torno de material genético, Szostak busca pela célula mais simples possível — com o mínimo de informação genética — que ainda pode ser considerada viva.
8. A Lua continua a se distanciar da Terra, a uma taxa bastante modesta de 3 a 4 centímetros por ano. Portanto, as marés estão ficando progressivamente mais fracas.
9. Mais precisamente, a síntese de desoxirribose — o carboidrato que faz parte da espinha dorsal do DNA — ocorre a partir da ribose — que faz parte da espinha

dorsal do RNA — indicando que, num certo sentido, o RNA é mais primitivo do que o DNA. Sem o RNA é difícil ver como o DNA existiria.

10. Tom Fenchel, em *Origin and Early Evolution of Life* (Oxford: Oxford University Press, 2002), p. 51.
11. Louis Pasteur, *Researches on the Molecular Asymmetry of Natural Organic Products* (Edimburgo: Alembic Club, 1905), p. 10.
12. Ibid., p. 19. Pasteur usa a palavra técnica hemiédrico (do inglês *hemihedral*) em vez de assimétrico. Cristais hemiédricos têm apenas metade do número de planos necessário para uma simetria completa.
13. Existem muitas consequências práticas da assimetria quiral, como bem sabe a indústria farmacêutica, que investe centenas de milhões de dólares na pesquisa dessas substâncias. Compostos "canhotos" e "destros" podem ter efeitos medicinais completamente diferentes. Um exemplo trágico é o da talidomida, uma droga que, durante as décadas de 1950 e 1960, foi receitada rotineiramente a gestantes sofrendo de enjoos severos. Uma forma é um medicamento eficaz para os enjoos, enquanto a outra causa terríveis defeitos teratogênicos. Outro exemplo é o etambutol (do inglês *ethambutol*): uma forma trata a tuberculose, enquanto a outra causa cegueira. Essas diferenças eram já conhecidas no século XIX. No clássico de Lewis Carroll, *Alice através do espelho*, publicado em 1871, Alice sabia que alimentos com a quiralidade invertida podem ser nocivos à saúde: "Gostarias de viver na Casa do Espelho, Kitty? Será que eles também te dariam leite lá? Bem, talvez o leite do espelho não seja muito bom de se beber."
14. Pasteur, *Researches*, p. 42.
15. Ibid., p. 40.
16. Plasson e seus colaboradores usam uma mistura não autocatalítica de compostos quirais canhotos e destros com um pequeno excesso inicial de uma das formas. Tal como nas reações propostas por Frank, esse excesso inicial é eficientemente amplificado, resultando numa solução de compostos quiralmente puros chamados peptídeos. Nesse modelo, cada pérola (aminoácido) negra e branca tem uma pequena "lâmpada", que pode estar ligada ou desligada. Se estiver "ligada", a pérola está quimicamente ativa e pronta para se juntar com outra pérola. A ativação química do aminoácido (o ligar da lâmpada) depende de fontes externas de energia: tipicamente, compostos como o óxido de nitrogênio ou o monóxido de carbono, os equivalentes químicos das barras de granola (alimentos com alto valor nutricional) que comemos.
17. De forma aproximada, num volume contendo N moléculas, devemos esperar uma flutuação típica contendo $\sqrt{N}$ moléculas do outro tipo. Por exemplo, se tivermos 10^{24} moléculas dos dois tipos (metade de cada) em um volume, devemos esperar um excesso de 10^{12} moléculas de um dos dois tipos. Parece muito mas não é. Se N for a população da Terra, aproximadamente 7 bilhões de pessoas, $\sqrt{N}$ seria apenas 84 mil pessoas.

18. Pasteur, *Researches*, p. 43.
19. Essa correlação extremamente importante não é bem compreendida. Experimentos realizados por Sandra Pizzarello, da Universidade Estadual do Arizona, e por Arthur Weber, do Instituto SETI, indicam que aminoácidos "canhotos" catalisam a produção de açúcares "destros". Se isso for verdade, é possível que aminoácidos canhotos produzidos na Terra pré-biótica ou vindos dos céus possam ter iniciado as reações de polimerização, favorecendo a produção de açúcares destros. Nesse caso, a bioquímica quiral da vida poderia ter evoluído sem grandes obstáculos.
20. Discuti a extinção dos dinossauros no meu livro *O fim da terra e do céu*. Detalhes podem também ser encontrados no livro de Walter Alvarez, *T. Rex and the Crater of Doom* (Princeton, NJ: Princeton University Press, 1997).
21. Leitores interessados podem assistir a um vídeo dessa transformação no filme do James Bond em www.youtube.com/watch?v=KRlZvJhXefE.
22. A definição do que constitui uma espécie continua em aberto. Embora seja verdade que a habilidade de copulação para a reprodução seja uma fronteira entre espécies distintas, existem complicações. Por exemplo, coiotes e lobos podem cruzar, enquanto micróbios se reproduzem assexuadamente. Dado que micróbios constituem em torno de 90% da árvore da vida, temos que pensar com cuidado sobre a definição de espécie. Alguns biólogos chegam a declarar que o conceito de espécie é uma artificialidade. Outros sugerem que variações ecológicas sejam incorporadas na classificação. Para micróbios, isso significaria que, por exemplo, aqueles que estão adaptados a viver em água a uma certa temperatura são uma espécie distinta dos que vivem em águas com temperaturas e acidez diversas.
23. Na realidade, o processo é mais complexo. As moléculas de DNA têm duas partes: uma que codifica informação genética, e outra que fica entre os genes e que não codifica informação. Ambas são importantes. A parte que não codifica informação seleciona quais genes são expressos (ou ativados) em tempos diferentes durante a evolução de um animal do ovo e esperma ao embrião à forma adulta. Essa habilidade de ligar e desligar a expressão de genes diversos explica também por que, a partir dos mesmos genes, a vida exibe uma diversidade tão rica. Essas ideias formam a base de uma nova proposta em biologia da evolução conhecida como "evo devo". Veja, por exemplo, o livro de Sean Carroll, *Endless Forms Most Beautiful* (Nova York: Norton, 2005).

Parte V • A assimetria da existência

1. Todas as citações de Einstein podem ser encontradas em *The Quotable Einstein*, organização de Alice Calaprice (Princeton, NJ: Princeton University Press, 1996).
2. Paul Davies, *Cosmic Jackpot: Why Our Universe is Just Right for Life* (Nova York: Houghton Mifflin, 2007).
3. Alex Vilenkin, *Many Worlds in One*, p. 143. Vilenkin oferece uma excelente discussão de alguns desses pontos e como se relacionam com o princípio antrópico, que abordo a seguir em mais detalhe.

4. Veja, por exemplo, o artigo de Max Tegmark "Anything Goes", *New Scientist*, junho de 1998. Até mesmo Tegmark concede que "esse é um artigo bem louco".
5. Johannes Kepler, carta a Jakob Bartsch, 6 de novembro de 1629. Aos leitores interessados em Kepler, menciono o meu romance *A harmonia do mundo* (Companhia das Letras, 2006), onde conto sua história e exploro seu pensamento científico de forma ficcional.
6. Veja, por exemplo, John Horgan, *The End of Science: Facing the Limits of Knowledge in the Twilit of the Scientific Age* (Nova York: Broadway, 1996). Horgan afirma que estamos chegando a um ponto na ciência onde "a pesquisa futura não oferecerá revelações ou revoluções profundas, apenas pequenos incrementos cada vez menos importantes". Acho difícil conciliar essa ideia com o fato de que devemos estar sempre abertos para o inesperado. Afinal, como inúmeros exemplos na história da ciência demonstram, novos instrumentos e tecnologias desvendam novos mundos, cada qual com seus desafios. É simplesmente impossível prever que não haverá mais grandes mudanças no pensamento científico. Pense, por exemplo, na descoberta da energia escura (Parte II), feita apenas dois anos após a publicação do livro de Horgan! Ao enxergarmos um pouco mais longe, nos deparamos com o novo. Em muitos casos, essas descobertas acabam por destruir visões de mundo.
7. Sinais de beleza eram moda nas cortes europeias do século XVIII, e continuam sendo até hoje. Quem não tinha um sinal, fazia um usando maquiagem. Assista, por exemplo, aos filmes *Amadeus*, dirigido por Milos Forman, e *Barry Lyndon*, dirigido por Stanley Kubrick. No entanto, o que uma cultura considera belo, outra pode considerar feio. No Japão, sinais faciais são até hoje vistos com desconfiança por serem associados a falhas de caráter. (Essa crença está mudando rapidamente.) De qualquer forma, o tópico é extremamente popular. Em julho de 2009, a busca por "beauty mark" (sinal de beleza) acusou 79 milhões de registros no Google.
8. Veja, por exemplo, o artigo de Dahlia W. Zaidel e Choi Deblieck, "Attractiveness of Natural Faces Compared to Computer Perfectly Symmetrical Faces", *International Journal of Neuroscience* 117 (2007): 423-431.
9. Para uma boa introdução às constantes da Natureza e como são medidas e definidas, consulte o livro de Harald Fritzch, *Fundamental Constants in Physics: A Mystery of Physics* (Cingapura: World Scientific, 2008). Para uma discussão mais técnica, veja o artigo de Max Tegmark, Anthony Aguirre, Martin Rees e Frank Wilczek, "Dimensionless Constants, Cosmology, and Other Dark Matters", *Physical Review* D 73 (2006): 023505.
10. Para os puristas, o resultado também depende da permitividade do espaço, uma constante originária do eletromagnetismo e relacionada com a velocidade da luz.
11. Em 1999, Lisa Randall e Raman Sundrum propuseram uma teoria especulativa, conhecida como "teoria das branas", que usa dimensões extragrandes e não pequenas. Detalhes podem ser encontrados no livro popular de Randall, *Warped*

Passages: Unraveling the Mysteries of the Universe's Hidden Dimensions (Nova York: HarperCollins, 2005). Aqui, considero apenas as teorias mais "convencionais", onde dimensões extra do espaço são pequenas.

12. Carl Sagan, em seu livro *O mundo assombrado pelos demônios* (Companhia das Letras, 1996), explora magistralmente a necessidade humana de se acreditar em algo superior. Devo mencionar aqui que Leonard Susskind, em *Cosmic Landscape*, também usa a metáfora do "peixe inteligente" em relação ao princípio antrópico. Ironicamente, só descobri isso após ter escrito as linhas acima. Como o leitor pode verificar, nossos peixes são inteligentes (e tontos) de modo essencialmente oposto.
13. Olaf Stapledon, *The Star Maker* (Middletown, Connecticut: Wesleyan University Press, 2004), p. 234. Essa é uma excelente edição do clássico de 1937, com um prefácio de Freeman Dyson.
14. Uma descrição bem acessível do processo de endossimbiose pode ser encontrada no livro que a própria Lynn Margulis escreveu com Dorion Sagan (filho seu com Carl Sagan), *Microcosmos: Four Billion Years of Microbial Evolution* (Berkeley: University of California Press, 1997).
15. Essa citação e detalhes da fascinante história da descoberta do meteorito ALH84001 podem ser encontrados no livro de Paul Davies, *The Fifth Miracle: The Search for the Origin and Meaning of Life* (Nova York: Simon & Schuster, 1999). Davies oferece também uma excelente introdução à questão da descoberta de vida extraterrestre e sua repercussão filosófica e social.
16. Aparentemente, a primeira obra ficcional descrevendo a existência de seres extraterrestres é de autoria de Johannes Kepler. Seu conto "O sonho", publicado postumamente em 1634, descreve uma viagem imaginária à Lua, onde vivem estranhos seres. Intuindo o mecanismo de seleção natural, Kepler conta como suas criaturas estão adaptadas aos diversos ambientes do nosso satélite. Porém, sua intenção principal era construir um argumento onde o protagonista descreve o cosmo a partir de um corpo celeste em órbita em torno de outro (a Lua em torno da Terra), como prova de que é perfeitamente possível que nós estejamos também em órbita (no caso, em torno do Sol). De forma brilhante, Kepler usa a ficção para provar um argumento científico.
17. Arthur C. Clarke, *2001: Uma odisseia no espaço* (Rio de Janeiro: Nova Fronteira).
18. Davies, *The Fifth Miracle*, p. 246.
19. Em seu livro *If the Universe is Teeming with Aliens...Where Is Everybody?* (Nova York: Copernicus, 2002), Stephen Webb oferece 50 soluções ao paradoxo de Fermi, algumas cômicas e outras sérias.
20. Muitos livros e artigos abordam este tema. Listo alguns na bibliografia. Consulte também o portal www.actionbioscience.org, do Instituto Americano de Ciências Biológicas, onde muitas referências podem ser encontradas.
21. *O fim da terra e do céu* (Companhia das Letras, 2001).

Bibliografia

ADAMS, Fred. *Our Living Multiverse: A Book of Genesis in 0 + 7 Chapters.* Nova York: Pi Press, 2003.

———; LAUGHLIN, Greg. *The Five Ages of the Universe.* Nova York: The Free Press, 1999.

ADLER, Mortimer J. (org.). *Great Books of the Western World.* Chicago: Encyclopedia Britannica, 1990.

ALVAREZ, W. *T. Rex and Crater of Doom.* Princeton, NJ: Princeton University Press, 1997.

ARMSTRONG, Karen. *A History of God.* Nova York: A. A. Knopf, 1993.

BARROW, John D. *Between Inner Space and Outer Space: Essays on Science, Art, and Philosophy.* Oxford, UK: Oxford University Press, 1999.

———; SILK, Joseph. *The Left Hand of Creation: The Origin and Evolution of the Expanding Universe.* Nova York: Basic Books, 1983.

———; TIPLER, Frank J. *The Anthropic Cosmological Principle.* Nova York: Oxford University Press, 1996.

BERLIN, Isaiah. *Concepts and Categories.* Nova York: Viking Press, 1979.

BOORSTIN, Daniel J. *The Discoverers.* Nova York: Vintage, 1985.

BURKERT, Walter. *Lore and Science in Ancient Pythagorianism.* Trad. Edwin L. Milnar, Jr. Cambridge, MA: Harvard University Press, 1972.

CARROLL, Lewis. *Alice in Wonderland and Through the Looking Glass.* Nova York: Grosset & Dunlap, 1946.

CARROLL, Sean. *Endless Forms Most Beautiful.* Nova York: W. W. Norton, 2005.

CLARKE, Arthur C. *2001: A Space Odyssey.* Nova York: New American Library, 1968.

COLE, K. C. *The Hole in the Universe.* Nova York: Hardcourt, 2001.

CRICK, Francis. *Life Itself: Its Nature and Origin.* Nova York: Simon & Schuster, 1981.

DAVIES, Paul. *The Mind of God.* Nova York: Simon & Schuster, 1992.

———. *About Time.* Nova York: Simon & Schuster, 1995.

———. *Are We Alone?* Nova York: Basic Books, 1995.

———. *The Fifth Miracle: The Search for the Origin and Meaning of Life.* Nova York: Simon and Schuster, 1999.

———. *Cosmic Jackpot: Why our Universe is Just Right for Life.* Nova York: Houghton Mifflin, 2007.

DAWKINS, Richard. *The God Delusion.* Nova York: Houghton Mifflin, 2006.

———. *The Greatest Show on Earth: The Evidence for Evolution.* Nova York: Free Press, 2009.

DE FONTENELLE, Bernard le Bovier. *Conversations on the Plurality of Worlds* (1687). Berkeley, CA: University of California Press, 1990.

DYSON, Freeman. *Origins of Life* (1985). 2. ed. Princeton, NJ: Princeton University Press, 1999.

———. *The Sun, the Genome, and the Internet.* Nova York: Oxford University Press, 1999.

EINSTEIN, Albert. *The Quotable Einstein.* Org. Alice Calaprice. Princeton, NJ: Princeton University Press, 1996.

FENCHEL, Tom. *Origin and Early Evolution of Life.* Oxford, UK: Oxford University Press, 2002.

FRANK, Adam. *The Constant Fire: Beyond the Science vs. Religion Debate.* Berkeley, CA: University of California Press, 2009.

FRITZCH, Harald. *Fundamental Constants in Physics: A Mystery of Physics.* Cingapura: World Scientific, 2008.

HORGAN, John. *The End of Science: Facing the Limits of Knowledge in the Twilight of the Scientific Age.* Nova York: Broadway Books, 1996.

GINGERICH, Owen. *The Book Nobody Read.* Nova York: Walker & Sons, 2004. [Ed. brasileira: *O livro que ninguém leu.* Rio de Janeiro: Record, 2008.)

GUTH, Alan. *The Inflationary Universe: The Quest for a New Theory of Cosmic Origins.* Reading, MA: Addison-Wesley, 1997.

GLEISER, Marcelo. *A dança do universo: dos mitos de Criação ao Big Bang.* São Paulo: Companhia das Letras, 1997.

———. *The Prophet and the Astronomer: A Scientific Journey to the End of Time.* Nova York: W. W. Norton, 2002.

GOULD, Stephen J. *Dinosaur in a Haystack.* Nova York: Harmony Books, 1995.

GREENE, Brian. *The Elegant Universe: Superstrings, Hidden Dimensions, and the Quest for the Ultimate Theory.* Nova York: W. W. Norton, 1999.

GRINSPOON, David. *Lonely Planets: The Natural Philosophy of Alien Life.* Nova York: Ecco, 2003.

HAWKING, Stephen. *A Brief History of Time: From the Big Bang to Black Holes.* Nova York: Bantam Books, 1988.

HOLTON, Gerald. Einstein and the Goal of Science. In: *Einstein, History, and Other Passions.* Cambridge, MA: Harvard University Press, 1996.

HOOPER, Dan. *Nature's Blueprint: Supersymmetry and the Search for a Unified Theory of Matter and Force.* Nova York: HarperCollins, 2008.

KAHN, Charles. *Pythagoras and the Pythagoreans: A Brief History.* Indianápolis: Hacket, 2002.

KAUFFMAN, Stuart. *At Home in the Universe.* Oxford, UK: Oxford University Press, 1995.

———. *Reinventing the Sacred: A New View of Science, Reason, and Religion.* Nova York: Basic Books, 2008.

KEPLER, Johannes. *Mysterium Cosmographicum* (1596). Nova York: Abaris Books 1981.

KIRK, G. S.; RAVEN, J. E. *The Presocratic Philosophers*. Cambridge, UK: Cambridge University Press, 1971.

KOLB, Rocky. *Blind Watchers of the Sky: The People and Ideas that Shaped our View of the Universe*. Nova York: Basic Books, 1997.

KRAUSS, Lawrence. *Quintessence: The Mystery of Missing Mass in the Universe*. Nova York: Basic Books, 2000.

LINDLEY, David, *The End of Physics: The Myth of a Unified Theory*. Nova York: Basic Books, 1993.

LIVIO, Mario. *The Accelerating Universe*. Nova York: John Wiley & Sons, 2000.

———. *Is God a Mathematician?* Nova York: Simon & Schuster, 2009.

MARGULIS, Lynn; SAGAN, Dorion. *Microscosmos: Four Billion Years of Microbial Evolution*. Berkeley, CA: University of California Press, 1997.

MATHER, John C.; BOSLOUGH, J. *The Very First Light: The True Inside Story of the Scientific Journey Back to the Dawn of the Universe*. Nova York: Basic Books, 1996.

MONOD, Jacques. *Chance and Necessity*. Trad. A. Wainhouse. Londres: Collins, 1972.

MUNITZ, Milton K. (org.). *Theories of the Universe: from Babylonian Myth to Modern Science*. Glencoe, IL: Free Press, 1957.

NORTH, John. *The Norton History of Astronomy and Cosmology*. Nova York: W. W. Norton, 1995.

ORGEL, Leslie. *The Origins of Life: Molecules and Natural Selection*. Nova York: John Wiley & Sons, 1973.

PASTEUR, Louis. *Researches on the Molecular Asymmetry of Natural Organic Products*. Edimburgo: The Alembic Club, 1905.

RANDALL, Lisa. *Warped Passages: Unraveling the Mysteries of the Universe's Hidden Dimensions*. Nova York: HarperCollins, 2005.

REES, Martin. *Before the Beginning: Our Universe and Others*. Nova York: Perseus Books, 1997.

ROACH, Mary. *Stiff: The Curious Lives of Human Cadavers*. Nova York: W. W. Norton, 2003.

SAGAN, Carl. *Pale Blue Dot: A Vision of the Human Future in Space*. Nova York: Balantine, 1994.

———. *The Demon-Haunted World: Science as a Candle in the Dark*. Nova York: Ballantine, 1997.

———. *The Varieties of Scientific Experience: A Personal View of the Search for God*. Nova York: Penguin Press, 2006.

SCHRÖDINGER, Erwin. *What Is Life?* (1958) Cambridge, UK: Cambridge University Press (Canto Edition), 1992.

SMOLIN, Lee. *Three Roads to Quantum Gravity*. Nova York: Basic Books, 2001.

———. *The Trouble with Physics: The Rise of String Theory, the Fall of a Science, and What Comes Next*. Nova York: Houghton Mifflin Harcourt, 2006.

SMOOT, George; DAVIDSON, Keay. *Wrinkles in Time*. Nova York: W. Morrow, 1993.
STAPLEDON, Olaf. *The Star Maker*, Middletown, CT: Wesleyan University Press, 2004.
STEWART, Ian. *Why Beauty is Truth: A History of Symmetry*. Nova York: Basic Books, 2007.
SULLIVAN III; WOODRUFF, T.; BAROSS, John A. (orgs.). *Planets and Life: The Emerging Science of Astrobiology*. Cambridge, UK: Cambridge University Press, 2007.
SUSSKIND, Leonard. *The Cosmic Landscape: String Theory and the Illusion of Intelligent Design*. Nova York: Little, Brown and Company, 2006.
VILENKIN, Alex. *Many Worlds in One: The Search for Other Universes*. Nova York: Hill & Wang, 2008.
WEBB, Stephen. *Where is Everybody Fifty Solutions to the Fermi Paradox and the Problem of Extraterrestrial Life*. Nova York: Copernicus Books, 2002.
WEINBERG, Steven. *The First Three Minutes: A Modern View of the Origin of the Universe* (1979). 2. ed. Nova York: Basic Books, 1993.
———. *Dreams of a Final Theory: The Search for the Fundamental Laws of Nature*. Nova York: Pantheon Books, 1993.
WEINSTEIN, Steven. Anthropic Reasoning and Typicality in Multiverse Cosmology and String Theory. *Classical and Quantum Gravity* 23 (2006), 4231-4236.
WILCZEK, Frank. *The Lightness of Being: Mass, Ether, and the Unification of Forces*. Nova York: Basic Books, 2008.
———; DEVINE, Betsy. *Longing for the Harmonies: Themes and Variations from Modern Physics*. Nova York: W. W. Norton, 1988.
WILLIS, Christopher; BADA, Jeffrey. *The Spark of Life: Darwin and the Primeval Soup*. Nova York: Perseus Books, 2000.
WOIT, Peter. *Not Even Wrong: The Failure of String Theory and the Continuing Challenge to Unify the Laws of Physics*. Londres: Jonathan Cape, 2006.

Índice

Este livro foi impresso no
Sistema Digital Instant Duplex da Divisão Gráfica da
DISTRIBUIDORA RECORD DE SERVIÇOS DE IMPRENSA S.A.
Rua Argentina, 171 - Rio de Janeiro/RJ - Tel.: (21) 2585-2000